高职高专规划教材

选矿厂辅助设备与设施

主　编　周晓四
副主编　陈　斌

北　京

冶金工业出版社

2024

内 容 提 要

　　全书从流体输送、矿仓和固体输送、固液分离、取样与计量、检修用起重设备和尾矿设施六个方面较为全面地介绍了选矿厂生产过程以及使用的辅助设备与设施，其中包括辅助设备的种类、构造、工作原理、性能及应用，辅助设施的组成、功能及应用。

　　本书主要作为高职高专类院校环境与矿物加工专业教学用书，也可作为相关企业在职人员的培训教材，或本科院校相关专业的教学参考书，并可供从事矿物加工生产的工程技术人员参考。

图书在版编目（CIP）数据

选矿厂辅助设备与设施／周晓四主编 . —北京：冶金工业出版社，2008. 9 （2024. 6 重印）
　高职高专规划教材
　ISBN 978-7-5024-4529-4

　Ⅰ. 选… 　Ⅱ. 周… 　Ⅲ. 选矿厂—辅助系统—高等学校：技术学校—教材 　Ⅳ. TD928

中国版本图书馆 CIP 数据核字（2008）第 134999 号

选矿厂辅助设备与设施

出版发行	冶金工业出版社	电　话	(010)64027926
地　址	北京市东城区嵩祝院北巷 39 号	邮　编	100009
网　址	www.mip1953.com	电子信箱	service@mip1953.com

责任编辑　李培禄　美术编辑　彭子赫　版式设计　葛新霞
责任校对　石　静　责任印制　窦　唯
北京虎彩文化传播有限公司印刷
2008 年 9 月第 1 版，2024 年 6 月第 7 次印刷
787mm×1092mm　1/16；13. 75 印张；367 千字；211 页
定价 28. 00 元

投稿电话　(010)64027932　投稿信箱　tougao@cnmip.com.cn
营销中心电话　(010)64044283
冶金工业出版社天猫旗舰店　yjgycbs.tmall.com
（本书如有印装质量问题，本社营销中心负责退换）

前　言

　　随着新技术的迅猛发展和世界经济一体化趋势的日益显现，经济社会发展的关键要素不再是资金和土地，而更多地依赖于人力资源，依赖于人的知识和技能，依赖于对新技术的掌握和劳动者素质的提高。在改革开放后，尽管我国在技能人才的培养和使用方面有了较快的发展，但这种发展与我国经济社会发展的速度要求相比，还存在着较大的差距。面对社会经济的发展需要，我国现有技术工人总量现状明显不足，缺口严重。高技能人才的教育与培训问题，已成为现阶段我国社会经济发展中亟待解决的重大问题。高技能人才的教育培训，不仅要有资金的投入和师资队伍的建设，还要有教材的开发建设，教育培训，也要解决教材的问题。

　　本书是以培养具有较高选矿职业素质和较强职业技能、适应选矿厂生产及管理需要的高技能人才为目标而组织编写的。全书根据高职高专教育，矿物加工技术专业培养方案的要求和"选矿厂辅助设备与设施"课程教学大纲编写，贯彻理论联系实际的原则，力求体现高职高专教育的针对性强、理论知识的实践性强和培养高技能型人才的特点。

　　周晓四担任本书主编，并编写了第6章；陈斌担任本书的副主编，并编写了第2章；李志章编写第1章，杨家文编写第3章，王资编写第4章，彭芬兰编写第5章；全书最后由周晓四负责统一整理。

　　在编写过程中，编者参考了一些文献资料，在此谨向各位作者和相关单位致以诚挚的谢意！由于编者水平所限，书中不足之处恳请读者批评指正。

编　者

2008 年 3 月

目　录

1 流 体 输 送

【本章学习要求】
 (1) 熟悉泵与风机的分类方式及特点；
 (2) 掌握离心泵与风机的工作原理和基本参数；
 (3) 熟悉离心式泵的主要部件及常用几种离心泵的形式及用途；
 (4) 理解离心泵与风机的能量损失与效率；
 (5) 理解离心泵的性能曲线及泵内汽蚀现象；
 (6) 理解离心式泵的工况调节及离心式泵的选择；
 (7) 掌握离心泵的安装、运行及故障分析；
 (8) 掌握几种常用砂泵的形式及选择计算；
 (9) 熟悉矿浆输送系统的计算、管路敷设及输送泵站设置要求；
 (10) 熟悉气体输送机械的形式及用途。

1.1 概述

1.1.1 流体输送基本概念

 泵与风机是利用原动机驱动，使流体提高能量的一种机械。这种机械获得外加能量以后就具备了输送流体的能力，所以称为**流体机械**。

 输送液体并提高液体能量的流体机械称为**泵**。它依靠从原动机获得的能量来做功，除了克服泵内本身各种损失之外，其余的能量传递给液体，使液体获得一定的压能和动能。输送气体（空气或烟气）并提高气体能量的流体机械称为**风机**。

 泵与风机的应用范围很广泛，是一种通用机械，在工业生产的各个部门几乎都要用到。选矿厂处理系统，也同样和泵与风机密切相关。如选矿厂矿浆与水的输送均要采用砂泵与水泵，破碎车间的除尘要用到风机等。

1.1.2 泵与风机的分类及特点

 泵与风机的种类繁多，其用途也各不相同。按照其所产生的全压高低不同，泵与风机可分为：

低压泵：压强小于2MPa；

中压泵：压强为2~6MPa；

高压泵：压强大于6MPa；

通风机：全压小于11.375kPa；

鼓风机：全压为11.375~241.6kPa；

压气机：全压大于241.6kPa。

　　按工作原理的不同，泵与风机又可大致分为三类：

　　（1）叶片式泵与风机。当叶轮旋转时，叶轮上的叶片将能量连续地传给流体，从而将流体输送到高压、高位处或远处的泵与风机。常见的有离心式泵、轴流式泵、混流式泵与风机。离心式泵、轴流式泵及混流式泵的结构如图1-1所示。

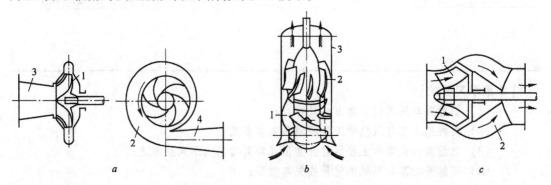

图1-1　叶片式泵结构示意图

a—离心式泵：1—叶轮；2—压出室；3—吸入室；4—扩散管；

b—轴流式泵：1—叶轮；2—导流器；3—泵壳；

c—混流式泵：1—叶轮；2—导叶

　　（2）容积式（又称定排量式）泵与风机。通过工作室容积周期性变化来实现流体输送的泵与风机。根据机械运动方式的不同，可分为往复式和回转式。

　　（3）其他类型的泵与风机。无法归入前面两大类的泵与风机。这类泵与风机的主要特点是利用具有较高能量工作流体来输送能量较低的流体。如液环泵、射流泵等。

　　泵与风机的详细分类如下所示：

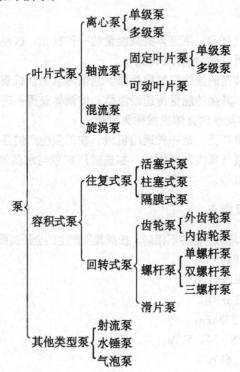

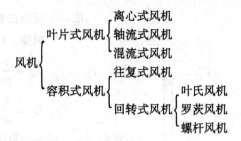

1.2 离心泵与风机的工作原理和基本参数

1.2.1 离心泵与风机的工作原理

离心泵的工作原理和离心式风机是一样的，只是前者抽水，后者送风而已。由于水泵产生的压头比风机大得多，所以其构造也比风机复杂。

离心泵与风机的主要工作部件是叶轮和机壳，机壳内的叶轮装置于轴上，并与原动机连接形成一个整体，如图 1-1a 所示。当原动机带动叶轮旋转时，叶轮中的叶片迫使流体旋转，即叶片对流体沿它的运动方向做功，从而使流体的压力势能和动能增加。与此同时，流体在惯性力的作用下，从中心向叶轮边缘流去，并以很高的速度流出叶轮，进入压出室（导叶或蜗壳），再经扩散管排出，这个过程称为压水过程。同时，由于叶轮中心的流体流向边缘，在叶轮中心形成低压区，当它具有足够的真空度时，在吸入端压强的作用下（一般是大气压），流体经吸入室进入叶轮，这个过程称为吸水过程。由于叶轮连续地旋转，流体也就连续地排出、吸入，形成连续工作。

离心式泵的工作过程，实际上是一个能量传递和转化的过程。它将电动机高速旋转的机械能，通过泵的叶片传递并转化为被抽升流体的压能和动能。

1.2.2 离心泵的基本性能参数

泵的基本性能参数包括流量 q_V、扬程 H、轴功率 P_{sh}、效率 η、比转速 n_s、允许汽蚀余量 [NPSH]（或允许吸上真空高度 H_s）等，它们从不同的角度表示了泵的工作性能，现分述如下。

1.2.2.1 流量

泵的流量是指泵在单位时间内所输送的液体量。通常用体积流量 q_V 表示，单位是 m³/s、L/s、m³/h，这些单位可以互相换算。对于不是常温的水或其他液体也可用质量流量 q_m 表示，单位是 kg/s、t/h。显然 q_V 和 q_m 的换算关系为

$$q_m = \rho q_V \tag{1-1}$$

式中 ρ——液体的密度，kg/m³。

1.2.2.2 扬程

泵的扬程，又称能头（也有用全压表示的，如给水泵），是指单位重力液体从泵进口截面 1 经叶轮到泵出口截面 2 所获得的机械能（或势能和动能）（参见图 1-2），用 H 表示，单位是 m。其数学表达式可写为

$$H = E_2 - E_1$$

式中 E_1——泵进口截面处单位重力液体的机械能，m；

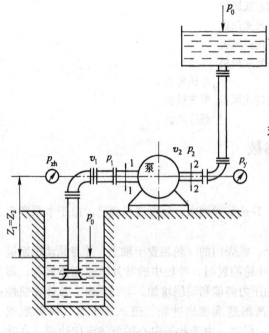

图 1-2　总扬程的确定

E_2——泵出口截面处单位重力液体的机械能，m。

即

$$E_2 = \frac{p_2}{\rho g} + \frac{v_2^2}{2g} + Z_2$$

$$E_1 = \frac{p_1}{\rho g} + \frac{v_1^2}{2g} + Z_1$$

式中　p_2，p_1——泵出口、进口截面处液体的压强，Pa；

v_2，v_1——泵出口、进口截面处液体的平均速度，m/s；

Z_2，Z_1——泵出口、进口截面中心到基准面的距离，m；

ρ——液体的密度，kg/m^3。

因此泵的扬程可写为

$$H = \frac{p_2 - p_1}{\rho g} + \frac{v_2^2 - v_1^2}{2g} + (Z_2 - Z_1) \quad (m) \tag{1-2}$$

对于高压水泵，有时也近似用泵出口和进口的压强差（$p_2 - p_1$）来表示扬程的大小，此时，扬程的表达式可写为

$$H = \frac{p_2 - p_1}{\rho g} \quad (m) \tag{1-3}$$

1.2.2.3　功率和效率

（1）轴功率。作为泵的性能参数，轴功率通常是指泵的输入功率，也就是原动机传到泵轴上的功率，故称为**轴功率**，用 P_{sh} 表示，单位为 kW。

（2）有效功率。通过泵的液体在单位时间内从泵中获得的能量称为泵的**有效功率**。由于这部分能量被流出泵的液体所携带，故又称为**输出功率**，用 P_e 表示。其计算式为

$$P_e = \frac{\rho g q_v H}{1000} \quad (kW) \tag{1-4}$$

式中　q_v——体积流量，m^3/s；

H——扬程，m；

g——重力加速度，m/s^2。

（3）内功率。液体通过泵时要引起一系列损失，我们把实际消耗于液体的功率称为泵的**内功率**，用 P_i 表示。它等于有效功率加上除轴承、轴封外在泵内损失掉的功率。即

$$P_i = P_e + \sum \Delta P \quad (kW) \tag{1-5}$$

式中　$\sum \Delta P$——除轴承、轴封外在泵内损失掉的功率。

（4）效率。轴功率和有效功率之差是泵内产生的损失功率，其大小用泵的效率来衡量。有效功率和轴功率之比称为泵的**效率**，亦称泵的**总效率**，用 η 表示，通常以百分数计，即

$$\eta = \frac{P_e}{P_{sh}} \times 100\% \tag{1-6}$$

（5）内效率。泵的有效功率与内功率之比称为泵的**内效率**，用 η_i 表示，即

$$\eta_i = \frac{P_e}{P_i} \times 100\% \tag{1-7}$$

由于作为泵性能参数的泵的效率通常是指总效率，因此如无特殊说明，泵的效率均指总效率。

（6）原动机效率。由于原动机轴和泵轴之间的传动存在机械损失，所以，原动机功率 P_g（一般是指原动机的输出功率）通常要比轴功率大些。其计算式为

$$P_g = \frac{P_{sh}}{\eta_{tm}} \text{（kW）} \tag{1-8}$$

式中　η_{tm}——传动装置的传动机械效率，它随传动装置的不同而异。

（7）配套功率。在选择原动机时，考虑到过载的可能，通常在原动机功率的基础上考虑一定的安全系数，以计算出原动机的配套功率 P_{gT}：

$$P_{gT} = KP_g = K\frac{P_{sh}}{\eta_{tm}} = K\frac{\rho g q_V H}{1000\eta\eta_{tm}} \text{（kW）} \tag{1-9}$$

式中　K——电动机容量安全系数。它与电动机的容量大小、泵的工作特性有关。

1.2.2.4　转速

泵的**转速**是指泵轴每分钟的转数，用 n 表示，单位为 r/min。它是影响泵性能的一个重要因素，当转速变化时，泵的流量、扬程、功率等都将发生变化。

此外，还有泵的比转速（或型式数）、汽蚀余量（或吸上真空高度）等，这些将分别在以后有关章节中讨论。

1.2.3　风机的基本性能参数

风机的基本性能参数包括流量 q_V、全压 p、静压 p_{st}、功率 P_{sh}、全压效率 η、静压效率 η_{st}、转速 n、比转速等，它们从不同的角度表示了风机的工作性能，现分别介绍如下。

1.2.3.1　流量

风机**流量**是指单位时间内通过风机进口的气体的体积，用 q_V 表示，单位为 m³/s、m³/h。若无特殊说明，q_V 是指在标准进口状态下气体的体积。

1.2.3.2　全压

风机**全压**是指单位体积气体从风机进口截面经叶轮到风机出口截面所获得的机械能，用 p 表示，单位为 Pa。

1.2.3.3　静压

风机的全压减去风机出口截面处的动压 p_{d2}（通常将风机出口截面处的动压作为风机的动压）称为风机的**静压**，用 p_{st} 表示。

1.2.3.4　功率

和泵类似，风机的**功率**通常是指输入功率，亦称**轴功率**，用 P_{sh} 表示，单位为 kW。除此之外，还有内功率 P_i、全压有效功率 P_e、静压有效功率 P_{est}，其计算式分别为

$$P_i = P_e + \sum \Delta P \text{（kW）} \tag{1-10}$$

$$P_e = \frac{q_V p}{1000} \text{（kW）} \tag{1-11}$$

$$P_{est} = \frac{q_V p_{st}}{1000} \text{（kW）} \tag{1-12}$$

式中　$\sum \Delta P$——除轴承外风机内损失掉的各种功率。

考虑到可能出现的过载，在选择原动机的配套功率时，尚需考虑一定的安全系数，其处理方法和泵相同。

1.2.3.5 全压效率和全压内效率

全压效率是指风机的全压有效功率和轴功率之比，用 η 表示。一般以百分数计，即

$$\eta = \frac{P_e}{P_{sh}} \times 100\% \tag{1-13}$$

同理，**全压内效率**等于全压有效功率与内功率之比，用 η_i 表示，即

$$\eta_i = \frac{P_e}{P_i} \times 100\% \tag{1-14}$$

1.2.3.6 静压效率和静压内效率

静压效率是指风机的静压有效功率和轴功率之比，用 η_{st} 表示，即

$$\eta_{st} = \frac{P_{est}}{P_{sh}} \times 100\% \tag{1-15}$$

同理，**静压内效率**等于静压有效功率与内功率之比，用 η_{ist} 表示，即

$$\eta_{ist} = \frac{P_{est}}{P_i} \times 100\% \tag{1-16}$$

和泵相同，如无特殊说明，风机的效率均指全压效率。

1.2.3.7 转速

风机**转速**是指风机轴每分钟的转数，用 n 表示，单位为 r/min。此外，还有风机的比转速及其他性能参数，这将在以后有关章节中讨论。

1.3 离心泵的构造和类型

1.3.1 结构形式

叶片式泵中应用最广的是离心泵，通常按照以下三种结构特点分类：按工作叶轮的数量分为**单级泵**和**多级泵**，按叶轮吸进液体的方式分为**单吸泵**和**双吸泵**，按泵轴的方向分为**卧式泵**和**立式泵**。

离心泵的结构形式，主要是上述三种结构特点的组合，有五种结构形式：单级单吸卧式离心泵、单级双吸卧式离心泵、单级单吸立式离心泵、多级卧式离心泵、多级立式离心泵。

1.3.2 离心式泵的主要部件

离心泵的结构形式虽然繁多，但由于其工作原理相同，因而它们的主要部件的形状也大体相似。其主要部件有：**叶轮、吸入室、压出室、轴**等，如图 1-1a 所示。泵的吸入室和压出室与泵壳铸成一体，泵壳内腔制成截面逐渐扩大的蜗壳形流道。泵轴左端装有叶轮，右端通过联轴器与电动机相连。下面分述如下。

1.3.2.1 叶轮

原动机输入的机械能传输给流体的过程全都在叶轮内进行并完成，所以叶轮是离心泵的核心部件。其形式有封闭式、半开式及开式三种。

（1）封闭式叶轮。由前盖板、后盖板、叶片及轮毂组成，可分为单吸式及双吸式两种，如图 1-3a、b 所示。一般输送清水、油及其他无杂质液体的泵均采用封闭式叶轮。

（2）半开式叶轮。只是在叶片的背侧装有后盖板，如图 1-3c 所示。

（3）开式叶轮。其叶片两侧均无盖板，如图1-3d 所示。
半开式和开式叶轮适合输送含有杂质的液体。

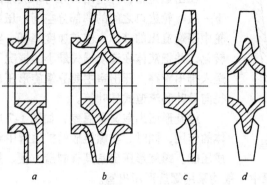

图1-3   叶轮的形式

a，b—封闭式叶轮；c—半开式叶轮；d—开式叶轮

1.3.2.2   吸入室

吸入法兰接口至叶轮进口前的空间称为**吸入室**，其作用是引导液体在流动损失最小的情况下平稳地流入叶轮，并使叶轮进口处流速分布均匀。如果吸入口处速度分布不均匀，则会使叶轮中液体的相对运动不稳定，导致叶轮中的流动损失增大；同时也会降低叶轮的抗汽蚀性能。吸入室的结构形状对泵的吸入性能影响很大，根据泵结构形式的不同，通常采用的吸入室有以下三种形式：

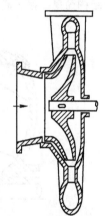

（1）圆锥管吸入室。其锥度为7°～8°，如图1-4 所示。这种吸入室结构简单、制造方便，且流速分布均匀、流动损失小，主要用于小型单吸单级悬臂式离心泵及立式离心泵。

（2）圆环形吸入室。如图1-5 所示。其主要优点是轴向尺寸较短，结构对称而简单；缺点是流体进入叶轮时的撞击损失和漩涡损失大，流速分布也不太均匀，因而总的损失较大。为了缩小尺寸，多级分段式泵中大都采用圆环形吸入室，至于吸入室的损失，与多级泵较高的扬程比较起来，所占的比例是极小的。

图1-4   圆锥管
吸入室

（3）半螺旋形吸入室。如图1-6 所示。其优点是液体进入叶轮时的流速分布比较均匀，流动损失较小。缺点是进口预旋降低了离心泵的扬程。对于单级双吸泵或水平开式多级泵一般均采用半螺旋形吸入室。

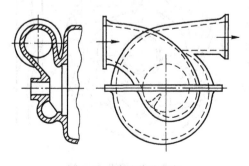

图1-5   圆环形吸入室

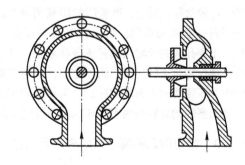

图1-6   半螺旋形吸入室

图 1-7　螺旋形压出室

1.3.2.3　压出室

压出室是指，叶轮出口处与单级泵的出口管接头或多级泵下一级叶轮进口之间的那部分空间。压出室的作用是收集从叶轮中高速流出的液体，使其速度降低，实现部分动能到压能的转化，并把液体在流动损失最小的情况下送入下级叶轮进口或送入排出管路。压出室主要分螺旋形压出室、节段式多级泵的径向导叶和流道式导叶等。

螺旋形压出室又称涡室，如图 1-7 所示。它不仅起收集液体的作用，同时，在螺旋形的扩散管中将液体的部分动能转变成压能。螺旋形压出室具有制造方便、效率高的特点，在单级双吸泵或水平开式多级泵中一般均采用螺旋形压出室。

节段式多级泵的导叶有径向式与流道式两种形式。图 1-8 所示为一般常采用的径向式导叶，它由正导叶、过渡区和反导叶组成。当泵在变工况下运转时，其液体流动阻力较大，但由于结构简单、便于制造，所以目前仍然得到广泛的应用。

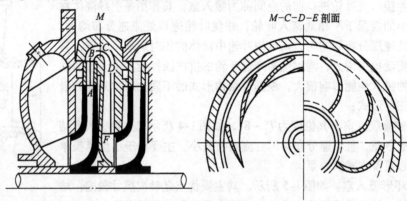

图 1-8　径向式导叶

流道式导叶如图 1-9 所示。其特点是，液体从导叶的入口到反导叶的出口都在一个连续变化的流道内流动，速度变化均匀，但结构较复杂。由于流道翻向轴向，其径向尺寸比径向式导叶小，因此节段式多级泵趋向于采用流道式导叶，以减少外壳直径。

1.3.2.4　泵轴

轴是传递扭矩的主要部件。中小型泵多采用平轴，叶轮滑配在轴上，叶轮间的距离用轴套定位，轴的材料一般采用碳钢。近代大型泵则多采用阶梯式轴，不等孔径的叶轮用热套法装在轴上，并采用渐开线花键代替过去的短键。此种方法，叶轮与轴之间无间隙，不致使轴间窜水和冲刷，但拆装较困难。大功率高压泵轴的材料采用 40Cr 钢或特种合金钢。

1.3.3　常用的几种离心泵的形式及用途

1.3.3.1　单级单吸式离心泵

单级单吸式离心泵主要有 IS 型、BA 型、B 型

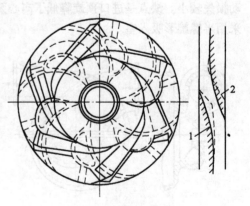

图 1-9　流道式导叶
1—流道式；2—径向式

泵等。IS 型泵如图 1-10 所示，其组成主要包括泵体、叶轮、泵盖、主轴、密封环、悬架轴承、轴套等。泵体和泵盖为后开门的结构形式，检修极为方便，也就是在检修时不用拆卸泵体、管路及电动机，只需拆下加长联轴器的中间连接件，就可退出转子部件，悬架轴承部件支撑着泵的转子部件。为了平衡泵的轴向力，在叶轮前、后盖板处设有密封环，叶轮后盖板上开设有平衡孔。滚动轴承承受泵的径向力以及残余轴向力。泵的轴封为填料密封，由填料后盖、填料环和填料等组成，防止进气或漏水，在轴通过填料环的部位装有轴套以保护轴不被磨损。轴套与轴之间装有 O 形密封圈，目的同样是防止进气和漏水。泵的传动形式为通过加长弹性联轴器与电动机相连。从原动机方向看，泵一般为顺时针方向旋转。

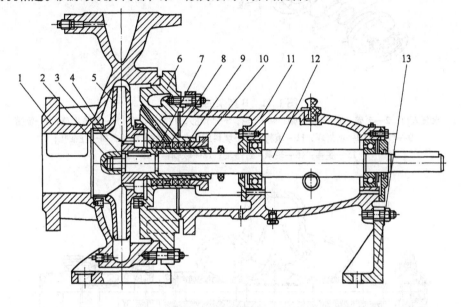

图 1-10 IS 型泵

1—泵体；2—叶轮螺母；3—止动垫圈；4—密封环；5—叶轮；6—泵盖；7—轴套；8—填料环；
9—填料；10—填料压盖；11—悬架；12—泵轴；13—支架

IS 型泵广泛适用于工矿企业、城市给水、排水系统、农田排灌，输送清水或物理、化学性质类似于清水的其他液体介质，其性能范围为：流量 $q_V = 6.3 \sim 400 \text{m}^3/\text{h}$，扬程 $H = 5 \sim 125\text{m}$，工作介质温度不大于 80℃。

图 1-11 为 B 型泵的部件图。B 型泵又称托架式悬臂泵，是 BA 型的改进型，两者结构大同小异，主要由泵体、泵盖、叶轮、轴、托架、轴承等组成。结构型式已经系列化，且结构简单，质量轻，通用化、标准化程度高。B 型泵的出口方向与泵轴垂直，并可根据安装使用要求或管路布置情况使之与泵体共同旋转 90°、180°或 270°角，也就是泵出口可朝上、朝下、朝前或朝后。传动方式可通过弹性联轴器与电机直联也可通过皮带轮间接传动。泵轴由两个滑动轴承支承，从而降低振动和噪声，在靠近轮毂周围钻有几个小孔，用来平衡泵的轴向力。

B 型泵适用于工厂、矿山、城市给排水及农田排灌。特别适用于对噪声值有一定要求的场所。输送清水或物理化学性质类似于清水的其他中性液体介质。其性能范围：流量 $q_V = 4.5 \sim 360 \text{m}^3/\text{h}$，扬程 $H = 8 \sim 98\text{m}$。

1.3.3.2 单级双吸式离心泵

单级双吸式（SH 型）离心泵结构如图 1-12 所示。双吸泵进水是由叶轮的两边进入，它的

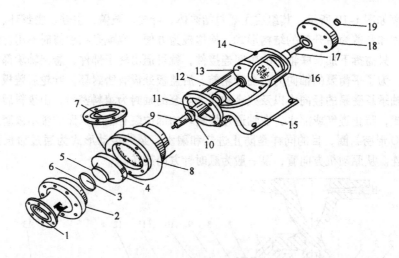

图 1-11　B 型泵的部件图

1—水泵入口；2—泵盖；3—叶轮背帽；4—叶轮；5—叶轮入口；6—口环；7—水泵出口；8—键槽；
9—泵壳；10—水封环；11—填料；12—填料压盖；13—轴承端盖；14—注油孔；
15—底座；16—轴承；17—轴；18—联轴器；19—螺母

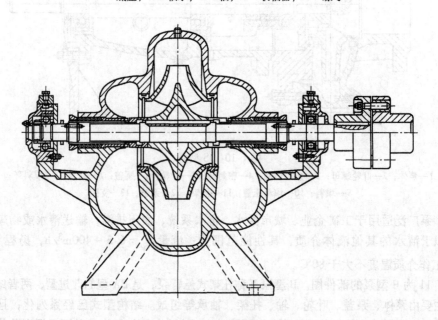

图 1-12　单级双吸泵结构

叶轮好像用两个单吸泵的叶轮背靠背地组合在一起，两个叶轮对称布置，因此可以认为它在工作时不会产生轴向力。但由于安装、制造等方面的原因，不可能做到两个叶轮的绝对对称，加之水流流动也不可能是绝对对称的，总会产生一定的轴向力，因此通常由径向滚动轴承来承受这较小的残余轴向力。泵进水端在叶轮进水前分为两股，形成进水端左右两个蜗壳，在泵出水端，水流又汇合成一股，形成出水端的一个蜗壳，所以从泵壳外表看似有三个蜗壳。

　　叶轮装在泵轴中间，SH 型泵的泵壳是水平开式的，上半部称为泵盖，下半部称为泵座。这种结构形式，便于揭开泵盖来检修泵内各零件，无需再拆卸进、出口管路和移动电机或其他原动机。泵的轴承可以采用滚动轴承，用油脂润滑，也可以采用滑动轴承，用稀油润滑，泵的轴封通常采用软填料密封，少量的高压水通过水封管及填料环流入填料室中，起水封的作用。

SH 型泵与单吸泵比较，出水量较大，有较好的吸上性能；与混流泵相比，又具有较高的扬程，因此它多用于农田灌溉，也广泛用于工厂、矿山、城市给排水系统。但该泵体积大，且泵越大这一缺陷越突出，因此适宜于固定使用。

为了减小该型泵机组的占地面积，节约基建投资，可将电动机置于较高的位置，以适应于江河边泵站的要求，也可以采用立式单级双吸泵形式。如图 1-13 所示，这种泵在使用时，机泵之间靠传动轴连接，泵转子的轴向力由泵上部的推力轴承承受。

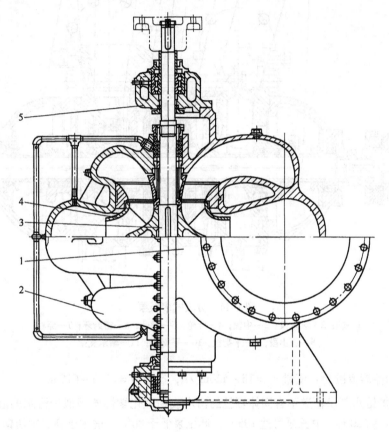

图 1-13 立式单级双吸泵

1—泵体；2—泵盖；3—轴；4—叶轮；5—轴承部件

单级双吸泵在我国已有成熟的系列产品，为了进一步提高单级双吸泵的标准化和通用化程度，简化结构，改进工艺性能，使技术指标更为先进，使性能布局更符合我国工农业发展的实际需要，目前人们正加紧对 SH 型泵系列加以改进，提出更新的 S 泵系列。

1.3.3.3 多级离心泵

多级离心泵（DA 型泵）是由两个以上的叶轮分段组成的泵。多用于工业部门，是一种结构紧凑，有利于提高标准化、通用化程度的结构形式。

由于这种泵的扬程取决于泵的级数，所以这种泵的扬程范围较广，在离心泵当中它能达到的扬程最高，几乎所有的各种用途的高扬程离心泵均采用这种结构形式。仅目前列为标准系列的分段式多级离心泵产品就有供输送常温清水的 D 型泵系列，供发电厂用的 DG 型锅炉给水泵系列，供石油化工部门用的 Y 型油泵系列等。

分段式多级泵结构形式如图 1-14 所示，主要由吸入段、中段、压出段、轴、叶轮、导叶、密封环、平衡盘、轴套、穿杠等零部件组成。泵入口为水平方向，出口为垂直方向，穿杠将吸入段、中段及压出段连成一体。轴承常为滚动轴承，由油脂润滑，泵轴封采用软填料密封，在填料密封箱中通入有一定压力的水起水封的作用，并有可更换的轴套保护泵轴。泵的传动可通过弹性联轴器与原动机直联，从原动机方向看，泵为顺时针旋转。

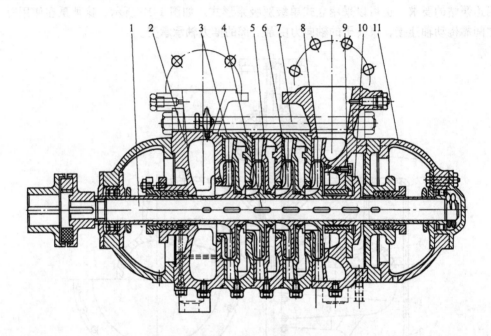

图 1-14   分段式多级泵

1—轴；2—吸入段；3—中段；4—叶轮；5—导叶；6—密封环；7—穿杠；
8—压出段；9—平衡板；10—平衡盘；11—轴承支架

D 型泵的性能范围为：流量 $q_V = 18 \sim 420 \text{m}^3/\text{h}$，扬程 $H = 25.5 \sim 615\text{m}$。

DG 型锅炉给水泵供输送不含固体颗粒的清水或物理化学性质类似于清水的液体。其使用温度高压泵可达 160℃，中压泵可达 105℃，低压泵低于 80℃，适用于高、中压锅炉的给水用。性能范围为：流量 $q_y = 25 \sim 575\text{m}^3/\text{h}$，扬程 $H = 50 \sim 2800\text{m}$。

DG 型泵是卧式单吸多级分段式锅炉给水泵，泵结构有单壳体和双壳体。高压泵的吸入口和吐出口均垂直向上，其他泵吸入口为水平方向，吐出口为垂直向上，单壳体泵用拉紧螺栓把吸入段、中段、压出段联结成一体，结构图见图 1-15。

泵转子由装在轴上的叶轮、平衡盘等组成。低压泵的转子两端由滚动轴承支撑，轴承由油脂润滑，高、中压泵的转子两端由滑动轴承支撑，中压泵轴承采用稀油润滑，循环水冷却，高压泵采用强制润滑，由辅助油泵和泵轴头油泵供油。DG 型泵的轴封形式有浮环密封、机械密封及填料密封三种，轴两端有密封箱，各种密封元件都装在密封箱内，对于机械密封和填料密封，其密封箱内还要通入有一定压力的水，起到水封、水冷及水润滑的作用。在轴的轴封处装有可更换的轴套，以保护泵轴。DG 型高压锅炉给水泵常通过齿型联轴器与原动机相连，有的还配有液力耦合器进行调速。对中、低压泵一般直接通过弹性联轴器由原动机驱动。

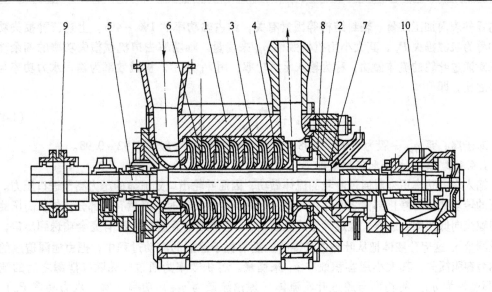

图 1-15　DG 型锅炉给水泵

1—泵毂；2—泵盖；3—中段；4—导叶；5—泵轴；6—叶轮；
7—平衡板；8—平衡套；9—联轴器；10—推力轴承

1.4　离心泵与风机的效率和性能

1.4.1　离心泵与风机的能量损失与效率

流体在流经泵与风机的叶轮时获得能量。但是，由于结构、工艺及流体黏性的影响，流体流经泵与风机时不可避免地要产生各种能量损失，而使其实际可利用的能量降低。因此，尽可能地减少流体在泵与风机内部的能量损失，对提高泵的效率，降低能耗有着十分重要的意义。为此，就必须对流体流经泵与风机时产生的各种能量损失进行系统分析，全面了解影响泵效率的有关因素，以确定最合理的结构形式和提高经济性的措施。

流体流经泵与风机时的损失，按其能量损失的形式不同可分为三种：**机械损失、容积损失和流动损失**。由于流体在泵与风机内部流动情况相当复杂，有许多问题至今仍不能用理论方法确定，特别是流动损失一项更是如此。因此，实际中往往采用半理论、半经验公式进行估算。

下面按能量的传递过程，逐一介绍泵与风机内能量的输入和输出情况。

1.4.1.1　机械损失和机械效率

原动机传到泵与风机轴上的功率，首先要花费一部分去克服轴承和轴封的摩擦损失，然后还要花费一部分去克服叶轮前后盖板外侧与流体间的圆盘摩擦损失，如图 1-16 所示。

在上述三种损失中，圆盘摩擦损失占的比重最大，而轴承和轴封的损失一般认为与泵和风机的尺寸无关，

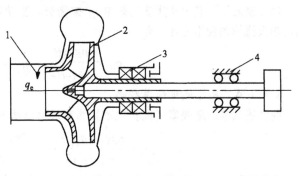

图 1-16　泵中能量损失

1—泄漏；2—圆盘；3—填料；4—轴承

只与零件表面加工质量、轴封结构等因素有关，约占轴功率的1%～4%。上述三种损失功率之和称为**机械损失** P_m，其大小用机械效率 η_m 来衡量。轴功率去掉机械损失功率的剩余功率用来对通过叶轮的流体做功，称为**输入水力功率**，用 P_h 表示。**机械效率**为输入水力功率与轴功率之比，即

$$\eta_m = \frac{P_{sh} - P_m}{P_{sh}} = \frac{P_h}{P_{sh}} \tag{1-17}$$

对于离心泵 η_m 一般为 0.90～0.98，而离心风机的 η_m 一般为 0.92～0.98。

1.4.1.2 容积损失和容积效率

输入水力功率用来对通过叶轮的流体做功，因而叶轮出口处流体的压力高于进口压力。由于泵的转动部件与静止部件之间存在间隙，因而当叶轮旋转时，必然有一部分流体从高压侧通过间隙流向低压侧。这样，通过叶轮的流量 q_{VT}（也称理论流量）并没有完全输送到出口，其中泄漏量 q_e。这部分液体把从叶轮中获得的能量消耗于泄漏的流动过程中，把由泄漏造成的损失称为**容积损失**，其大小用容积效率 η_V 来衡量。容积效率为通过叶轮除掉泄漏之后的流体（实际流量为 q_V）的功率与通过叶轮流体（理论流量为 q_{VT}）功率（输入水力功率 P_h）之比，即

$$\eta_V = \frac{\rho g q_{VT} H_T - \rho g q_e H_T}{\rho g q_{VT} H_T} = \frac{\rho g q_V H_T}{\rho g q_{VT} H_T} = \frac{q_V}{q_{VT}} = \frac{q_V}{q_V + q_e} \tag{1-18}$$

式中，q_{VT} 为泵的理论流量；H_T 为泵的理论扬程，也称叶轮的理论扬程，表示叶轮传给单位重量流体的能量；q_e 为泄漏量；q_V 为泵的实际流量。

容积损失主要发生在密封环处、平衡轴向力装置处、密封装置处等。对于多级泵来说还有级间泄漏。需要说明的是，在泵的流量变小时，其泄漏量的相对值要增大。所以，对于小流量高压头的泵，应尽量减少泄漏量，提高容积效率。

容积损失与比转速有关，随着比转速的增大，容积损失逐渐减小。一般情况下，在所有比转速的范围内，容积损失等于圆盘摩擦损失的一半。

离心泵的容积效率一般为 0.90～0.95，离心风机还要略小些。

1.4.1.3 流动损失和流动效率

通过叶轮的有效流体（除掉泄漏）从叶轮中接收的能量（H_T），也没有完全输送出去，因为流体在泵的过流部分的流动中伴有沿程摩擦损失和叶片进出口撞击、脱流、漩涡等引起的局部损失，从而要消耗掉一部分能量。单位质量流体在泵过流部分流动中损失的能量称为**流动损失**，用 h 来表示，其大小用流动效率 η_h 来衡量。流动效率为去掉流动损失流体的功率与未经流动损失流体的功率之比，即

$$\eta_h = \frac{\rho g q_V H}{\rho g q_V H_T} = \frac{H}{H_T} = \frac{H}{H + h} \tag{1-19}$$

1.4.1.4 泵与风机的总效率

前已述及泵的**总效率**（简称效率）为有效输出功率与输入轴功率之比，即

$$\eta = \frac{P_e}{P_{sh}} = \frac{\rho g q_V H}{P_{sh}} \frac{q_{VT} H_T}{q_{VT} H_T} = \frac{\rho g q_{VT} H_T}{P_{sh}} \frac{q_V H}{q_{VT} H_T} = \eta_m \eta_V \eta_h \tag{1-20}$$

由此可知，泵的总效率就等于它们的机械效率、容积效率和水力效率三者之乘积。因此，要想提高泵的效率就必须在设计、制造及运行等各个方面注意减少各种损失。

目前，离心泵的总效率视其大小、形式和结构不同一般为 0.55～0.90，离心风机一般为

$0.45 \sim 0.88$。

泵的能量平衡情况可用图 1-17 来表示。

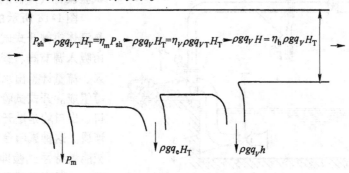

$$P_{sh} - \rho g q_{VT} H_T = \eta_m P_{sh} - \rho g q_V H_T = \eta_V \rho g q_{VT} H_T - \rho g q_V H = \eta_h \rho g q_V H_T$$

P_m　　　$\rho g q_e H_T$　　　$\rho g q_V h$

图 1-17　能量平衡图

在设计之前只能按统计资料（经验公式或曲线）或类似的实际产品大致确定欲设计泵的效率，待设计完之后，可以近似估算所设计泵的效率，只有在泵制造完之后，通过试验才能精确地确定其效率。

1.4.2　离心泵的性能曲线

泵与风机的性能主要是指在一定转速下，扬程、轴功率、效率等与流量之间的关系。而用图表示的泵与风机性能的曲线，则称其为**性能曲线**。它主要包括：

（1）扬程与流量的关系曲线，即 H-q_V 性能曲线。

（2）轴功率与流量的关系曲线，即 P_{sh}-q_V 性能曲线。

（3）效率与流量的关系曲线，即 η-q_V 性能曲线。

除此之外，还有表示汽蚀性能的允许汽蚀余量（或允许吸上真实高度）与流量的关系曲线，NPSH-q_V（H_s-q_V）。本节将讨论前三种关系曲线，其他几组关系曲线将在后面的有关章节讨论。

由以上不难看出：在一定转速下，每一个流量均对应着一定的扬程（全压）、轴功率及效率，这一组参数反映了泵与风机的某种工作状态，简称工况。泵与风机是按照需要的一组参数进行设计的，由这一组参数组成的工况称为设计工况，而对应于最佳效率点的工况称为**最佳工况**。从理论上讲，一般设计工况应位于最高效率点上，实际上由于叶轮内流体流动的复杂性，使得设计工况并不一定和最佳工况重合。因此，在选择泵与风机时，往往把它的运动工况点（简称工作点）控制在性能曲线的高效区内，以期获得较好的经济性。所以，深入了解泵与风机的性能曲线对于泵与风机的安全和经济运行是相当重要的。此外，利用性能曲线还可以分析泵与风机内的流动情况，积累资料，找出规律性的东西，作为设计和修改新老产品的依据；同时，这组曲线还可以作为相似设计的基础。

目前，由于对叶轮内的各项损失尚不能用分析方法精确地进行计算，泵与风机的性能曲线也就不能用分析方法精确地计算出来，而是由试验方法求得。有关从理论上对此进行定性分析的内容可查阅相关书籍。

泵的试验一般分为模型试验和真机试验，一般都是在实验室的试验装置上完成的。不同类型的泵，因工作环境、工作介质和工作要求不同，试验装置结构也不同。通常按循环管路系统形式分为三种，即开式试验（装置）台、闭式试验台和半开式试验台。此外，为了研究叶轮

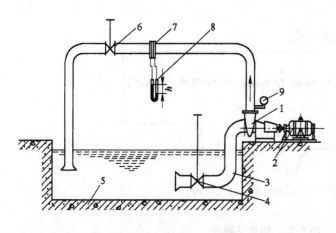

图 1-18　泵的开式试验台

1—待式泵；2—测功电动机；3—吸入管；4—吸入调节阀；5—水池；
6—出口调节阀；7—流量计；8—差压计；9—压力表

叶片翼型的动力特性，还需专门的试验设备（风洞或水洞）。

图 1-18 所示的泵开式试验台是流体机械开式试验台的例子，它由吸入调节阀、管路、弯头、模型泵、流量计、出水管调节阀、水池等组成。开式试验台装置系统的进口、出口均是敞开的，即与大气相连通。这种试验台主要用于流体机械能量特性试验即效率特性试验，此外，还可进行强度及力矩特性试验以及过流部件结构试验研究等。

1.4.2.1　泵形式试验

泵形式试验主要测定的参数有：流量、扬程、轴功率、转速和临界汽蚀余量等。

泵形式试验时需测定的基本参数和可用的测量方法为：

（1）流量 q_V，可用涡轮流量计、电磁流量计、孔板、文丘里管等测得。

（2）扬程 H，可用连接水泵进、出口的差压计测得，也可独立测定进、出口处的压力，再由其差值计算。

（3）轴功率 P，可用扭矩仪、电动机天平等测定轴上的力矩，也可测定电动机的功率。

（4）转速 n，采用数字转速表、离心式转速表或闪频测速仪测得。

（5）临界汽蚀余量 $NPSH_c$，可用真空泵降低泵进口压力，综合利用流量、扬程和转速测量系统，最后确定临界状态工况。

（6）泵效率，由下式计算：

$$\eta = \frac{\rho g q_V H}{P} \qquad (1\text{-}21)$$

1.4.2.2　性能曲线的绘制

泵的性能曲线应采用图 1-19 的形式。泵性能曲线横坐标轴上表示流量 q_V，纵坐标上分别表示泵扬程 H、轴功率 P 和泵

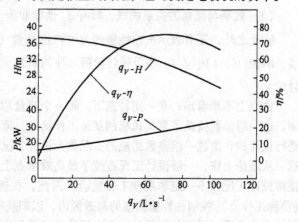

图 1-19　泵性能曲线图

效率 η，根据测定与计算得出数据绘制曲线，曲线应该圆滑。泵形式试验还包括临界汽蚀余量 $NPSH_c$-q_V曲线，将在以后讨论。泵性能曲线应当是规定转速下的性能曲线。

1.4.3　轴向推力及其平衡

离心泵运行时，因叶轮两侧的压强不等而产生了一个方向指向泵吸入口、并与泵轴平行的作用力，称为轴向力。这个力往往可以达到数万牛顿，使整个转子压向吸入口，不仅可能引起

动静部件碰撞和磨损，还会增加轴承负荷，导致机组振动，对泵的正常运行十分不利。所以在设计和使用时对其平衡问题必须给予足够的重视。

1.4.3.1 轴向力的产生原因及其计算

图 1-20 所示为某单级单吸卧式离心泵叶轮两侧压强分布图。

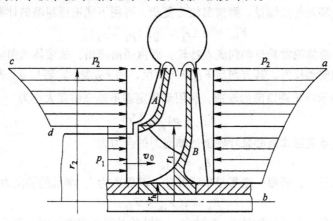

图 1-20 离心泵的轴向力

当泵正常运行时，叶轮出口的液体绝大部分经泵的出口排出，有一小部分回流到叶轮盖板两侧的环形空间 A、B 室中。试验证明，在正常密封条件下，A、B 室内液体的旋转角速度等于叶轮角速度 ω 之半。为了讨论 A、B 室内压强的分布规律，设叶轮吸入口前压强为 p，叶轮出口处压强升高到 p_1，密封环半径为 r_1，叶轮外径为 r_2；若在 B 室任意半径 r 处取一微元体，并假定叶轮前后密封处无漏泄损失，则其压强变化可由下式确定：

$$dp = \rho \left(\frac{\omega}{2} \right)^2 r dr$$

将上式由 r 至 r_2 积分，得

$$p_2 - p_1 = \rho \frac{\omega^2}{4} \left(\frac{r_2^2 - r^2}{2} \right)$$

即

$$p = p_2 - \rho \frac{r_2^2 \omega^2}{8} \left[1 - \left(\frac{r}{r_2} \right)^2 \right] \tag{1-22}$$

由式（1-22）可知，A、B 室内的压强是沿叶轮半径按二次抛物线规律分布的。图 1-20 中 ab 及 cd 曲线为叶轮两侧压强分布曲线。自密封环半径 r_1 至叶轮外径 r_2 之间的环形区域，由于叶轮两侧的压强分布是对称的，且大小相等、方向相反，因此该区域不产生轴向力；而在叶轮轮毂半径 r_h 与密封环半径 r_1 之间的环形区域内，左侧压强为叶轮吸入口压强 p_1，右侧压强按二次抛物线分布，由于叶轮两侧压强分布不对称，因此产生一个轴向力 F_{1a}，其方向显然指向叶轮入口，大小为

$$F_{1a} = \int_{r_h}^{r_1} (p - p_1) 2\pi dr$$

将式（1-22）代入上式，并积分得

$$F_{1a} = \pi \rho (r_1^2 - r_h^2) \left[\frac{p_2 - p_1}{\rho} - \frac{\omega^2}{8} \left(r_2^2 - \frac{r_1^2 - r_h^2}{2} \right) \right] \tag{1-23}$$

式中 F_{1a}——轴向力，N；

ρ——流体密度，kg/m^3；

r_1——叶轮密封环半径，m；

r_h——叶轮轮毂或轴套处半径，m；

ω——叶轮旋转角速度，rad/s。

若计及密封口环处的泄漏量，则情况较为复杂，可用下式进行粗略的计算：

$$F_{1a} = \pi\,(\,r_1^2 - r_h^2\,)\,(\,p_2 - p_1\,) \tag{1-24}$$

在离心泵中，液体通常是自轴向流入叶轮，而由径向流出，故液体轴向动量变化导致液体对叶轮产生一个轴向动反力，其方向与 F_{1a} 方向相反，用 F_{2a} 表示。若以 q_{VT} 表示流过叶轮的理论体积流量，v_0 表示叶轮进口前的流速，利用动量定理不难证明其大小为

$$F_{2a} = \rho q_{VT} v_0(\mathrm{N}) \tag{1-25}$$

故作用在单级单吸卧式离心泵叶轮上的轴向力的合力为

$$F_a = F_{1a} - F_{2a} \tag{1-26}$$

对于多级卧式泵中，若每一级都是单吸叶轮，其级数为 i，则总的轴向力为

$$F_a = i(F_{1a} - F_{2a}) \tag{1-27}$$

对于多级立式泵，转子的重量 F_{3a} 为轴向。当叶轮的吸入口朝下时，则总的轴向力为

$$F_a = i(F_{1a} - F_{2a}) + F_{3a} \tag{1-28}$$

应该指出的是：在式（1-27）和式（1-28）中，轴向力 F_{1a} 起主要作用，对比低转速的离心泵而言，更是如此，故计算时往往不计 F_{2a} 的影响。此外，在上述 F_{1a} 的推导中，由于不计密封口环泄漏量对轴向力的影响，以及其他未能认识的原因，按照计算公式求得的轴向力的计算值往往比实测值小得多。因此，在具体使用计算公式时应作充分考虑。

1.4.3.2　轴向力的平衡

A　采用平衡孔及平衡管平衡轴向力

对单级单吸泵，可在叶轮的后盖板上靠近轮毂的地方开一圈小孔，称为平衡孔，以使叶轮背面环形室保持恒定的低压，如图1-21所示。为减少漏泄，在叶轮后盖板上也装上密封环，其半径位置与吸入口的密封环位置一致，一般平衡孔总面积必须大于叶轮后盖板密封环间隙面积的 $4 \sim 5$ 倍。当叶轮背面环形室内的流体经过平衡孔流进叶轮时，会破坏叶轮进口处液流的吸入状态，增大了叶轮中的流动损失，使流动效率和抗汽蚀性能降低，因而通过采用平衡孔或平衡管来平衡轴向力的方法只在小型泵上使用。

图1-22所示是一平衡管装置，它通过平衡管将叶轮后盖板靠近轮毂处与泵的吸入口连接起来，从而平衡前后盖板两侧的压强差。以上两种方法虽然简单、可靠，但平衡效果不佳，不能完全平衡轴向力，只能平衡 $70\% \sim 90\%$ 的轴向力，剩余的轴向力需由止推轴承来承担。

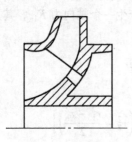

图1-21　平衡孔图

图1-22　平衡管图

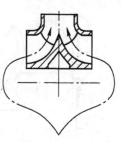

B　采用双吸叶轮平衡轴向力

单级泵可采用双吸叶轮，如图 1-23 所示。由于叶轮的对称性，理论上说它不会产生轴向力，实际上，由于制造加工及叶轮两侧液流运动的差异，可能还剩余部分轴向力，因此，其剩余的轴向力仍需由止推轴承来承担。

C　采用叶轮对称排列的方式平衡轴向力

在多级泵中可采用将叶轮对称地、进口方向相反地布置在泵壳中，如图 1-24 所示。当叶轮几何尺寸相同且叶轮数为偶数时，其轴向力是可以平衡的；当叶轮的级数为奇数时，则泵的首级叶轮可以设计成双吸式。

图 1-23　双吸式叶轮

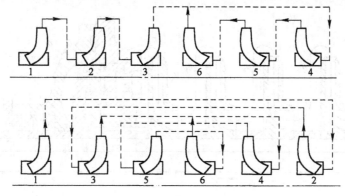

图 1-24　对称排列的叶轮

这种平衡方法效果良好。但级数较多的泵结构复杂，在级与级之间的连接流道太长，并且彼此重叠，此外，这种布置方式使泵壳铸造复杂。

D　采用背（副）叶片平衡轴向力

在叶轮的后盖板上加铸几个径向肋筋，称为背（副）叶片。未加背叶片时，叶轮后盖板侧液体压强分布如图 1-25 中的曲线 abc 所示。后盖板侧泵腔中的流体以叶轮转速的一半旋转，即 $v_u = u/2$。加背叶片之后，叶轮旋转时，背叶片强迫液体旋转，后盖板侧泵腔中流体的转速将等于叶轮的转速，即 $v_u = u$。此时后盖板侧的压强分布如曲线 abd 所示。则背叶片所起的作用是使后盖板侧的液体压强降低，从而平衡一部分轴向力，即影线 cbd 部分。

背叶片有防止杂质进入轴封的优点，主要应用于杂质泵，图 1-26 所示为杂质泵叶轮上装背叶片的示意

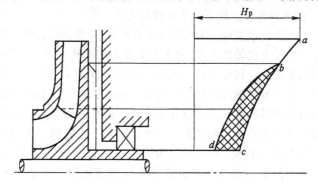

图 1-25　背叶片平衡轴向力原理图

图。背叶片的缺点是：叶轮的后盖板无法进行机械加工，同时，背叶片的尺寸也无法通过精确计算来确定。

E　采用平衡盘平衡轴向力

平衡盘多用于节段式多级泵，装在末级叶轮之后，和轴一起旋转，在平衡盘前的壳体上装有平衡圈。平衡盘后的空间称为平衡室，它与离心泵的第一级叶轮吸入室相连接，在平衡盘与

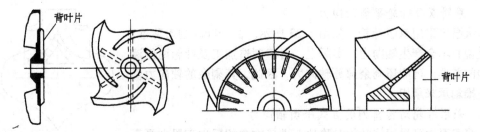

图 1-26　背叶片结构示意图

平衡圈之间有一轴向间隙 b_0。平衡套（或轴套）与平衡圈之间有一径向间隙 b，如图 1-27 所示。

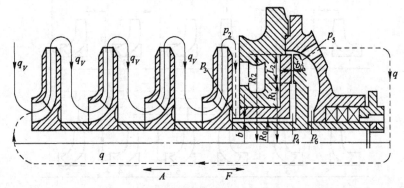

图 1-27　用平衡盘平衡轴向力

当离心泵正常工作时，末级叶轮出口处液体的压强为 p_2，液体在径向间隙前的压强是末级叶轮后盖板下面的压强 p_3，通过径向间隙 b 下降为 p_4（即平衡盘前的压强），则通过径向间隙压强差 $\Delta p_1 = p_3 - p_4$。然后，液体再经过轴向间隙 b_0，其压强由 p_4 下降至 p_5，而平衡盘背面下部的液体压强为 p_6，则平衡盘前后的压强差 $\Delta p_2 = p_4 - p_5$ 在平衡盘上产生一个沿 p_4 方向的作用力，称之为平衡力，用符号 F_{pa} 表示。此平衡力 F_{pa} 的方向与液体作用于转子上的轴向力 F_a 的方向相反，故可以平衡轴向力。

当工况改变时，末级叶轮出口压强 p_2 要发生改变，结果轴向力 F_a 也要改变。这时如果作用于转子上的轴向力 F_a 大于平衡盘上的平衡力 F_{pa}，则转子就会向低压侧（左）窜动，而平衡盘是固定在转轴上的，因此，使轴向间隙 b_0 减小，经间隙 b_0 的流动阻力增加，泄漏量减少。这将导致液体流过径向间隙 b 的速度减小，亦即经间隙 b 中流动损失减小，从而提高了平衡盘前面的压强 p_4，于是作用在盘上的平衡力 F_{pa} 也就增大。随着转子继续向低压侧（左）窜动，平衡力也就不断增加，当窜动到某一位置时，平衡力 F_{pa} 与轴向力 F_a 相等，从而达到了新的平衡。同理，当转子上的轴向力 F_a 小于平衡力 F_{pa} 时，则转子向高压侧（右）窜动。此时轴向间隙 b_0 增大，于是经间隙 b_0 的流动损失减小、泄漏量增加，平衡盘前的压强 p_4 减小，同样也能达到新的平衡。

由此可见，转子左右窜动的过程，就是自动平衡的形成过程。当轴向力与平衡力相等时，由于惯性作用，运动着的转子不会立刻停止在新的平衡位置上，还要继续窜动。若轴向间隙 b_0 继续变小，平衡力 F_{pa} 就会超过轴向力 F_a 而阻止转子继续窜动，直至停止。此时，因平衡力 F_{pa} 超过轴向力 F_a，使转子又向反方向窜动。如此往返穿梭，并逐渐衰减，直到平衡位置而最后停止。因此说转子左右窜动的过程，也是自动平衡的动态过程。

应该指出：在泵的运转中，不允许有过大的轴向窜动，否则，会使平衡盘与平衡圈产生严重磨损。为了限制过大的轴向窜动，必须在轴向间隙改变不大的情况下，能使平衡力发生显著的变化，这就是平衡盘的灵敏度问题。

平衡盘的灵敏度用下式表示：

$$k = \frac{\Delta p_2}{\Delta p} = \frac{\Delta p_2}{\Delta p_1 + \Delta p_2} \tag{1-29}$$

式中　Δp——整个平衡装置的压强差。

k 值越小，平衡盘的灵敏度越高。k 值小即 Δp_1 大，说明径向间隙（b 小或长）的节流作用很强。当平衡盘左右移动时，泄漏量变化引起 Δp_1 的变化很大。因 Δp 保持不变，则 Δp_2 的变化也很大，即平衡盘的灵敏度高。反之，若 Δp_1 很小，说明径向间隙（b 大或短）的节流作用很小，当平衡盘移动时，其前后的压强变化很小，即灵敏度低。但由于平衡力等于 Δp_2 和平衡盘面积的乘积，若 Δp_2 很小，欲平衡一定的轴向力，必然得增大平衡盘的尺寸。因而平衡盘灵敏度和尺寸是矛盾的两个方面，在设计平衡盘时，必须从平衡机构的灵敏度以及减小平衡盘尺寸（使泵结构紧凑）两个方面来综合考虑，选取适宜的值，通常取 $k = 0.3 \sim 0.5$。

由于平衡盘具有能自动平衡轴向力、平衡效果好、结构紧凑等优点，故在多级离心泵中广泛采用此种平衡方法。

因平衡盘具有左右移动的特点，故一般不配备止推轴承。但对于大型高压给水泵，在启动或停机时，由于平衡力滞后于轴向力，平衡盘两侧的压强差 Δp_2 不足以及时适应轴向力的剧烈变化，造成转子往复窜动过大，甚至使平衡盘与平衡圈发生磨损，严重时还可能产生咬死现象。因此，为提高可靠性，现代大型给水泵也有配备平衡盘加推力轴承的改进型组合装置。这种装置的推力轴承（推力瓦）可在平衡盘与平衡圈间隙很小前承受轴向力，从而减小了平衡盘的碰撞和磨损，但它在一定程度上也限制了平衡盘自动平衡的特点。

F　采用平衡鼓平衡轴向力

平衡鼓为圆柱体，装在末级叶轮之后，随转子旋转。平衡鼓外圆表面与泵体间形成径向间隙。平衡鼓前是末级叶轮的后泵腔，后面是与吸入口相连通的平衡室，由作用在平衡鼓上的压差形成一个向后的平衡力，并与作用在转子上的总轴向力相平衡。

图 1-28 所示为平衡鼓装置，图中 a 为平衡鼓外圆表面与泵体固定衬套间形成径向间隙。在此装置中，叶轮轴向力的 50% ~ 80% 由平衡鼓平衡，双向止推轴承除了起轴向定位的作用外，还承受剩余的轴向力。因为平衡鼓无需像平衡盘装置那样极小的轴向间隙，同时又采用了较大的平衡鼓与固定衬套之间的径向间隙，从而保证

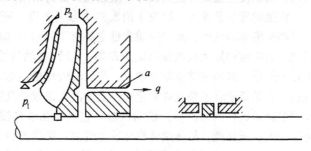

图 1-28　平衡鼓和双向止推轴承

了泵在任何恶化的运行条件下，不会发生平衡装置的磨损和咬死事故，大大提高了运行可靠性。并且，由于间隙大，也不会出现低速盘车时杂质堵住间隙的现象（平衡盘就容易发生此现象）。

平衡鼓径向间隙较大，为防止泵因泄漏量 q 增大而影响到水泵效率，可在平衡鼓外周和固定衬套的内表面铣出反向螺旋槽，以减少泄漏量。

G　采用平衡鼓与平衡盘联合装置平衡轴向力

图 1-29 所示为平衡鼓与平衡盘联合装置。图中 a 为平衡鼓外圆表面与泵体固定衬套间形

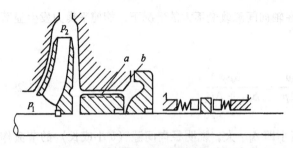

图 1-29　平衡鼓、平衡盘和弹簧双向
止推轴承的平衡装置

成径向间隙，b 为平衡装置平衡盘的轴向间隙。平衡鼓首先卸掉 50% ~ 80% 的轴向力，再由弹簧式双向止推轴承承担 10% ，其余的可变轴向力由平衡盘来承担。弹簧式双向止推轴承不仅能适应平衡盘左右移动，缓冲平衡盘磨损，而且可以保证在低速时由弹簧力把转轴向高压端顶开（此时轴向力较小），从而不使平衡盘磨损和咬死。因此，这种平衡装置平衡盘的轴向间隙较大，承担的平衡力较小，泄漏量 q 也较大。为了减少泄漏水量，在平衡鼓上车有反向螺纹。

1.4.4　汽蚀现象和允许吸上真空度

1.4.4.1　泵内汽蚀现象

泵运转时，在叶轮进口处叶片头部的某一部位是液流压强最低位置，当该部位的液体局部压强下降到等于或低于当时温度下的汽化压强时，液流经过该处就要发生汽化，产生气泡。气泡内充满蒸汽以及从液体中析出而扩散到气泡中的某些活性气体（如氧气），当这些气泡随液体进入泵内至压强较高的部位时，在气泡周围较高压液流的作用下，气泡受到压缩而迅速变形和溃灭，产生巨大的属于内向爆炸性质的冷凝冲击。当气泡溃灭发生在流道的壁面处时，将生成一股微细射流，它以高速冲击壁面，在壁面形成局部高压（达数十至数百兆帕），结果就形成了对金属材料的一次打击。若上述气泡不断地发生和溃灭，就形成了对金属材料的连续打击，因而金属表面很快因疲劳而被侵蚀。此外，由于侵蚀致使金属保护膜不断被破坏，在凝结热的助长下，气泡内从液体中析出的活性气体又对金属产生化学腐蚀，加剧了材料的破坏。侵蚀和腐蚀联合作用，最终将在流道壁面形成海绵状或蜂窝状的破坏。上述的气泡形成、发展、溃灭，以致使过流壁面遭到破坏的全过程，称为泵内**汽蚀现象**。

汽蚀的发生及发展，取决于液流的状态（温度、压强）以及液体的物理性质（包括杂质含量和所溶解的气体，其中杂质含量主要指不可溶气体的含量）。根据观察到的气泡形态，可以把水力机械中发生的汽蚀归纳为四类：（1）移动汽蚀，它是指单个瞬态气泡和小的空穴在液体中形成，并随液体流动而增长、溃灭时造成的汽蚀。气泡量多时形成云雾状。（2）固定汽蚀，它是指附着于绕流体固定边界上的汽穴造成的汽蚀，也称附着汽蚀。水力机械中起主要作用的就是这种汽蚀。（3）漩涡汽蚀，它是指在液体漩涡中心产生的气泡。漩涡中心处的流体速度大、压强低，易使液体汽化发生气泡。旋涡汽蚀可能是移动型的，也可能是固定型的。（4）振动汽蚀，它是指由于液体中连续的高振幅、高频率的压强波动所形成的汽蚀。固定壁面振动时，在液体中产生压强脉动，振动达到一定强度时，在液体和固定壁面交界处将产生气泡而引起振动汽蚀。

1.4.4.2　汽蚀现象对泵运行的危害

A　缩短泵的使用寿命

泵的汽蚀部位一般是发生在第一级叶轮的进口或出口处、导叶进口等处。汽蚀发生时，机械侵蚀和化学腐蚀的共同作用，不可避免地使泵的过流部件（叶轮、蜗壳等处）变得粗糙多孔，产生显微裂纹，严重时出现蜂窝状或海绵状的侵蚀，甚至呈空洞，因而缩短了泵的使用寿命。因此，为了延长泵的使用寿命，对泵易汽蚀的部位常采用抗汽蚀性能较好的材料。

B 产生噪声和振动

在汽蚀发生的过程中，发生气泡溃灭的液体微团互相冲击，会产生各种频率范围的噪声，一般频率为 600～25000Hz，也有更高频的超声波。汽蚀严重时，可听到泵内有嘁嘁啪啪的声音。汽蚀过程本身是一种反复冲击、凝结的过程，伴随着很大的脉动力。如果这些脉动力的某一频率与机组的固有频率相等，就会引起机组的振动，机组的振动又将促使更多的气泡发生和溃灭，两者互相激励，最后导致机组的强烈振动，称之为汽蚀共振现象。机组在这种情况下就应该停止工作。

C 影响泵的运行性能

当泵内液体中含有少量气泡时，不会影响到运行性能的变化，这种潜伏性汽蚀往往不被人们所注意，以致经过一段时间运行才发现部件的汽蚀损坏；当气泡大量发生时，叶轮流道被气泡严重阻塞，汽蚀破坏了泵内液流的连续性，使泵的扬程、功率和效率均会显著下降，出现断裂工况。这种变化还和泵的比转速有关，对低比转速的离心泵来讲，由于叶片数较多，叶片宽度较小，流道窄而长，在发生汽蚀后，大量气泡很快就布满流道，造成断流，使泵的扬程、功率、效率均迅速下降，出现"断裂"工况；对高比转速的轴流泵，由于叶片数少，具有相当宽的流道，当气泡发生后，气泡不可能布满流道，不会造成断流，故在轴流泵的性能曲线上不会出现断裂工况点，但仍有"潜伏"汽蚀的存在；对中比转速的混流泵，由于其结构上介于离心泵和轴流泵两者之间，因而汽蚀对泵性能的影响也介于两者之间，在性能曲线上出现比较缓和的"断裂"工况。

1.4.4.3 泵的几何安装高度与允许吸上真空高度

一般卧式离心泵，泵轴心线距液面的垂直距离称为泵的**几何安装高度**，或称几何吸上高度，用符号 H_g 表示，如图 1-30 所示。它是影响泵工作性能的一个重要因素，当增加泵的几何安装高度时，会在更小的流量下发生汽蚀。因此，正确地确定泵的几何安装高度是保证泵不发生汽蚀的重要条件。那么，如何正确地确定泵的几何安装高度呢？

我们知道，泵内产生汽蚀的原因是因流道内某一部位的液流压强过低，而泵内液流压强最低的部位是在叶轮入口附近。因此，在使用泵时常常在泵吸入口安装一个压强指示仪表（真空计或压强计），以监测水泵的正常运行。吸入口的压强与泵吸入侧管路系统（几何安装高度，吸入管路中的能头损失）

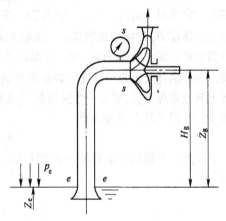

图 1-30 离心泵的几何安装高度

及吸水池液面压强等密切相关，用能量方程不难建立它们之间的关系。现以图1-30为例写出吸水池液面 e—e 及泵入口断面 s—s 之间的能量方程式：

$$\frac{p_e}{\rho g} + \frac{v_e^2}{2g} = \frac{p_s}{\rho g} + \frac{v_s^2}{2g} + H_g + \sum h_s \tag{1-30}$$

式中　　p_e——吸水池液面压强，Pa；

　　　　p_s——泵吸入口压强，Pa；

　　　　v_e——吸水池液面处的平均流速，m/s；

　　　　v_s——泵吸入口前管道 s—s 断面平均流速，m/s；

H_g——几何安装高度，m；

$\sum h_s$——吸入管路的能头损失，m；

ρ——流体密度，kg/m^3。

通常吸水池液面的流速甚小，可认为 $v_e \approx 0$，则上式可变为

$$H_g = \frac{p_e}{\rho g} - \frac{p_s}{\rho g} - \frac{v_s^2}{2g} - \sum h_s \tag{1-31}$$

式（1-31）表明，吸水池液面处液体以一定的速度克服管道阻力上升 H_g 到泵吸入口 s—s 断面，是由于液面压强 p_e 与泵吸入口压强 p_s 的压强差作用的结果。如果吸水池液面受大气压 p_a 的作用，即 $p_e = p_a$，则式（1-31）可写成：

$$H_g = \frac{p_a}{\rho g} - \frac{p_s}{\rho g} - \frac{v_s^2}{2g} - \sum h_s \tag{1-32}$$

由上式可以看出，在标准大气压下，由于 $1atm = 10.33 mH_2O$，所以泵的几何安装高度 H_g 总是小于 $10.33 mH_2O$ 的。

上式中，等式右边前两项之差 $\frac{p_a}{\rho g} - \frac{p_s}{\rho g}$ 称为吸上真空高度，用符号 H_s 表示。于是上式可改写为

$$H_g = H_s - \frac{v_s^2}{2g} - \sum h_s \tag{1-33}$$

可见，泵的几何安装高度与吸上真空高度、吸入管流速及能头损失有关。通常，如果泵是在某一定流量下运行，则 $v_s^2/2g$ 及 $\sum h_s$ 基本上是定值，所以泵的几何安装高度 H_g 将随泵的吸上真空高度 H_g 的增加而增加。如果吸上真空高度增加至某一最大值 H_{smax} 时，即泵内最低压强点接近液体的汽化压强 p_V 时，则泵内就会开始发生汽蚀。这时，H_{smax} 称为**最大吸上真空高度**，亦称临界吸上真空高度。其值由制造厂用试验方法确定。为了保证泵不发生汽蚀，把最大吸上真空高度 H_{smax} 减去一个安全量（通常为0.3）作为允许吸上真空高度而载入泵的产品样本中，并用 $[H_s]$ 表示，即

$$[H_s] = H_{smax} - 0.3 \tag{1-34}$$

显然，为使泵在运行时不产生汽蚀，根据式（1-33），则允许几何安装高度可按下式确定。即

$$[H_g] = [H_s] - \frac{v_s^2}{2g} - \sum h_s \tag{1-35}$$

在计算 $[H_g]$ 中必须注意以下三点：

（1）$[H_s]$ 通常是随流量增加而下降的。用式（1-35）确定 $[H_g]$ 时，必须以泵在运行中可能出现的最大流量所对应的 $[H_s]$ 为准。而泵铭牌 $[H_s]$ 值则是指最高效率点流量时的 $[H_s]$ 值。

（2）在泵样本或说明书中所给出的 $[H_s]$ 值，是由制造厂在标准条件（大气压为 $1.01 \times 10^5 Pa$，温度为20℃的清水）下试验得出的。当泵的使用条件与上述条件不符时，应对样本的 $[H_s]$ 值按下式进行修正：

$$[H_s]' = [H_s] + \frac{p_a - p_V}{\rho g} - (10.33 - 0.24) \tag{1-36}$$

式中　p_a——泵使用地点的大气压强，Pa；

p_v——泵所输送液体温度下的汽化压强，Pa；

ρ——泵所输送液体的密度，kg/m^3。

不同海拔高度下的大气压强值如表 1-1 所示，不同水温时的汽化压强（即水的饱和汽压）如本书表 3-7 所示。

表 1-1　不同海拔高度的大气压强

海拔高度/m	−600	0	100	200	300	400	500	600	700
大气压强/kPa	118.0	111.0	100.0	99.0	98.1	96.1	95.1	94.1	93.2
海拔高度/m	800	900	1000	1500	2000	3000	4000	5000	
大气压强/kPa	92.1	91.1	90.2	84.0	79.4	70.6	61.8	53.9	

（3）立式离心泵的几何安装高度 H_g 是指第一级工作叶轮进口边的中心线至吸水池液面的垂直距离，如图 1-31a 所示；大型水泵的几何安装高度 H_g 值，应以吸水池液面至叶轮入口边最高点距离来计算，如图 1-31b、c 所示。

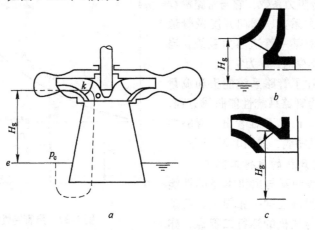

图 1-31　离心泵的几何安装高度
a—立式泵；b—大型卧式泵；c—大型立式泵

1.5　离心泵与风机的工况、调节及选择

1.5.1　泵与风机的运行工况调节

泵与风机性能曲线上的每一点都表征泵与风机的一个工况点，但实际运行中泵与风机的工况点则与所处的管路系统有关。

1.5.1.1　管路系统特性曲线

泵与风机的管路系统，是指泵与风机整个装置中除泵与风机以外的所有附件、吸入管路、压出管路及吸入容器和压出容器的总和。泵的管路系统示意图见图 1-2。

管路系统性能曲线是指管路系统能头与通过管路中流体流量的关系曲线。而管路系统能头（以泵为例）是指：把单位重力流体自吸入容器表面输送至压出容器表面所需做的功，用 H_c 表示，单位为 m。

按照定义，对图 1-2 所示的管路系统，管路系统能头 H_c 应等于下列几项之和：

（1）流体位能的增加值；

（2）流体压能的增加值，$\dfrac{p''-p'}{\rho g}$；

（3）流体自吸入容器表面至压出容器表面途中各项能量损失的总和 $\sum h_w$。它包括：管路的进口损失、管路中流动摩擦损失和局部损失、管路附件（各种阀门等）中的损失以及管路出口损失等。则

$$H_c = H_z + \frac{p'' - p'}{\rho g} + \sum h_w \tag{1-37}$$

吸入容器和压出容器中的压强有时是随流量而变的，为了阐明管路系统性能的一般规律，这里仅讨论吸入容器和压出容器中压强不变的情况（大多数工业场合都是这样考虑的）。这样，对给定的系统，$H_z + \dfrac{p'' - p'}{\rho g}$ 是一个定值，且不随流量的改变而变化，我们称此为**静能头**，并用 H_{st} 表示。而总的流动损失通常情况下与流量的平方成正比，即 $\sum h_w = \varphi q_V^2$ 这样管路系统的能头可表示为

$$H_c = H_{st} + \varphi q_V^2 \tag{1-38}$$

式中，φ 为综合阻力系数，它与管路沿程阻力系数、局部阻力系数、阀门开度及管道的几何形状有关，对某一管道阻力系统，当阀门等的局部阻力不变时，φ 为常数。

式（1-38）描述了管路系统能头和流量的关系，所以又称为管路系统性能曲线方程，简称管路性能方程。由此不难看出，管路性能曲线是一条二次抛物线，如图 1-32 所示。

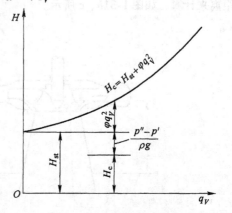

图 1-32　泵管路性能曲线

1.5.1.2　泵与风机的运行工况点

将管路性能曲线和泵与风机本身的性能曲线用同样的比例尺画在同一张图上，两条曲线的交点即为泵与风机的**运行工况点**，亦称工作点，如图 1-33 中的 M 点。

泵的运行工况点在稳定运行时只能是 M 点。这是因为在 M 点，泵的扬程等于管路系统的扬程，即这时单位重力液体流经泵时，从泵中获得的能量 H 正好等于把单位重力流体自吸入容器表面输送到压出容器表面所需要的能量 H_c，于是能量供求平衡。如泵的运行工况点不是 M 点，而是 A 点，很明显，这时管路系统扬程 H_c 大于泵的扬程 H。这说明，把流体从吸入容器输送到压出容器所需要的能大于液体从泵中获得的能量，从而求大于供。这时流体因能量不足而减速，流量减小，工况点也沿泵的性能曲线向 M 点靠近，直至和 M 点重合为止。反之，如果泵的运行工况点不是 M 点，而是 B 点，则管路系统扬程小于泵的扬程，液体从泵中获得的能量除用于满足流体自吸入容器被输送到压出容器所需要的能量外，还有剩余，即供大于求。这时，多余的能量迫使液体加速，流量增大，B 点沿泵的性能曲线向 M 点靠近，直至重合为止。因此，泵稳定运行的工况点只能是两条曲线的交点 M。

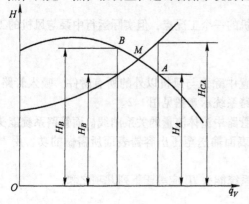

图 1-33　泵的运行工况点

应当指出，泵与风机的性能和管路性能是完全不同的两个概念。前者表征了泵与风机本身的性能，而后者则是表征了管路系统的性能。它们之间的关系为供求关系，只有当两条曲线相交时，在交点上两者的数值才相同。

1.5.1.3　离心式水泵的工况调节

离心式水泵的工况调节方法通常有 4 种：(1) 调节排水管道上的闸阀；(2) 变更多级水泵的工作轮数目；(3) 改变水泵的转速；(4) 缩短工作轮的叶片。

关小排水管道上的闸阀借以增加管的阻力，可以减小水泵的流量，图 1-34 中的 e_1 是原来的管道特性曲线，闸阀关小后特性曲线变为 e_2。水泵的工况便由原来的点 1 移至点 2，流量由 Q_1 减小为 Q_2。这种调节方法很方便。有时为了不使运转中的驱动电动机过载，而将排水管闸门关小。在启动水泵时，关闭闸门可使启动负荷减小。

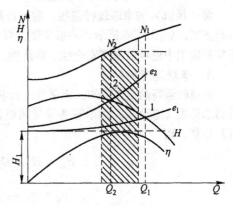

图 1-34　利用闸阀调节离心式水泵

变更水泵工作轮数目的调节方法通常用于多级水泵中。对于整体式多级水泵，可去掉其多余的工作轮，而使水泵的总压头减少。为了避免汽蚀现象，应去掉排水侧的工作轮，而不去掉吸水侧的。对于分段式多级水泵，应去掉其中间段，但需要更换泵的主轴和拉紧螺杆，此法广泛应用于排水设备中。

变更水泵转速调节法的基本原理是通过改变水泵压头特性曲线来改变工况点。为了得到需要的流量，在计算所需的转速时不能直接利用比例定律，因为排水管道特性曲线有测地高度，它不通过坐标的原点。

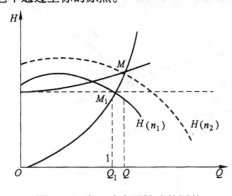

图 1-35　离心式水泵转速的调整

决定水泵转速的方法，首先是在 Q-H 坐标图上，Q-H 坐标图见图 1-35，根据要求的流量 Q 和管道特性曲线得出要调整的工况 M（由流量 Q 引平行于纵坐标轴的直线与管道特性曲线交于点 M），而后用点 M 作一条通过坐标原点的二次抛物线与水泵在原来转速 n 时的压头特性曲线相交，得点 M_1。最后即可根据点 M_1 所表示的流量 Q_1，借比例定律计算出应当调整的转速，即

$$n = n_1 \frac{Q}{Q_1} \tag{1-39}$$

若是增高水泵的转速，则必须考虑汽蚀影响和水泵的机械强度。

排水的离心式水泵大都用鼠笼式电动机直接带动，调整水泵的工作转速可以借更换不同转速的电动机来达到。

若水泵的流量和压头需要略微减小，则可用缩短工作轮叶片的办法来调节。叶片最多可缩短 8% ~ 10%，效率基本保持不变。

缩短后的工作轮直径 D' 根据要求的工作轮压头 H_k，近似地可按下式求之，即

$$D' = D \sqrt{\frac{H'_k}{H_k}} \tag{1-40}$$

1.5.2　泵与风机的串联、并联运行

1.5.2.1　泵与风机的串联运行

泵（风机）的**串联运行**是指：前一台泵（风机）向后一台泵（风机）的入口输送流体的运行方式，如图 1-36 所示。一般来说，泵（风机）串联运行的主要目的是提高扬程（全压），但实际应用中还可以提高安全性、经济性。

A　串联运行的特点

由串联运行的定义可知：串联泵（风机）所输送的流量均相等（忽略泄漏流量），而串联后的总扬程（总全压）为串联各泵（风机）所产生的扬程（全压）之和。即若有 n 台泵（风机）串联，则

$$H_c = H_1 + H_2 + \cdots + H_n = \sum_{i=1}^{n} H_i \tag{1-41}$$

$$p_c = p_1 + p_2 + \cdots + p_n = \sum_{i=1}^{n} p_i \tag{1-42}$$

$$q_{Vc} = q_{V1} = q_{V2} = \cdots = q_{Vi} \tag{1-43}$$

式中　$H_i(p_i)$——第 i 台泵（风机）的扬程（全压）；

q_{Vi}——第 i 台泵（风机）的流量。

由此可见，泵（风机）串联后的性能曲线 $(H\text{-}q_V)_c$ 或 $(p\text{-}q_V)_c$ 的做法是：把串联各泵（风机）的性能曲线 $H\text{-}q_V$ $(p\text{-}q_V)$ 上同一流量点的扬程（全压）值相加。

B　串联运行的工作特性分析

泵与风机在管路系统中的串联运行可分为两种情况，即同性能的泵与风机串联运行和不同性能的泵与风机串联运行。现以水泵为例，对串联运行的工作特性分析如下：

（1）同性能泵串联运行。图 1-37 是两台同性能的泵串联运行的情况。

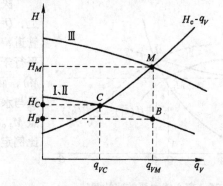

图 1-36　串联布置示意图　　　　图 1-37　两台同性能泵串联运行特性曲线

图中曲线Ⅰ、Ⅱ为两台泵单独运行时的性能曲线，按照同一流量下扬程相加的原则，可得两台泵串联后的性能曲线Ⅲ，即 $(H\text{-}q_V)_c$。按照运行工况点的定义，则曲线Ⅲ与管路性能曲线 $H_c\text{-}q_V$ 的交点 $M(q_{VM}, H_M)$ 即为串联后的联合运行工况点；自 M 点作横坐标的垂线，交泵性能曲线Ⅰ、Ⅱ于 $B(q_{VB}, H_B)$ 点，B 点即为串联运行时每台泵的运行工况点；而性能曲线Ⅰ、Ⅱ与管路性能曲线 $H_c\text{-}q_V$ 的交点 $C(q_{VC}, H_C)$ 为串联前每台泵的运行工况点。由图 1-37 可以看出：

$$q_{VM} = q_{VB} > q_{VC}　，　且 H_C < H_M = 2H_B < 2H_C$$

由此可见，与一台泵单独运行时相比，串联运行时的总扬程并非成倍增加，而流量却要增加一些。这是因为泵串联后扬程的增加大于管路阻力的增加，致使富余的扬程促使流量的增加；而流量的增加又使阻力增大，从而抑制了总扬程的升高。另一方面，管路性能曲线及泵性能曲线的不同陡度对泵串联后的运行效果影响极大：管路性能曲线越平坦，串联后的总扬程越小于两台泵单独运行时扬程的 2 倍；同样，泵的性能曲线越陡，则串联后的总扬程与两台泵单独运行时的扬程之差越小。因此，为达到增加串联后扬程的目的，串联运行方式宜适用于管路性能曲线较陡而泵性能曲线较平坦的场合。

对于经常处于串联运行的泵，为了提高泵运行的经济性和安全性，应按 B 点选择泵，并由 B 点的流量决定泵的几何安装高度或倒灌高度，以保证串联运行时每台泵都在高效区工作并且不发生汽蚀。而为保证泵运行时驱动电机不致过载，对于离心泵，应按 B 点选择驱动电机的配套功率；对于轴流泵，则应按 C 点选择驱动电机的配套功率。

(2) 不同性能泵串联运行。图 1-38 所示是两台不同性能的泵串联运行的情况。图中曲线 Ⅰ、Ⅱ 为两台泵单独运行时的性能曲线，曲线Ⅲ为串联后的性能曲线 $(H\text{-}q_V)_c$。图中还示出了两种不同陡度的管路性能曲线 $H_{c1}\text{-}q_V$、$H_{c2}\text{-}q_V$，其串联后相应的联合运行工况点分别为 M_1、M_2。由图 1-38 可以看出，在 $q_V < q_{VM2}$ 的各点（如 M_1 点），两泵均能正常工作。当 $q_V > q_{VM2}$ 时，两泵的总扬程小于泵Ⅱ的扬程，若泵Ⅰ作为串联运行的第一级，则泵Ⅰ变为泵Ⅱ吸入侧的阻力（负扬程），使泵Ⅱ吸入条件变坏，有可能成为泵Ⅱ汽蚀的原因；若泵Ⅰ为串联运行的

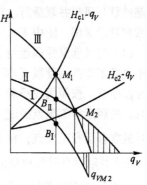

图 1-38　两台不同性能泵
串联运行特性曲线

第二级，则泵Ⅰ又变为泵Ⅱ压水侧的阻力。因此，在上述两泵串联的系统中，如果要求管路的流量 q_V 大于 q_{VM2}，是不合理的。

一般说来，串联运行要比单机运行的效果差，且随着串联台数的增加越加严重。因此串联运行的台数不宜过多，最好不要超过两台。同时，为了保证串联泵运行时都在高效区工作，在选择设备时，应使各泵最佳工况点的流量相等或接近。在启动时，首先必须把两台泵（离心泵）的出口阀门都关闭，启动第一台，然后开启第一台泵的出口阀门；在第二台泵出口阀门关闭的情况下再启动第二台。此外，由于后一台泵需要承受前一台泵的升压，故选择泵时，还应考虑到后一台泵的结构强度问题。

最后，由于几台风机串联运行的操作可靠性差，故风机一般不采用串联运行方式。

1.5.2.2　泵与风机的并联运行

泵（风机）的**并联运行**是指：两台或两台以上的泵（风机）向同一压力管路输送流体时的运行方式，如图 1-39 所示。

一般来说，并联运行的主要目的是：单台泵或风机的流量不够，通过并联增加流量；根据工作需要通过改变运行台数来调节流量；从运行的安全可靠性考虑，并联运行时，若其中一台泵或风机出现故障时，仍有其余的泵或风机在运行。

A　并联运行的特点

由并联运行的定义可知：并联后的总流量应等于并联各泵（风机）流量之和；并联后的扬程（全压）与并联运行的各泵（风机）的扬程（全压）相等。即若有 n 台泵（风机）并联时，则

$$H_b = H_1 = H_2 = \cdots = H_n \tag{1-44}$$

$$p_b = p_1 = p_2 = \cdots = p_n \tag{1-45}$$

$$q_{Vb} = q_{V1} + q_{V2} + \cdots + q_{Vi} = \sum_{i=1}^{n} q_{Vi}$$

式中　　H_i（p_i）——第 i 台泵（风机）的扬程（全压）；

　　　　q_{Vi}——第 i 台泵（风机）的流量。

由此可见，泵（风机）并联后的性能曲线（$H\text{-}q_V$）$_b$ 或（$p\text{-}q_V$）$_b$ 的做法是：把并联各泵（风机）的性能曲线 $H\text{-}q_V$（$p\text{-}q_V$）上同一扬程（全压）点的流量值相加。

　　B　并联运行的工作特性分析

泵与风机在管路系统中的并联运行可分为两种情况，即同性能的泵与风机并联运行和不同性能的泵与风机并联运行。现以水泵为例，对并联运行的工作特性分析如下。图 1-39 为管路并联布置示意图，图中 EO、FO 为管路非共用段，OG 为管路共用段。

　　（1）同性能泵并联运行。图 1-40 为两台同性能的泵并联运行的情况曲线。为分析方便，图中忽略了非共用管段（EO、FO）的阻力损失。因此，图中曲线 Ⅰ、Ⅱ 为两台泵单独运行时的性能曲线。按照同一扬程下流量相加的原则，可得两台泵并联后的性能曲线 Ⅲ，即（$H\text{-}q_V$）$_b$。按照运行工况点的定义，则曲线 Ⅲ 与管路性能曲线 $H_c\text{-}q_V$ 的交点 M（q_{VM}，H_M）即为并联后的联合运行工况点；自 M 点作纵坐标的垂线，交泵性能曲线 Ⅰ、Ⅱ 于 B（q_{VB}，H_B）点，B 点即为并联运行时每台泵的运行工况点；而性能曲线 Ⅰ、Ⅱ 与管路性能曲线 $H_c\text{-}q_V$ 的交点 C（q_{VC}，H_C）为并联前每台泵的运行工况点。由图 1-40 可以看出：

$$H_M = H_B > H_C，且 \; q_{VC} < q_{VM} = 2q_{VB} < 2q_{VC}$$

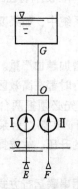

图 1-39　并联布置示意图

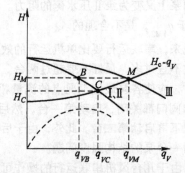

图 1-40　两台同性能泵并联运行特性曲线

由此可见，与一台泵单独运行时相比，并联运行时的总流量并非成倍增加，而扬程却要升高一些。这是由于并联后通过共同管段的流量增大，管路阻力也增大，这就需要提高每台泵的扬程来克服这个增加的阻力损失，相应地，每台泵的流量就要减小。另一方面，管路性能曲线及泵性能曲线的不同陡度对泵并联后的运行效果影响也极大：管路性能曲线越陡，并联后的总流量与两台泵单独运行时流量的差值越小；同样，泵的性能曲线越平坦，则并联后的总流量越小于两台泵单独运行时流量的 2 倍。因此，为达到并联后增加流量的目的，并联运行方式宜适用于管路性能曲线较平坦而泵性能曲线较陡的场合。

对于经常处于并联运行的泵，为了提高其运行的经济性，应按 B 点选择泵，以保证并联运行时每台泵都在高效区工作。从运行安全可靠性考虑，为保证在低负荷情况下只用一台泵运行时不发生汽蚀，应按 C 点的流量决定泵的几何安装高度或倒灌高度；而为保证泵运行时驱动电机不致过载，对于离心泵，应按 C 点选择驱动电机的配套功率；对于轴流泵，则应按 B 点选择驱动电机的配套功率。

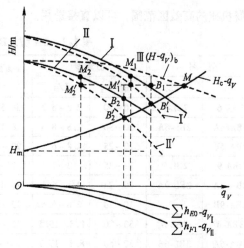

图 1-41　两台不同性能泵并联运行特性曲线

（2）不同性能泵并联运行。图 1-41 为两台不同性能的泵并联运行的特性曲线。当非共用管段的阻力损失不可忽略时，为了使泵在并联运行与单台运行时有相同的管路性能曲线，可把非共用段 EO、FO 分别作为泵 I 及 II 的组成部分。此时，将相应泵的性能曲线分别减去其对应流量下非共用段 EO、FO 的阻力损失 h_{EO}、h_{FO}，即可得出包括非共用管段在内的泵的性能曲线 I′、II′。由 I′、II′可作出并联后的性能曲线 III，即 $(H\text{-}q_V)_b$。则曲线 III 与管路性能曲线 $H_c\text{-}q_V$（只含共用管段阻力损失）的交点 M，即为两台不同性能的泵并联后的联合运行工况点；自 M 点作纵坐标的垂线，分别交曲线 I′、II′于 M_1'、M_2' 两点，M_1' 和 M_2' 即分别为并联后包括共用管段在内的泵 I 及 II 的运行工况点；自 M_1'、M_2' 两点向上作垂线分别交曲线 I 及 II 于 M_1 和 M_2 两点，则 M_1 和 M_2 即分别为并联后泵 I 及 II 的实际运行工况点。同理，当并联泵中只有一台运行时，其单独运行的工况点则分别为 B_1 及 B_2 两点。需要说明的是，由于不同性能的泵并联运行操作复杂，故生产中很少采用。

应该指出：从并联数量来看，台数越多并联后所能增加的流量越少，即每台泵输送的流量减少，故并联台数过多并不经济。

1.5.3　离心式泵的选择

泵的选择是指，用户根据使用要求，在泵的已有系列产品中，选择一种适用、而不需要另外设计、制造的泵的过程。

选择的总的原则是：所选择的设备在系统中能够安全经济地运行。

选择的主要内容是：确定泵的形式（型号）、台数、规格（大小）、转速以及与之配套的原动机功率等。具体方法步骤归纳如下：

（1）首先应充分了解整个工程工况装置的用途、管路布置、地形及水位情况、被输送流体的种类等基本情况。在选择水泵时，应弄清被输送液体的性质（如清水、污水、冷凝水等），以便选择不同用途的水泵（如清水泵、污水泵、冷凝水泵等）。

（2）根据最不利工况的要求，通过水力计算，确定工况最大流量 $Q_{\max}$ 和最高扬程 $H_{\max}$，然后分别加上 10% ~ 15% 的附加值（考虑计算中的误差及漏水等未预见因素）作为选择泵的依据。即

$$Q = (1.1 ~ 1.15)Q_{\max} \tag{1-46}$$
$$H = (1.1 ~ 1.15)H_{\max} \tag{1-47}$$

（3）根据已知用途选用适合的设备类型。关于某些类型泵的性能及适用范围可参阅相关设计手册。

（4）泵的类型确定后，可进一步根据流量和扬程的要求，查阅有关产品样本或手册，选择大小型号合适的泵。表 1-2 为 BA 型、BL 型单级离心式泵性能表。性能表中所提供的数据范

围属机械的高效区范围，可以直接选用。

表 1-2　BA 型、BL 型离心式泵性能表

型　号		流量 Q		扬程 H	轴功率	效率	允许吸上真空	叶轮直径
BA	BL	m³/h	L/s	/m	/kW	/%	高度 H_s/m	D/mm
2BA-6	2BL-6	10 ~ 30	2.8 ~ 8.3	34.5 ~ 24	1.86 ~ 3.09	50.6 ~ 63.5	8.7 ~ 5.7	162
2BA-6A	2BL-6A	10 ~ 30	2.8 ~ 8.3	28.5 ~ 20	1.43 ~ 2.55	54.5 ~ 64.1	8.7 ~ 5.7	148
2BA-6B		10 ~ 25	2.8 ~ 6.9	22 ~ 16.3	1.1 ~ 1.73	54.5 ~ 64	8.7 ~ 6.6	132
2BA-9	2BL-9	11 ~ 25	3 ~ 7	21 ~ 16	1.12 ~ 1.66	56 ~ 66	8 ~ 6	127
2BA-9A	2BL-9A	10 ~ 22	2.8 ~ 6.1	16.8 ~ 13	0.85 ~ 1.23	54 ~ 63	8.1 ~ 6.5	117
2BA-9B		10 ~ 20	2.8 ~ 5.6	13 ~ 10.3	0.7 ~ 0.89	51 ~ 62	8.1 ~ 6.8	106
3BA-6	3BL-6	30 ~ 70	8.3 ~ 19.5	62 ~ 44.5	9.3 ~ 13.3	54.4 ~ 64	7.7 ~ 4.7	218
3BA-6A	3BL-6B	30 ~ 60	8.3 ~ 17.7	45 ~ 30	6.65 ~ 8.3	55 ~ 59	7.5	192
3BA-9	3BL-9	30 ~ 55	8.3 ~ 15.1	35.5 ~ 28.8	4.6 ~ 6.32	62.5 ~ 68.2	7 ~ 3	168
3BA-9A	3BL-9A	25 ~ 45	7 ~ 12.5	26.2 ~ 2.5	2.83 ~ 3.87	63.7 ~ 61.2	7 ~ 5	145
3BA-13	3BL-13	32.4 ~ 52.2	9 ~ 14.5	21.5 ~ 6	2.5 ~ 2.96	76 ~ 75	6.5 ~ 5	132
3BA-13A	3BL-13A	29.5 ~ 48.6	8.2 ~ 13.5	17.4 ~ 12	1.86 ~ 2.15	75 ~ 74	6 ~ 4	120
3BA-13B	3BL-13B	28 ~ 41.5	7.5 ~ 11.5	13.5 ~ 9.5	1.63 ~ 1.73	63 ~ 62	5.5 ~ 4	110
4BA-6		65 ~ 135	18 ~ 37.5	98 ~ 72.5	27.6 ~ 40.4	63 ~ 66	7.1 ~ 4	272
4BA-6A		65 ~ 125	18 ~ 34.7	82 ~ 61.5	22.9 ~ 31.7	63.2 ~ 66	7.1 ~ 4.6	250
4BA-8		70 ~ 120	19.4 ~ 33.4	59 ~ 43	17.5 ~ 21.4	64.5 ~ 66	5 ~ 3.5	218
4BA-8A		70 ~ 109	19.4 ~ 30.4	48 ~ 36.8	13.6 ~ 16.8	67 ~ 65	5.38	200
4BA-12	4BL-12	65 ~ 120	18 ~ 33.3	37.7 ~ 28	9.25 ~ 12.3	72 ~ 74.5	6.7 ~ 3.3	178
4BA-12A	4BL-12A	60 ~ 110	16.7 ~ 30.6	31.6 ~ 23.3	7.4 ~ 9.5	70 ~ 73.5	6.9 ~ 4.5	163

（5）选择传动配件和电动机型号。

在性能表上，附有传动配件及电动机型号等，可一并选用；如采用性能曲线图，图上只有轴功率曲线，需另选电动机型号及传动配件。电动机的功率（即配套功率）可根据下式计算：

$$N_m = K \frac{N}{\eta_t} = K \frac{\gamma QH}{102 \eta \eta_t} \tag{1-48}$$

式中　N_m——电动机功率，kW；

　　　K——备用系数。取 1.15 ~ 1.50，可查阅表 1-3；

　　　N——泵的轴功率，kW；

　　　η_t——传动效率。对于电动机直接传动，$\eta_t = 1.0$；对于联轴器直接传动，$\eta_t = 0.95 \sim$ 0.98；对于三角皮带传动 $\eta_t = 0.9 \sim 0.95$。

表 1-3　电动机备用系数

电动机功率/kW	< 0.5	0.5 ~ 1.0	1.0 ~ 2.0	2.0 ~ 5.0	> 5.0
备用系数 K	1.5	1.4	1.3	1.2	1.15

在选择水泵时，还应选用性能表（图）中表示的允许吸上真空高度 H_s，以便确定水泵的安装高度。在选用 H_s 时，还应注意使用介质的温度及当地的大气压强值。如与水泵测定条件不符时（水温 20℃，大气压强 101.3kPa），必须对 H_s 进行修正。

【例题1-1】 某工厂供水系统由清水池往水塔充水，清水池最高水位标高为112m，最低水位为108m，水塔地面标高为115m，最高水位标高为140m。水塔容积30m³，要求一小时内充满水，试选择水泵。已知吸水管路水头损失 $h_{w1} = 1.0$m，压水管路水头损失 $h_{w2} = 2.5$m。

解： 选择水泵的参数值应按工况要求的最大流量和最大扬程再乘以附加安全系数的数值作为依据。附加值取10%，即

$$Q = 1.1 \times \frac{30 \times 1000}{3600} = 9.17(\text{L/s})$$

$$H = 1.1 \times [(140 - 108) + h_{w1} + h_{w2}]$$

$$= 1.1 \times (32 + 1.0 + 2.5) = 39.05(\text{mH}_2\text{O})$$

考虑选用 BA 型水泵，查性能表1-2，3BA-6A 型的流量范围为 8.3～17.7L/s，扬程为 45～30mH₂O，适合本工况要求。

从性能表可以看出，该泵的轴功率范围为 6.65～8.3kW。根据表1-3，选电动机备用系数 $K = 1.15$，则所需配用电动机功率 $N_m = 8.3 \times 1.15 = 9.5$kW。

该泵的效率 $\eta = 55\% \sim 59\%$，允许吸上真空高度 $H_s = 7.5$m，转速 $n = 2900$r/min。

1.6 离心泵的安装、运行及故障分析

1.6.1 水泵机组的安装

水泵和电动机共同装于铸铁或槽钢制成的机座上，机座借地脚螺钉固定在混凝土的基础上。基础的作用是把机器的质量及其工作时产生的力传至地基里。基础图纸由工厂供给。若无图纸可按水泵机组的质量和尺寸设计。基础的宽度必须使每边超出地脚螺钉不小于200mm；长度则必须使每端超过地脚螺钉不小于300mm。基础通常高出地板约200mm。水泵基础的深度通常为 700～1000mm。

混凝土基础是由水泥、洗净的砾石和沙子按质量比 1∶2∶3 配成的。用水混合均匀后进行浇灌。在安置地脚螺钉处用模板留孔，基础凝固好后，拆去模板，安上带地脚螺钉的机座，用混凝土浇灌地脚螺钉。机座找平后，其下浇灌水泥溶液，凝固好后安装水泵机组。

为了在水泵房中搬运方便，可从离门最远的一台水泵起安装。分段式水泵的安装从吸水的一端开始，每段依次套于轴上，一般工作轮与导流器之间的间隙应为 0.25mm，工作轮出口中线应与导流器入口中线一致，安装平衡盘时，按轴向左右移动的距离决定其位置。密封环与工作轮之间的间隙，在制造技术和轴挠度允许的情况下，应尽可能小些，以便提高水泵容积效率。平衡环与平衡盘的密封面必须与轴线垂直，以保证平衡环与平衡盘之间的间隙均匀。对水泵的转子（包括轴、工作轮、联轴器、平衡盘等转动零件）必须做静平衡实验。

水泵与电动机的轴应在一条轴线上，两半联轴节的间隙应当在 5～6mm 之内。拧紧水泵机组机座上的固定螺钉之后，再次校核它们的中心是否对准。最后接上吸水管道和排水管道。

全套机电安装好后，须进行试运转。首先清除水泵房中一切不需用物件，全面检查设备各部件的安装是否正确，并确定电动机的旋转方向；注水入水泵，并检查底阀是否漏水；关闭排水管道上的闸阀启动电动机，然后慢慢地打开闸阀；试转的时间不少于一班。水泵机组正常运转的标志如下：

（1）水泵机组运转平稳均匀，音响正常；

（2）排水量均匀，压力表和真空表的指针摆动很小；

（3）运转中电动机不过载，电压及电流指示正常；

（4）轴承温度在试运转中不超过70℃；

（5）平衡盘出水均匀，填料箱不过热并有少量水滴出；

（6）水泵机组无晃动现象：晃动可能由于水泵轴与电动机轴不在一条线上，或地脚螺钉未拧紧所致。

停车时慢慢地关闭闸门，而后停止电动机。此外，应当注意水泵是不允许空转的。

1.6.2　泵的启动、运行及故障分析

1.6.2.1　泵的启动

水泵启动前应先进行充水及启动前的检查等准备工作，然后才能启动。

A　充水

水泵在启动以前，泵壳和吸水管内必须先充满水，这是因为在有空气存在的情况下，泵吸入口不能形成和保持足够的真空。

例如，为了在循环水泵的泵壳和吸水管内形成真空，在中央水泵房一般要附设专门用来抽空气的电动真空泵。靠近汽轮机房就地安装的循环水泵除装有一台电动真空泵外，还设有射汽抽气器或射水抽气器。以便将泵内的空气抽出，形成真空使水泵充水。

对于离心式给水泵，在其吸入口管的最高点或前置泵连接管的最高点，均设有能自动排除空气和气体的装置，以便在启动之前（经过检修或长期停运后）逐步向给水泵充水，排出泵内的空气。

B　启动前的检查

泵（一般由电动机驱动）启动前要进行全面的检查。首先，应检查泵及其配套的电气设备的检查工作是否完全结束。其次，要检查泵的转动部件是否完好，轴端密封、油环位置是否正确，轴承润滑油量是否充足，盘根是否合适，轴承冷却水是否畅通，给水泵润滑系统及其辅助设备是否符合启动条件，轴向位移指示器（机械式的或电子式的）是否符合要求，自动、手动再循环阀门是否开启，有条件时，使转子转动，检查泵体内部有无摩擦。此外，还应检查入口阀门是否开启等等。最后接通电源。

C　启动

启动可分为水泵大修后启动和正常启动两种。现以水泵大修后启动为例介绍如下。

水泵启动升速过程中应注意所有测压表、电流表等表计的读数，及电流表返回的时间和空负荷时电流表的读数，做好记录，以备查考。检查水泵内部是否有不正常的声音或振动，盘根情况、轴向位移指示是否正常和符合规定等，然后停泵，注意惰走时间，核对是否和前一次大修后惰走时间一样，并做好记录以便查核分析。待该泵静止后，再次启动，一切正常后，开启出口阀门，直到满足外界所需的流量和压强为止。水泵正常启动时，不作停泵和第二次启动。

对于强制润滑的给水泵，启动前必须先启动油泵向各轴承供油。油系统运行 10min 之后再启动给水泵，以便排除油系统中的空气和杂质。

应该指出：启动时不允许水泵出口阀门长时间关闭运行，以免因泵内液体发生汽化，造成泵的部件汽蚀或高温变形损坏。

1.6.2.2　运行

水泵在正常运行中，应定时观察并记录泵的进出口压强、电动机电流、电压及轴承温度等数据，如发现异常，应及时查明原因并加以消除；应经常检查轴承润滑情况和倾听轴承、填料箱、水泵各级泵室及密封处等主要部位内部声音，如发现声音异常，应立即停机检查处理。

例如，对于火力发电厂的锅炉给水泵而言，在启动、升速及低负荷运行时，为使泵有一定的流量（最小流量是额定流量的 25% ~30%）通过以保证其正常运行，应该开启给水泵的再

循环阀门，多余的给水通过再循环阀门流至除氧器水箱内；给水泵在运行中还应注意观察平衡管中水的压强：一般情况下，该压强大于泵的入口压强 $30.4 \sim 81.0$ kPa 左右，如过大，应查找原因；此外，还要保持轴端密封水的清洁和压强的稳定，密封水的压强一般应比泵入口压强大 $50.7 \sim 101.3$ kPa。

离心泵在停泵前应先关闭出水阀，然后再停泵，这样可以减少振动，但要注意在关闭出水阀后运转时间不能过长。停泵后水泵如处在备用状态，则出口阀门应关闭，其他阀门均应开启。而且应对冷却水、密封水的流量做适当的调整。

若是属于联动备用泵，除应具备正常备用状态外，出口阀门应在开启位置，该泵的润滑油系统应连续运行，连锁开关应放在"联动备用"位置上，给水母管低水压保护开关也应在"投入"位置。应特别注意的是，必须是一切连锁试验（其中包括低水压和相互连锁试验）运行良好后，方可作为联动备用泵，否则严禁作为联动备用。

若属于停运后检修的水泵，则应切断水源和电源，将泵壳内的水放净，并在操作电源开关上挂上"禁止操作"等字样的工作牌，以防误操作。

1.6.2.3 故障分析

泵在运行中发生故障的原因很多。部位也不同。既可能发生在管路系统，也可能发生在水泵本身，还可能发生在原动机（电动机或汽轮机）以及水泵和原动机（电动机或汽轮机）的连接部位。水泵故障与制造安装工艺、检修水平、运行操作和维护方法是否合乎要求等因素密切相关。泵在运行中如发生故障，应仔细分析原因，及时消除。离心泵在运行中常见的故障及其产生原因和消除方法列于表1-4。

表1-4 离心泵在运行中常见的故障及其产生原因和消除方法

常见故障	产 生 原 因	消 除 方 法
启动后水泵不输水	(1) 泵内未灌满水，空气未排净； (2) 吸水管路及表计不严或水封水管堵塞，有空气漏入； (3) 吸水管路、底阀或叶轮有杂质堵塞； (4) 泵安装高度超过允许值； (5) 水泵转动反向； (6) 泵出口阀体脱落； (7) 转速降低	(1) 重新灌水，排净空气； (2) 检查吸水管路、表计及清洗水封水管； (3) 检查吸水管路及底阀并进行清扫，拆下叶轮进行清理； (4) 提高吸水池水位或降低水泵与吸水液面间的距离； (5) 改换电动机接线； (6) 检修或更换出口阀门； (7) 检查电源电压和周波是否降低
运行中流量减小	(1) 叶轮、导叶等过水部件由于腐蚀增大了各种间隙； (2) 密封环磨损过多，有空气漏入； (3) 叶轮或进口滤网堵塞； (4) 泵的安装高度变化而发生汽蚀	(1) 检查叶轮、导叶等过水部件，调整间隙； (2) 更换密封环； (3) 检查和清扫叶轮或滤网； (4) 仔细检查吸水池液面高度，必要时可降低水泵安装高度，并仔细检查吸入侧阀门、管道等处有无节流的地方
运行中扬程降低	(1) 叶轮损坏和密封磨损； (2) 压水管损坏； (3) 转速降低	(1) 检修或更换叶轮和密封； (2) 关小压力管阀门，进行检修； (3) 检查原动机及电源电压和周波是否降低

常见故障	产　生　原　因	消　除　方　法
液力耦合器腔内温度升高	(1) 润滑油劣化或油内混有杂物； (2) 轴承检修安装质量不良，连接中心不正； (3) 液力耦合器中产生大量泡沫，保护塞熔化	(1) 重新更换润滑油或加强滤油工作； (2) 修正连接中心，修正管路以消除管路作用于水泵不合理的力，或重新找中心； (3) 停泵耦合器解体检查。查明油质是否合乎标准，必要时更换新油。更换保护塞
轴封漏水及发热	(1) 密封盘根磨损或安装不当； (2) 密封水及冷却水不足	(1) 更换或重新安装盘根； (2) 要保证密封水压力和必要的冷却水量
电动机过热	(1) 水泵装配不良，转动部件与静止部件发生摩擦或卡住； (2) 水泵流量远大于许可流量； (3) 三相电动机电流不平衡或有一相保险丝烧断； (4) 原动机冷却器脏污或堵塞，冷却水中断	(1) 停泵检查，找出摩擦或卡住的部位，进行修理和调整； (2) 关小压水管阀门； (3) 检修电动机或更换保险丝； (4) 清扫冷却器，查明断水原因
水泵机组振动	(1) 电动机轴和水泵轴不同轴； (2) 地脚螺丝松弛，基础不合适； (3) 水泵转子与电机转子不平衡； (4) 支架轴承过度磨损，间隙过大； (5) 轴弯曲	(1) 重新找正； (2) 扭紧螺丝，修整基础； (3) 检查，做平衡试验； (4) 检修加垫； (5) 更换

1.7　泥砂泵的形式及选择计算

1.7.1　几种常用砂泵

(1) PS 型砂泵。PS 型砂泵是卧式侧面进水离心式砂泵，用以输送浆状物流或重介质加重剂等。输送浆流最大浓度为 60% ~70%，砂泵安装需低于浆流面 1~3m（由泵的轴中心算起），必须采用压入式给浆才能工作。

泵与电动机的连接方式：5PS、6PS 型采用间接传动（胶带），$\frac{5}{2}$PS、4PS、8PS 型采用直接传动。

(2) PH 型砂泵。PH 型砂泵是卧式单级单吸悬臂式离心灰渣泵，可供输送含有砂石的混合液体用。最大颗粒不大于 25mm，可允许微量颗粒在 50mm 左右的砂石间断通过。

该泵要采用清水水封，水封压力应大于泵工作压力 98~196kPa（1~2at），水封用水量为泵工作流量的 1% ~5%。泵与电动机的连接方式为直联。

(3) PNJ 及 PNJF 型衬胶砂泵。PNJ 及 PNJF 型衬胶砂泵是单级悬臂式离心衬胶砂泵。PNJ 型可输送浆流及含砂液体；PNJF 型可输送酸性浆流或含砂液体，具有耐酸性能。输送浆流浓度不大于 65%。

PNJ 及 PNJF 型泵均需采用清水水封，水封压力应大于泵工作压力 200kPa（2kgf/cm²）以上，水封水量为泵工作流量的 1% ~5%。这种泵没有吸程，需采用压入式配置进行工作。其传动方式有直接传动及间接传动两种。

(4) PN 型砂泵。PN 型砂泵是卧式单级悬臂式离心砂泵，也可供输送含泥砂液体用，但浆流浓度不得大于 60%，1PN 型不得大于 50%。该砂泵需要水封，水封压力大于泵工作压力

98kPa （1at）。其传动方式均为直联。

（5）PW 型泵。PW 型泵是单级离心污水泵，$\frac{5}{2}$PW、4PW 型为卧式，6PWL、8PWL 型为立式。适于抽送 80℃下带有纤维或其他悬浮物的液体和污水，但不适于吸送酸性和碱性以及含有很多盐分的液体。为防止污水沿轴漏出，需要清水水封，水封压力要高于泵出口压力。

（6）立式砂泵。砂泵主轴是垂直的，这种砂泵的优点是不需要泵槽，灵活性比较大，不需水封。因为轴不与砂渣接触，故能得到很好的保护。其缺点是扬程小，一般规格都比较小，故通常生产中用得不多，特别是大型厂矿更少采用。因其灵活性大，多半用于辅助作业。

（7）油隔离泥浆泵。我国采用的 2DYN 油隔离泥浆泵，又称为玛尔斯泵，是一种双缸双动往复式泵，适用于远距离输送高浓度的浆流。多台串联使用时，可以减少操作人员，减少磨损部件。其主要缺点是流量太小，串联使用时故障较多。

除上述离心砂泵外，在某些厂矿有时还运用隔膜砂泵。这种砂泵扬程很小，但能输送浓度特别大的浆流，其浆流浓度可以达到 80％甚至更大，故常用它来将浓缩机的沉淀泥砂运送到过滤机中。

1.7.2 砂泵的选择及输送系统计算

1.7.2.1 砂泵的选择

首先是根据所输送浆流的性质（如物料粒度、密度、浆流浓度和黏度等）来确定泵的类型。然后再根据所输送的浆流流量及从计算得出的由浆流折合成清水时的总扬程，按照所采用该种类型泵的清水性能曲线和工作性能表选定泵的规格型号、转速及电动机的规格型号。

当泵的流量和扬程不能完全适合时，则可改变泵的转速（即改变水泵的性能曲线）和应用阀门改变排出管直径（即改变管道的性能曲线）进行调节。但不能超过泵的允许转数范围，其计算公式如下：

泵的流量与其转速成正比，即

$$Q = Q_1 \frac{n_2}{n_1} \tag{1-49}$$

式中　Q——所需扬送的浆流流量，L/s、m^3/h；

　　　Q_1——泵在 n_1 转速时的流量，L/s、m^3/h；

　　　n_1——性能曲线的工作转速，r/min；

　　　n_2——当泵的流量为 Q 时，所需调整的转速，r/min。

泵的扬程与其转速的平方成正比，即

$$H_2 = H_1 \left(\frac{n_2}{n_1}\right)^2 \tag{1-50}$$

式中　H_2——泵调整到 n_2 时的总扬程，m；

　　　H_1——泵在 n_1 时的总扬程，m。

泵的功率与其转速的立方成正比，即

$$N_2 = N_1 \left(\frac{n_2}{n_1}\right)^3 \tag{1-51}$$

式中　N_2——泵调整到 n_2 时所需功率，kW；

　　　N_1——泵在 n_1 转速时的功率，kW。

1.7.2.2 砂泵输送系统计算

A　砂泵出口管径计算

$$d = \sqrt{\frac{Qk}{0.785v}} \tag{1-52}$$

式中　　d——砂泵出口管径，m；

　　　　Q——浆流流量，m³/s；

　　　　k——浆流波动系数，一般取 1.1 ~ 1.2；

　　　　v——浆流流速，m/s；可参照表 1-5、表 1-6 选取。

表 1-5　压力管内浆流选用流速值（m/s）

浆流浓度 /%	密度不大于 2.7 t/m³ 的平均粒度 d_{cp}/mm				
	≤0.074	0.074 ~ 0.15	0.15 ~ 0.4	0.4 ~ 1.5	1.5 ~ 3
1 ~ 20	1.0	1.0 ~ 1.2	1.2 ~ 1.4	1.4 ~ 1.6	1.6 ~ 2.2
20 ~ 40	1.0 ~ 1.2	1.2 ~ 1.4	1.4 ~ 1.6	1.6 ~ 2.1	2.1 ~ 2.3
40 ~ 60	1.2 ~ 1.4	1.4 ~ 1.6	1.6 ~ 1.8	1.8 ~ 2.2	2.2 ~ 2.5
60 ~ 70	1.6	1.6 ~ 1.8	1.8 ~ 2.0	2.0 ~ 2.5	

注：密度大于 2.7t/m³ 时，需乘以校正系数 β_1 或 β_2。当 $d_{cp} < 1.5$mm 时，$\beta_1 = (\delta - 1)/1.7$；当 $d_{cp} > 1.5$mm 时，$\beta_2 = \sqrt{(\delta - 1)/1.7}$。

表 1-6　压力管内浆流最小流速参考值（m/s）

粒度 /mm	密度 /g·m⁻³	浆流流量 /L·s⁻¹	浆流浓度/%				
			15	20	30	40	50
1.0	3.4 ~ 3.5	30 ~ 45			1.85	1.95	2.05
	4.0 ~ 4.2	30 ~ 45		1.85	1.95	2.02	2.15
		60 ~ 80	1.45	1.9	2.0	2.1	2.2
	4.2	60 ~ 130	1.55	1.95	2.05	2.15	2.25
0.6 ~ 0	3.4 ~ 3.5	13 ~ 20		1.6	1.7	1.8	1.9
		30 ~ 45		1.65	1.75	1.85	1.95
	4.0 ~ 4.2	30 ~ 45		1.75	1.85	1.95	2.05
		60 ~ 80	1.6	1.8	1.9	2.0	2.1
0.4 ~ 0	3.4 ~ 3.5	13 ~ 20			1.6	1.7	1.8
		30 ~ 45			1.65	1.75	1.85
0.15 ~ 0	3.7 ~ 3.8	30 ~ 45	1.5	1.55	1.65		
		60 ~ 85	1.55	1.6	1.7		
	4.4 ~ 4.6	30 ~ 45		1.65	1.75	1.85	1.95
		60 ~ 80	1.65	1.7	1.8	1.9	2.0

B　浆流压力输送的总扬程计算

$$H_0 = H_x + H + iL_a \tag{1-53}$$

式中　　H_0——需要的总扬程，m；

　　　　H_x——需要的几何扬程，m；

　　　　H——剩余扬程，m，一般为 2m 左右；

　　　　L_a——包括直管、弯头、闸门等阻力损失折合成直管的总长度，m，可查表 1-7；

　　　　i——管道清水阻力损失，可按下式计算：

$$i = AQ^2$$

A——比阻系数，查表1-8选取；

Q——浆流的流量，m^3/s。

在工程设计中一般是以泵的性能曲线为依据，引入一个折减系数以预测泵在扬送特定浆流时的液柱扬程，其计算公式为

$$H_0 = H\frac{1}{\delta_n} \quad \text{或} \quad H_0 = H(1 - 0.25\rho) \tag{1-54}$$

式中　H——砂泵扬送清水时的总扬程，m；

δ_n——浆流容重，kg/m^3；

ρ——浆流的质量浓度。

从上式求出由输送浆流折合成清水时的总扬程 H，即可从泵的清水性能曲线上找出能适合其水柱高度的砂泵规格。

一些试验结果表明，用折减系数（$1 - 0.25\rho$）的计算结果与实测数据较为接近。

表1-7　各种管件的折合长度

名　称	管径/mm							
	50	63	76	100	125	150	200	250
弯头	3.3	4.0	5.0	6.5	8.5	11.0	15.0	19.0
普通接头	1.5	2.0	2.5	3.5	4.5	5.5	7.5	9.5
全开闸门	0.5	0.7	0.8	1.1	1.4	1.8	2.5	3.2
三　通	4.5	5.5	6.5	8.0	10.0	12.0	15.0	18.0
逆止阀	4.0	5.5	6.5	8.0	10.0	12.5	16.0	20.0

表1-8　比阻系数 A 值

内径/mm	A	内径/mm	A	内径/mm	A	内径/mm	A
9	2255×10^5	106	267.4	305	0.9392	850	0.004110
12.5	3295×10^4	131	86.23	331	0.6068	900	0.003034
15.75	8809×10^3	156	33.15	357	0.4078	950	0.002278
21.25	1643×10^3	126	106.2	406	0.2062	1000	0.001736
27	4367×10^3	148	44.96	458	0.1098	1100	0.001048
33.75	93860	174	18.96	509	0.06222	1200	0.0006605
41	44530	198	9.273	610	0.2384	1300	0.0004322
53	11080	225	4.822	700	0.01150	1400	0.0002918
68	2893	253	2.583	750	0.007975	1500	0.0001911
80.5	1168	270	1.535	800	0.005665	1600	0.0000981

注：表中所示系铸铁管指标，钢管指标为表中值的75%。

C　砂泵和管道的清水性能曲线

在选择砂泵时，需要知道砂泵的整个性能，即当流量改变时，扬程、功率、效率等随流量的变化关系。一般将反映流量与扬程、流量与功率、流量与效率等的变化关系曲线称之为砂泵在特定转速下的**清水性能曲线**（图1-42）。

图1-42 显示，砂泵的扬程 H 随流量的不断增大而降低。泵的功率 N 则随流量的增大而增加。泵的效率 η 先随流量增大而增大，达到一最大值后，又随流量的增大而不断降低，对应于

最高效率点的工况，称之为泵的最佳工况，砂泵在最佳工况下工作最经济最合理，所以应力求使砂泵在最高效率范围内工作（一般为最高效率点的 0.75～1.25 的范围）。

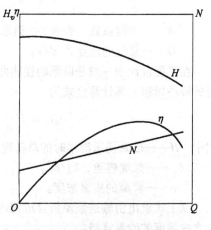

图 1-42　砂泵的清水性能曲线

不同的砂泵各有其固有的性能曲线，砂泵在出厂时一般在说明书中附有性能曲线。

各种砂泵都是在一定的管道系统中工作的，所以砂泵的工况不仅与砂泵的性能有关，而且还与管道的性能有关，管道中的流量与管道阻力损失之间的变化关系曲线称为管道的清水性能曲线（见图 1-43），可用下式表示：

$$H = RQ^2 \quad 或 \quad H = H_x + RQ^2 \qquad (1\text{-}55)$$

式中　H——砂泵的总扬程，m；

　　　H_x——砂泵系统的几何扬程，m；

　　　R——管道常数，取决于管道材料、尺寸及闸阀开关程度；

　　　Q——管道系统的流量，m^3/s。

可见，管道的阻力损失是与流量的平方成正比的。

如果将管道的性能曲线与水泵的性能曲线按相同比例尺寸画于一张图上（见图 1-44），则 $Q\text{-}H$ 与 $Q\text{-}h$ 曲线的交点 A，即为砂泵在此管道中的极限工作点，也就是说最大流量不能超过 Q_A，否则，几何扬程加上管道损失将超过砂泵的扬程 H。

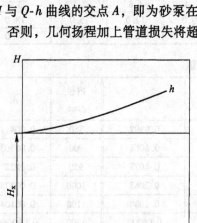

图 1-43　管道的清水性能曲线

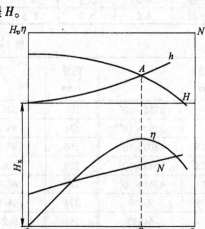

图 1-44　砂泵在管道中的极限工作点

砂泵只能在 Q_A 或比 Q_A 小的流量下工作，但该点最好选在砂泵最高效率范围之内。从砂泵的工作点引垂线与各曲线的交点，即可求出此时泵的总扬程、效率与功率。

当流量不变而需要增加扬程时，可采用砂泵的串联工作。当扬程不变，一台砂泵产生的流量不能满足需要时，则可采用并联工作。

D　砂泵轴功率计算

$$N_0 = \frac{QH}{102\eta} \qquad (1\text{-}56)$$

式中　N_0——砂泵的轴功率，kW；

Q——扬送的浆流量，L/s；

H——总扬程，m（不得小于输送浆流折合成清水时的总扬程）；

η——泵的总功率，kW（查泵的清水性能曲线或性能表）。

所选用电动机的功率用下式计算：

$$N = k \frac{N_0}{\eta} \tag{1-57}$$

式中　N——电动机功率，kW；

N_0——泵的轴功率，kW；

H——传动效率，采用胶带轮传动时，$\eta = 0.95$，直联时可略高；

k——安全系数，按泵的轴功率确定，当 $N_0 \leqslant 40\text{kW}$ 时，$k = 1.2$；当 $N_0 > 40\text{kW}$ 时，$k = 1.1$。

1.8　往复式泵

容积式泵包含有往复式泵及回转式泵两种。往复泵是靠活塞或者柱塞的往复运动吸入液体并把液体送到高压侧的。作为水泵，由于它具有能够产生很高的排出压力的特点，以往被广泛地当作通用泵来使用，也作为锅炉给水泵使用。但是近年来，由于离心泵性能的提高，适用范围不断扩大，而且已扩大到了往复泵的使用范围，所以现在很少将往复泵当作通用水泵来使用，而更多的是把它当作油泵来使用。适用于流量小而压力高的场合。在这种小流量范围内，往复泵具有比离心泵优越的特性：往复泵的效率高，能自吸，运转过程中几乎没有噪声，能在高压下输送小流量，适用于输送黏稠物料，而且能够提供精确计量的体积流量等。根据这些特性，往复泵特别适合于小流量供水、化学工业、产生驱动水压机加压水、输送油类、以及做成计量泵等。

往复泵活塞移动的距离 L 称为行程，活塞的面积为 A，泵缸直径为 D，则活塞每往复一次的理论排液体积 V 为

$$V = \frac{\pi}{4} D^2 L = AL \tag{1-58}$$

再假设活塞每分钟往复的次数为 n，则往复泵的理论流量为

$$q_{V,\text{t}} = \frac{Vn}{60} = \frac{ALn}{60} \tag{1-59}$$

由于存在活塞和泵缸之间的泄漏以及吸水阀与压水阀滞后泵的动作所导致的倒流，每秒钟损失掉的液体体积为 $q_{V,1}$，故往复泵的实际流量 $q_V = q_{V,\text{t}} - q_{V,1}$，引入容积效率

$$\eta_V = \frac{q_V}{q_{V,\text{t}}} = \frac{q_{V,\text{t}} - q_{V,1}}{q_{V,\text{t}}} = 1 - \frac{q_{V,1}}{q_{V,\text{t}}} \tag{1-60}$$

则往复泵的实际流量 q_V 为

$$q_V = \eta_V q_{V,\text{t}} = \eta_V \frac{ALn}{60} \tag{1-61}$$

往复泵的结构示意图如图 1-45 所示。

往复泵的总体结构可分为两大部分，一部分是液力端，它包括液缸、柱塞或活塞、阀填料函、集流腔和缸盖等；另一部分为动力端，它是由曲轴、连杆、十字头、中间杆、轴承和机架等组成的。其基本结构形式为具有滑动轴承或滚动轴承的卧式和立式两种。

往复泵与其他形式泵相比，具有压力高，吸上性能良好，启动时不需要注水等优点，但往复泵却不能像其他泵那样用压水阀调节流量，更不能像离心泵那样在关死状态下运行。因此在

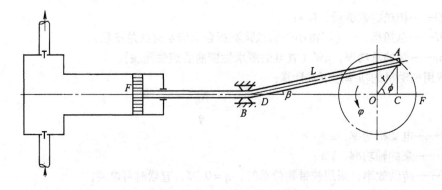

图1-45　往复泵的结构示意图

往复泵装置中必须设有安全阀及其他的安全设备，另外还须特别注意活塞与泵缸接触部分以及柱塞杆经过泵缸滑动部分的填料磨损与损坏的问题。

蒸汽往复泵是用蒸汽为动力的一种抽水设备，主要用于中小型锅炉给水、炼油厂输送石油、矿井排水等。图1-46为2Q-G系列型蒸汽往复泵结构图，是参照美国华盛泵厂样机及有关资料，我国有关单位联合设计成的，该型泵由三部分组成，即汽缸、液缸和中间连接体部分。

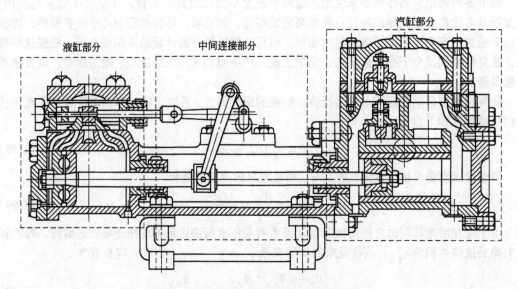

图1-46　2Q-G系列蒸汽往复泵结构图

（1）汽缸部分。汽缸体由灰铸铁制成，通过连接支架与地基固定，缸体内部活塞上装有铸铁活塞环，两缸体上方配汽箱内各有一个平板配汽阀。汽缸进汽压力小于1.569MPa（16kgf/cm²）的泵，配汽箱上盖设有冷凝式给油杯，用以润滑配汽阀的摩擦表面以及汽缸内壁及活塞环。

（2）液缸部分。液缸体也由灰铸铁制成，缸体内壁压入铜套，下面通过连接支架与地基固定。每个缸体上方成对设置两个吸入阀，两个排出阀，八个阀组件尺寸相同，阀、阀座均由铸铜制成，阀簧材料为4Cr13或青铜。液缸活塞环的材料一般选用夹布橡胶，高温时也可选用"一般蒸汽往复泵技术条件"中列入的其他材料。

（3）中间连接体部分。中间连接体两端与汽缸、液压缸相连，上方固定着中心支架。中间连接体由灰铸铁制成。

（4）润滑。配汽阀摩擦面、汽缸内壁及活塞环的润滑，当进汽压力不超过1.569MPa（16kgf/cm²）时，由设置在配汽箱上盖上的冷凝式油杯供应稀油润滑，当进汽压力高于1.569MPa（16kgf/cm²）时，则由强制机构给油。其他存在相对运动的部位（如中心支架的摇杆等）的润滑，均采用人工定期加油。

图1-47为1DBM-1.2/10型隔膜计量泵的结构图。该型泵主要由传动部分、液压缸部分、阀组、调节部分等组成，主要用于石油、化工、轻工、医药、科研等部门输送带酸、碱性溶液及其性质和上述溶液相近似的介质。介质温度不超过40℃，并可输送悬浮液及黏度较大的介质。

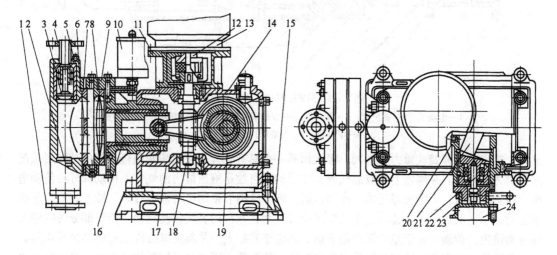

图1-47 为1DBM-1.2/10型隔膜计量泵的结构图

1—进水管；2—吸入阀；3—排出阀；4—出水管；5—隔膜头；6—前隔膜；7—隔膜限制板；8—后隔膜；9—缸体；10—阀组；11—电动机座；12—联轴器；13—电动机；14—传动箱；15—底座；16—活塞；17—连杆；18—蜗杆；19—蜗轮；20—推力轴承；21—N形轴；22—调节螺杆；23—调节流量小轮；24—调量表

该型泵系隔膜式单缸作用可调计量泵，是一种无级调节、液体流量较精确的计量泵，它采用了N形轴调节机构、传动平稳、结构紧凑、行程调节方便。泵系由电动机通过联轴器、蜗轮副减速传递至主轴（N形轴），借偏心块带动连杆，将回转运动经十字头转化为柱塞的往复运动。因而柱塞使隔膜腔内的油产生压力，推动隔膜从而实现泵的吸液、排液作用。

液压缸隔膜头内装有耐腐蚀多向轧制的聚四氟乙烯隔膜，还装有球阀或球面阀的吸、排阀室、安全阀、补偿阀，以保证泵的安全运转和较精确的计量精度。

为实现流量无级调节，在水平主轴（N形轴）一端装有调节机构，转动调节手轮（装有调节表）带动与主轴相连的调节螺杆，使主轴在水平方向左右移动，借偏心块改变偏心的大小，使连杆及柱塞的行程长度随之改变，从而实现流量的调节，因而获得所要求的流量值。

图1-48为3DSL型三柱塞泵结构。它系无曲拐电动往复泵，主要为高压容器里输送高纯度的液体。液体温度不得超过60℃。该泵由立式交流电动机经斜块、斜盘、十字头，将电动机的旋转运动转换为柱塞杆的直线往复运动，从而完成液体的吸、排作用。液压缸部分由缸体、三组装有柱塞杆的填料箱和三组阀室所组成。为了便于检修，填料箱单独装入液缸体内，采用了具有高耐磨性的有充填物的聚四氟乙烯作成的人字形密封圈。每组阀有一个吸入阀和一个排

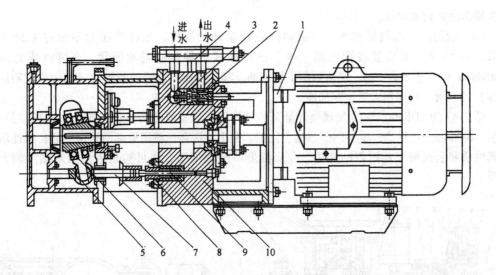

图 1-48　3DSL 型三柱塞泵结构图
1—电动机；2—排出阀；3—吸入阀；4—安全阀；5—斜盘；6—斜块；7—十字头；
8—填料箱；9—柱塞杆；10—液缸体

出阀。排出阀为弹簧式重力锥形阀。吸入阀是一个具有较大过流面积和很轻质量的特殊形式的弹簧重力锥形阀。在阀室上装有放气阀，在启动时可放尽液压缸内的气体。传动部分由传动电机、斜块、斜盘、十字头等组成。电动机通过弹性联轴节带动传动轴旋转时，轴上的斜盘作摇摆运动。十字头及十字头套将这个摇摆运动转换为柱塞杆的直线往复运动。传动部分的零件装在传动箱内。传动箱位于整个泵的最下部，固定于基础上，并起支撑液压缸和电动机的作用。

　　传动箱内的零件，除依靠油的飞溅润滑外，传动箱内还装有足够量的工业油。箱内设有油位指示器，可指示出油位。泵经过半个月使用运转之后，应更换传动箱内的润滑油，一般一个月更换一次。靠近联轴器的滚动轴承，采用油润滑，应定时加入润滑油。连接在液缸体上的安全阀，是一种弹簧式安全阀。当泵内工作压力达到额定压力的 1.1～1.5 倍时，安全阀就自动开启，将高压水返回吸入腔，从而对泵起到安全保护作用。

1.9　矿浆的输送

　　矿浆输送方式通常可分为自流输送（自流管、槽）、压力输送（泵和压力管道）两种。在某些特殊地形条件下，也可能形成自流输送和压力输送相结合的方式，即混合式。

1.9.1　水力输送系统的计算

　　浆流在管道、流槽内流动时，不在管（槽）底部产生淤积的过流断面的最低平均流速，称之为临界流速。

　　在已知浆流特性（流量、浓度、颗粒密度、级配、温度等）的条件下，通过水力计算可以确定管、槽的临界流速及沿程水头损失，从而确定输送管槽的截面尺寸及敷设坡度、压力输送系统的砂泵型式及泵站位置等。

　　水力计算又可分为自流输送水力计算和压力输送水力计算。

1.9.1.1　压力输送计算

　　在试验研究的基础上，至今国内外学者已经提出了很多经验计算公式。但是，由于浆流的特性差异甚大，影响水力输送的因素颇多，所以这些计算公式都有一定的适用范围，也都有一定的局限性。至今尚未归纳出一个公认的、适用于各种浆流的统一公式。经验公式中，曾被广泛采用的是 B. C. 克诺罗兹公式：

即：当 $d_p \leq 0.07\text{mm}$ 时

$$Q_k = 0.157\beta D_L^2(1 + 3.43\sqrt[4]{C_d D_L^{0.75}}) \tag{1-62}$$

当 $0.07 < d_p \leq 0.15\text{mm}$ 时

$$Q_k = 0.2\beta D_L^2(1 + 2.48\sqrt[3]{C_d}\sqrt[4]{D_L}) \tag{1-63}$$

式中　d_p——沙泥的加权平均粒径，mm；

　　　Q_k——浆流流量，m^3/s；

　　　D_L——保证正常输送的临界管径，m；

　　　C_d——浆流质量稠度的 100 倍；

　　　β——密度修正系数，$\beta = \dfrac{\gamma_g - 1}{1.7}$；

　　　γ_g——沙泥的平均密度。

经广泛试用后，我国专业工作者总结出如下看法：

（1）本公式是基于对密度为 $2.7\text{kg}/\text{m}^3$ 的尾矿砂的试验结果而导出的。因而，当用于计算较大密度浆流的水力输送时，其计算结果与实际试验实测值就会有较大偏差。为此，建议不用于 γ_g 值大于 $3\text{kg}/\text{m}^3$ 的情况。

（2）上述公式表明：临界流速随着浆流浓度的增加而增加。然而，近年来一些高浓度浆流输送试验结果表明：当浓度超过某一值时，临界流速随浓度的增大而降低。为此，又建议当浆流密度 γ_k 大于 $1.25\text{kg}/\text{cm}^3$ 时，不宜采用此公式。

为使设计计算工作更接近实际，近年来国内先后针对一些具体尾矿输送工作进行了尾矿水力输送的试验研究工作。其中比较早的是陕西省水利科学研究所针对金堆城选矿厂的尾矿输送进行的试验研究。北京有色冶金设计研究总院、长沙冶金设计研究总院、核工业北京化工冶金研究院等单位也进行过这方面的试验研究。总的认识趋势是：在有条件的地方，应尽量设法提高输送尾矿浆的浓度（最好使浓度（质量分数）达 40% ~ 60%），减少尾矿水的输送量，既节约电耗，又利于环境保护。

1.9.1.2　自流输送计算

B. C. 克诺罗兹计算公式为：

当 $d_p \leq 0.07\text{mm}$ 时

$$Q_k = 0.2\beta A(1 + 3.43\sqrt[4]{C_d h_L^{0.75}}) \tag{1-64}$$

当 $0.07 < d_p \leq 0.15\text{mm}$ 时

$$Q_k = 0.3\beta A(1 + 3.5\sqrt[3]{C_d}\sqrt[4]{h_L}) \tag{1-65}$$

式中　d_p——尾矿的加权平均粒度，mm；

　　　Q_k——尾矿浆流量，m^3/s；通常以最大流量值求断面，以最小流量验算坡度；

　　　A——过流断面面积，m^2，$A = B \times h_L$；

　　　B——过水断面宽度，m；

　　　h_L——临界流速时的槽内水深，即临界水深，m；

C_d——尾矿浆质量稠度的 100 倍；

β——密度修正系数，$\beta = \dfrac{\gamma_g - 1}{1.7}$；

γ_g——尾矿密度。

在试验研究的基础上，北京有色冶金设计研究总院、鞍山冶金设计研究总院等单位亦给出了计算公式及其适用范围。表 1-9 给出了我国部分选矿厂尾矿自流输送试验结果。

表 1-9　尾矿自流输送试验数据表

试验选厂	试验日期	流槽（管）的制作	流槽长度 /m	试验气温 /℃	水流断面 宽 /cm	水流断面 深 /cm	流量 /L·s⁻¹	浓度（质量分数）/%	平均粒径 /mm	密度 /kg·cm⁻³	临界坡度 /%	平均流速 /m·s⁻¹
桓仁	1996-10	矩形木槽，人工精刨光	50	-2	30.3	4.3	18.2	49.7	0.1243	3.17	2.0	1.40
华铜	1997-3	矩形木槽，人工粗刨光	50	6	20.0	7.45	18.34	25.98	0.0729	2.86	0.8	1.231
红透山	1994-1	矩形木槽，人工粗刨光	44	-4	20.0	5.1	11.12	12.92	0.089	2.93	1.4	1.090
青城子	1994-3	矩形木槽，机械粗刨光	43	4	23.0	5.4	15.15	29.01	0.1147	2.78	1.4	1.22
八一	1998-3	矩形钢板槽，表面光洁	40	-2	30.0	13.7	66.6	11~19.8	0.18	2.80	0.85~0.95	1.62
大吉山	1998-8	矩形混凝土槽			50.0	13.36	205	8.93	0.748	2.65~3.0	2.25~2.5	3.07
攀枝花		矩形钢板槽	4		10.0	1.7	2.0	9.9	0.209	3.125	5	1.18
						1.6	2.0	15.25			6.17	1.25
						1.4	1.37	16.67			7.67	1.0
						1.1	1.1	20.0			8.7	1.0
						0.9	0.84	26.2			12.1	0.93
金堆城		矩形槽，内壁抹水泥砂浆，输送硫化铁精矿			20.0	7.3	29.5	40.7	0.04	3.96	3	2.02
						7.12	27.6	39.5			3	1.94
						4.64	12.9	34.6			3	1.39

1.9.2　管路敷设

（1）管、槽材料。压力管道一般采用钢管或铸铁管；自流管、槽一般采用砖石、混凝土或钢筋混凝土结构。由于浆流中存在固体颗粒，所以对管槽内壁产生磨损；在一些浆流中，还含有某些化学物质或因操作原因使浆流呈酸性，又会对管、槽有腐蚀作用。因此，输送管路中也分别采用过衬胶或衬塑料的钢管、塑料管等新型的耐磨耐腐蚀管材，都收到了较好的效果。采用铸石管、槽作输送管槽的内衬，则是更有效的方法。由于铸石具有极好的耐磨和耐腐蚀性能，近年来在我国得到了较快的发展，现已有系列产品可供。至今，铸石材料已在浆流输送工作中得到广泛应用。表 1-10 给出了我国部分铸石产品规格。表 1-11 给出了部分工程应用铸石材料的实例。

表 1-10 离心浇铸的铸石直管规格

标 准 规 格					
公称直径/mm	壁厚/mm	外径/mm	长度 /mm		
			200	300	500
			质量 /kg		
100	25	150	5.7	8.5	14.2
125	25	175	6.8	10.3	17.1
150	25	200	8.0	11.9	19.9
175	25	225	9.1	13.7	22.8
200	25	250	10.2	15.4	25.6
225	25	275	11.4	17.1	28.5
250	25	300	12.5	18.8	31.3
300	25	250	14.8	22.2	37.0

注：管材允许工作压力约为 0.3~0.5MPa。

表 1-11 铸石板材在自流槽中的应用实例

地 点	输送物料	平均粒径/mm	铸石板材衬砌部位	流 槽		使 用 情 况
				底坡/%	长度/m	
鞍钢烧结总厂	尾 矿	0.07	底 部	5.0~5.5	410	板厚30mm，预计可用30年
包钢选厂	铁精矿	0.07	底 部	3.5~4.5	450	使用4年无明显磨损
大吉山选厂	尾 矿	0.8~1.1	底 部	3.64~4	580	效果良好
瑶仙岗选厂	尾 矿	0.8	底及侧壁	5.1~6.2	2011	直线段可用10年，弯道段可用1.5年
大连化工厂	硫铁矿渣	0.8~1.0	底 侧	3.1~4.1	150	磨损轻微

（2）敷设坡度。自流输送管、槽的敷设坡度要略陡于计算的临界坡度值。压力管道的敷设坡度要考虑管径、浆流特性及气温等因素。

一般要求管、槽的坡度不小于 0.002，以保证停泵时管内浆流能自流排出。在严寒地区，特别是当管径又较小时，经验证明应使敷设坡度一般不小于 3%~4%，以保证管、槽排空时自流流速不小于 1.4m/s。

如西北某矿冬季气温经常在 -14℃ 以下，直径 D_g 为 200mm 的尾矿管道原坡度为 0.6%，停泵时管道经常冻结。后来改为 3%，冻结现象即消除。东北某矿直径 D_g 为 150mm 的尾矿管原坡度为 2.5%，在 -40℃ 的气温下经常在停泵时冻结，后来将坡度改为 5%，运行情况正常。

1.9.3 输送泵站

1.9.3.1 泵的类型及选择

矿浆输送中最常用的是离心式砂泵和油隔离泥浆泵（玛尔斯泵）。离心砂泵安装、操作简便，国内已有系列产品，可适应多种流量和扬程。主要缺点是效率低（一般仅为 30%~50%）。近年来石家庄工业泵厂采用国内外先进技术生产出的离心式渣浆泵，可使效率提高到 60%~70%，是国家重点推广的节能型新产品，表 1-12 给出了该厂的系列产品规格。

表 1-12　渣浆泵系列（石家庄工业泵厂）

型　号	流　量 /$m^3 \cdot h^{-1}$	扬　程 /m	转　速 /$r \cdot min^{-1}$	配装功率 /kW	效　率 /%	吸上高度 /m	质　量 /kg	叶轮直径 /mm
250ZJ	588～1485	98～85	980	460	60.6～78.16	5.5	3600	750
250ZJ	438～1106	54～47	730	220	60～78	7	3600	750
250ZJ	549～1386	85～74	980	400	60～78	5.5	3600	700
250ZJ	409～1032	47～41	730	160	60～78	7	3600	700
250ZJ	510～1287	73～63	980	310	60～78	5.5	3550	650
250ZJ	379～958	41～35	730	132	60～78	7	3550	650
200ZJ	541～942	72～65	980	260	61～72	6	2450	650
200ZJ	500～870	62～56	980	200	61～72	6	2450	600
150ZJ	350～550	61～59	980	155	61～68	6.5	2200	600
150ZJ	291～458	42～41	980	95	61～68	6.5	2200	500
100ZJ	200～320	84～80	1480	132	60～69	6	2000	500
100ZJ	168～268	59～56	1480	75	60～69	6	2000	420

　　选择离心砂泵时，还有一个值得注意的问题：至今，产品样本中给出的都是砂泵的清水性能曲线。当其输送浆流时，流量和扬程都将有所变化。图 1-49 给出了澳大利亚瓦曼泵的试验资料。

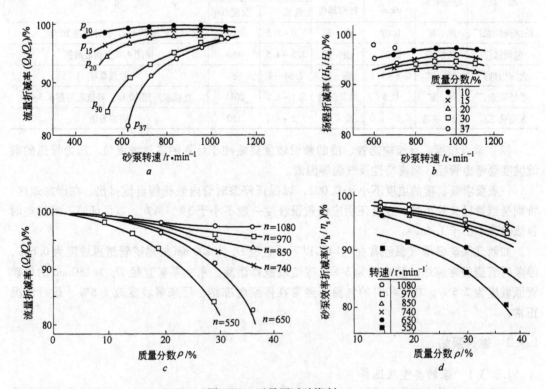

图 1-49　瓦曼泵试验资料

a—流量折减率转数曲线；b—扬程折减率转数曲线；c—流量折减率质量分数曲线；
d—效率折减率质量分数曲线。试验条件：用 10/8V/L4VM 瓦曼泵扬送高炉水渣
（$\gamma_g = 2.65 kg/cm^2$，$d_0 = 0.47mm$，管道进口管径 254mm，出口管径 203mm，长 120m）

从试验资料可以看出：当质量浓度大于 20% 时，扬程的折减率随着浓度的增加而增加。因此，在扬送高浓度砂浆（$\rho > 30\%$）时，扬程和流量的折减均应通过试验确定。在一般低浓度情况下，可按 $K_H = (1 - 0.25\rho)$ 计算。

油隔离泥浆泵（玛尔斯泵）是一种双缸双动的往复泵。它在结构上与一般往复泵的主要区别在于：在活塞缸和阀箱之间增设了油隔离缸，使矿浆不进入活塞缸内。从而避免了主要部件的磨损，大大提高了使用寿命（见图 1-50）。其性能的主要特点是：扬程高（目前国产油隔离泥浆泵最高扬程可达 400m，而离心砂泵大都在 90m 以下），且可输送高浓度浆流（质量浓度可达 60%），因而颇受欢迎。当然，与离心砂泵相比，它价格贵，操作较复杂，且流量较小（最大流量为 180m³/h）。表 1-13 列出了国内应用油隔离泥浆泵的实例。

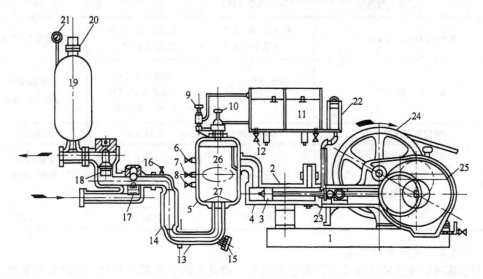

图 1-50　油隔离泥浆泵结构示意图

1—泵座；2—活塞缸；3—活塞；4—排油栓塞；5—分离油罐；6—油观察阀；7—油面观察阀；8—矿浆观察阀；9—排气阀；10—供油阀；11—油箱；12—排油阀；13—乙形管；14—乙形管扩大管；15—排污口螺母；16—给水阀；17—吸入阀；18—排出阀；19—压出空气室；20—安全阀；21—压力计；22—油杯；23—填料；24—皮带轮；25—减速箱；26—油；27—矿浆

表 1-13　油隔离泥浆泵应用实例

	项　目　名　称	郑州 503 厂	江西某矿	湖南锡矿山
矿浆仓	布置形式、尺寸及容积	压入式 $D = 6m$ $H = 8m$ $V = 200m^3$	压入式 $D = 6.3m$ $H = 4.2m$ $V = 60m^3$	压入式 $D = 2.2m$ $H = 2.2m$ $V = 7.6m^3$
机　组	泵的型号	Y8-3（改装）	2DN-120/25	L-180（引进）
	活塞缸径 × 冲程 × 冲次 × 缸数	185mm × 450mm × 35 × 2	200mm × 330mm × 55 × 2	160mm × 350mm × 40 × 2
	流量/m³·h⁻¹	96	120	额定 55（实测 61.5）

项　目　名　称		郑州 503 厂	江西某矿	湖南锡矿山
机组	压力/MPa (kg/cm²)	最大 4.0（40） 实用 3.0（30）	最大 2.5（25） 实用 1.6（16）	最大 4.0（40），实用 1.2～1.6（12～16）
	电动机型号	JR137-10DZ₂ 电阻调速	JR128-10	JSC4004
	转速/r·min⁻¹	585	585	490
	功率/kW	155	130	95
	台　数 （工作×备用）	4×2 （其中改装 3 台）	2×2	1×1
空气室 D×H/m×m		吸入 0.53×1.6 压出 0.33×6.3	吸入 0.31×1.0 压出 0.5×4.4	压出 0.5×4.4
安　全　装　置		电触点压力表 插销式安全阀	电触点压力表 过电流保护装置 杠杆式安全阀	安全爆破片 电触点压力表
管道布置形式		单线单向	单线单向	单线单向
输送系统	管径/mm	150	150	100～125
	管长/m	3000～4000	1402	2500～3000
	几何高度/m	30～40	91	45
投　产　日　期		1989 年	1994 年	1988 年

1.9.3.2　输送泵站配置

考虑到尾矿输送泵站是选矿厂的重要岗位，而且实际上砂泵的事故、检修又很频繁，因此，一般都采用 100% 的备用台数，并尽量避免建成地下式。

输送泵站内管路的配置应以使用灵活、便于操作为原则。

1.10　气体输送机械

风机和压缩机是以空气气作为工作介质的，属于气体机械。其中包括供给气体能量，使其总压力升高的风机和压缩机，以及利用气体能量做功的可压缩气体机械。

风机和压缩机按照其工作压力及原理可分为叶片式（透平式）以及容积式两大类。叶片式风机及压缩机又可分为离心式及轴流式，容积式风机及压缩机也可分为往复式及回转式。在风机上，把压力特别低的，如进口温度为 20℃，压力在 9.8kPa（1mH₂O）以下的叫做风扇，压力在 9.8～98kPa（1～10mH₂O）之间，空气压缩温升不太高的风机叫做鼓风机，高于 98kPa（10mH₂O）压力的通常称之为压缩机。另外把风机及压缩机在吸气状态工作时称为抽气机或真空泵。图 1-51 是各种风机及压缩机的适用范围（以压力与进口容积流量表示），在应用该图选择机型时，还必须同时考虑其使用条件，如运行费用、振动噪声等。

1.10.1　叶片式风机和压缩机结构及用途

叶片式风机及压缩机包括离心式、轴流式、混流式以及横流式等。

1.10.1.1　离心式风机及压缩机

离心式风机及压缩机的特征是：介质沿着轴向进入叶轮，在叶轮内沿着径向流动，如图1-52

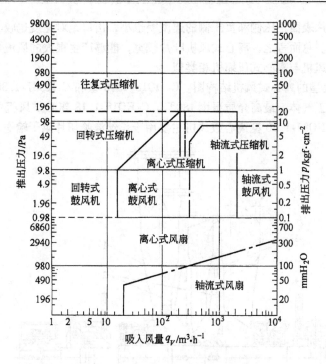

图 1-51 风机及压缩机的适用范围

所示。

离心式风机结构比较简单,通常由叶轮、集流器、整流器、机壳、调节器、进风箱、主轴、喉部及扩散器等组成,如图 1-53 所示。它通常都是单级叶轮,单侧进气。当流量要求大时也有双吸风机,即两侧进气,还可以多级叶轮串联使用,以达到较高的风压。其出风口位置可根据不同的使用要求设计成可自由转动的结构,一般情况下有八个基本的出风口位置。传动方式对于机体较大的风机可采用联轴器与电动机直联,对于机体较小,转子较轻的风机可取消轴承及联轴器,直接将叶轮装于电动机轴上,对于配套电动机转速不一样的风机也可通过皮带传动。

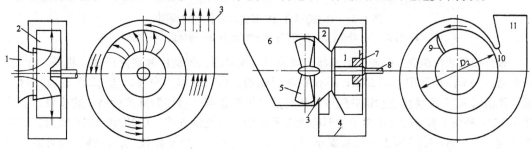

图 1-52 离心式风机及压缩机
1—集流器;2—叶轮;
3—机壳

图 1-53 离心式风机结构图
1—叶轮;2—整流器;3—集流器;4—机壳;5—调节器;
6—进风箱;7—轮毂;8—主轴;9—叶片;
10—喉部(舌);11—扩散器

根据叶轮形状的不同,离心式风机可分为多叶式风机、径流式风机以及透平式风机等。

多叶式风机应用在压差不需要太大,而风量要求较大的通风装置中,由于结构上的关系,其叶轮圆周速度不能太大;径流式风机的叶片为径向安放,$\beta_2 = 90°$,结构较为简单,叶轮可有较大的圆周速度;透平式风机叶片后倾,安放角 $\beta_2 < 90°$,且大多为 $\beta_2 = 45°$ 左右,因而其

理论压力较低，叶片表面正压侧和负压侧的速度差也小，出口绝对速度也较其他风机小，能量损失最低，效率高。总而言之，离心式风机叶片较宽，能够产生很大的风流量。

压力比较高的风机与离心式压缩机相类似。

图1-54为一典型的离心式风机结构图。C-HQ18-1.18型和C-HQ87-1.30型离心鼓风机适用于输送空气和化工气体，最高介质温度180℃。C-HQ18-1.18离心鼓风机主要用于短丝涤纶切片烘干输送，C-HQ87-1.30型离心鼓风机主要用于长丝涤纶切片烘干输送。

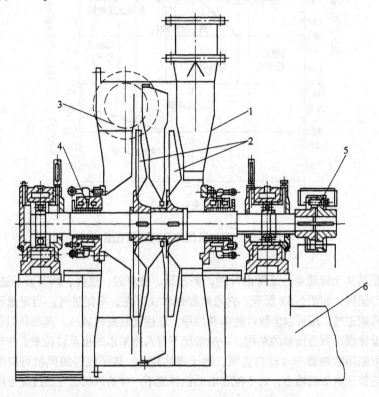

图1-54 C-HQ18-1.18型离心式风机结构图
1—机壳；2—叶轮；3—调节门；4—气封箱；5—传动组；6—底座

该型鼓风机由机壳、叶轮、回流器、调节门、气封箱、传动组和底座组成。机壳、叶轮、回流器、调节门均采用1Cr18Ni9Ti不锈钢材料制造，也可根据用户要求选Q235普通钢材制造。风机轴采用45优质碳素钢并经过调质处理，风机轴与介质接触部位镀铬，防止腐蚀。叶轮由12个径向平板直叶片焊接于锥形前盘与平板型后盘之间而成，C-HQ18-1.18型为二级双支承型，C-HQ87-1.30型为三级双支承型。叶轮均经过静、动平衡校正，运转平稳可靠。该机由异步电动机经弹性联轴器直联驱动。轴承箱体用循环水冷却。鼓风机的气封箱由铸铁制成。中间环、空间环均采用优质碳钢，密封环采用聚四氟乙烯。通入压缩空气后使轴端密封。鼓风机和电动机采用公用底座，便于安装。离心鼓风机可制成左转或右转两种形式。

离心式压缩机具有与透平式风扇（或鼓风机）一样的后倾叶片形式，叶轮内的流动情况比较合理，叶轮出口的绝对速度较小，可获得较高的效率。由于压力增高，其强度要求将限制叶轮圆周速度，因此对离心压缩机而言多采用多级串联的结构型式。图1-55为典型的八级离心压缩机结构图。

DA135-81型氢气循环离心压缩机为炼油厂年处理500万t石油流程中的重要设备。该压

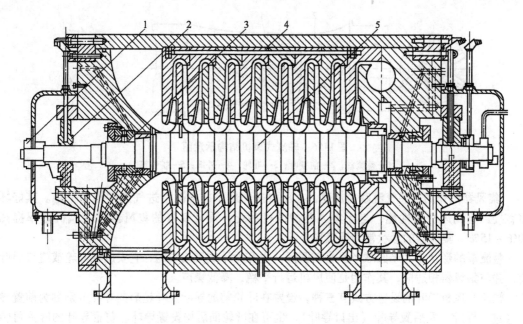

图 1-55 DA135-81 型氢气循环八级离心压缩机结构图
1—联轴器组；2—轴衬组；3—密封组；4—定子组；5—转子组

缩机为筒式单壳体，八级、双层排列，无中间冷却器。压缩机利用齿轮联轴器（旁路送油润滑）与汽轮机直联驱动。压缩机进出口均垂直向下，形状均为圆形。从汽轮机方向看压缩机，转子为顺时针方向旋转。高压气体的密封依靠浮动环密封装置。定子组由筒体、前后盖、隔板、前后盖压盖、梳齿密封等组成。筒体由 25 号钢锻制而成，进出口法兰、前后盖均用 ZG230-450 铸钢制成，进出口隔板用 ZG230-450 铸钢和 ZA1 制成，其余隔板用 ZA1 制成，前后盖压盖用 35 号钢锻制而成，双头螺帽为 45 号钢锻制而成。

每个叶轮的前盘进口圈外缘处及每个隔板与后盘接触处均装有梳齿密封，以减少损失。前后盖压盖与筒体及前后盖接触处装有铝垫片压紧封气，以防气体外漏。为防止油气混合，还加有梳齿密封配合油封。转子组由 8 个叶轮、主轴、平衡盘、轴套、推力盘等组成。叶轮叶片为后向形式，材料为 35CrMoV 合金结构钢，前 4 级为焊接叶轮，后 4 级叶片为铣制铆接叶轮。叶轮经过静平衡校正，并经超速试验。整个转子组装配后又经过动平衡校正，保证运转平稳。轴衬组由 ZG230-450 铸钢制成的轴衬体与巴氏合金浇铸而成。轴衬的润滑是依靠汽轮机主液压泵强力供油进行的。调节汽轮机油箱通往轴衬进油口处的节流圈孔径，可调节轴衬进油量。

1.10.1.2 轴流式风机及压缩机

轴流式风机及压缩机的特征是：介质沿着轴向流入叶轮，经叶轮后也轴向流动，在叶轮中气流没有发生偏转，如图 1-56 所示。

轴流式风机通常是由整流罩、叶轮、集风器、导叶、扩散筒和机壳等组成。由于气流沿轴向流入叶轮又轴向流出，也就是说气流通过叶轮是轴对称的，沿某一半径的圆筒形截面上气流是均匀的。如图 1-56 所示的 A—A 断面，这样导叶与叶片组成一组叶片有限长的平面叶栅。

叶轮的作用和离心式风机叶轮作用一样，是实现能量转换的关键部件。它由轮毂和叶片组成，其轮毂形状有圆柱形、球形及圆锥形，叶片多选用机翼型扭曲叶片，目的是使风机在设计工况下，沿叶片半径方向获得相等的全压。为了在变工况运行时有较高的效率，大型轴流式风机的叶片常设计成可调的，即可根据外界负荷的变化而改变叶片的安放角度。

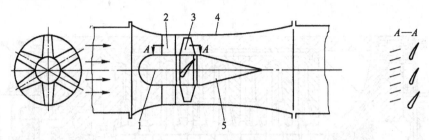

图 1-56　轴流式风机结构示意图
1—整流罩；2—前导叶；3—叶轮；4—外筒；5—扩散筒

集风器的作用是使气流获得加速，在压力损失最小的情况下进气速度均匀平稳。其好坏将直接影响到风机的性能，与无集风器的风机相比，设计良好的集风器可使风机效率提高10%～15%。集风器的形状常为圆弧形。

整流罩的形状多为半圆球形及半椭圆形，也有设计成流线形的，它安放在叶轮或进口导叶前，并与集风器相适应，其作用是使风机运行平稳，降低噪声。

轴流式风机导叶的设置方式有三种，设置在叶轮前的导叶及叶轮后的导叶分别称为前置导叶（进口导叶）及后置导叶（出口导叶），也可在叶轮前后均设置导叶。前置导叶的叶片可转动，后置导叶的叶片通常是固定不动的，对轮毂直径和功率较大的轴流式风机，在叶轮后要求设置后导叶，使从叶轮流出的绝对速度有一定旋转的气体，经后导叶以提高其静压。而前置导叶一般都用作调节手段，使进入风机前的气流发生偏转，即使气流由轴向运动转为旋转运动，大多数是负旋转，这样叶轮出口气流的方向为轴向。很显然这两种导叶的作用是不同的，但在设计计算时都可按叶栅理论进行。

扩散筒的作用，是使后导叶出来的气流动压部分转化为静压，减少流动损失，以提高风机静压效率。对于功率较大的轴流风机在出口处都要安装扩散筒。

图 1-57 为国产轴流式风机结构图。

随着航空喷气发动机的理论及试验研究的应用，以及对轴流式压缩机的气动力学的理论研究和平面叶栅吹风的实验研究发展，轴流式压缩机的特性已有了很大的提高，已经获得了大流量、高压力比的轴流式压缩机，除广泛应用于航空燃气轮机外，还应用于发电燃气轮机装置，舰船燃气轮机装置以及机车燃气轮机装置中。

图 1-58 为国产的 Z3250-46 轴流式压缩机结构图。其性能参数为：

工作介质：空气；

进气条件：进口压力 $p_j = 88260N/m^2$（绝对压力），进口温度 $t_j = 34℃$；

进口容积流量：$3250m^3/min$；

出口压力：$p_c = 405996N/m^2$（绝对压力），压力比为 4.6；

压缩机工作转速：4400r/min；

压缩机所需轴功率：10700kW；

汽轮机功率：12000kW。

轴流式压缩机通常由通流部件、密封、轴承、前后气缸等组成。通流部件包括进气管、收敛器、进气导流器、级组（工作轮叶片及导流器）、出口导流器、扩压器及出气管等。其各部件功能如下：

进气器是使大气或输气管道中来的气体较均匀地进入环形收敛器。

收敛器使进气管中的气流适当加速，以保证导流器前的气流具有均匀的速度场和压力场。

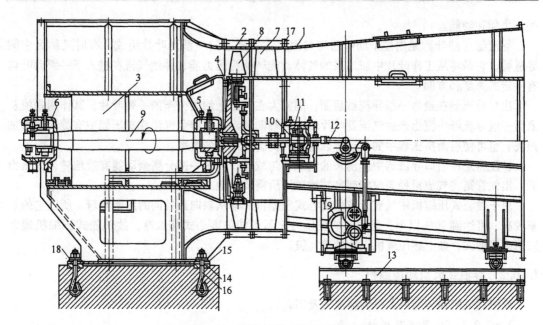

图 1-57　国产轴流式风机结构图

1—扩散筒；2—外壳；3—进气室；4—密封圈；5—径向轴承；6—推力径向轴承；7—导叶；8—动叶片；
9—主轴；10—联轴器；11—联轴器罩壳；12—动叶调节器；13—路轨；14—定向套；
15—基础垫板；16—地脚螺栓；17—螺栓；18—地脚地板；19—电动执行器

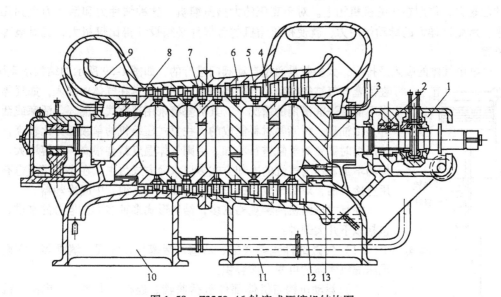

图 1-58　Z3250-46 轴流式压缩机结构图

1—推力轴承；2—径向轴承；3—转子；4—导流器（静叶）；5—动叶；6—前气缸；7—后气缸；
8—出口导流器；9—扩压器；10—出气管；11—进气管；12—进气导流器；13—收敛器

　　进气导流器是由均布于气缸上的叶片组成，使气流沿导叶高度以一定大小的速度和方向进入第一级工作轮叶片。

　　工作轮叶片，又称动叶，是由装在转盘上均布的一系列叶片组成，每一个动叶与其后面的静叶（导流器）组合在一起称为一级。动叶的作用就是将旋转机械能传给气体，以增加气体的压力能和动能。

导流器（静叶）是由位于动叶后均匀固定在气缸上的一系列叶片组成，有时又称为中间导流器，它是将从工作叶片中流出来的气体动能转化为压力能，并使气流在进入下一级动叶前有一定的速度和方向。

出口导流器在最后一级导流器后面，同样为在气缸上均匀分布的一列叶片，其作用是使从最后一级导流器中流出来的气流到叶片转变为轴向流动，以避免气流在扩压器中有旋转而增加损失，也可使后面扩压器中的流动得以稳定，提高压缩机的效率。

扩压器是将出口导流器中流出来的气流均匀减速，使这一部分剩余动能有效地转化为压力能，出气管则将气流沿径向收集起来并输送到所需要的地方。

由于轴流式压缩机中气流没有像离心式压缩机那样从轴向到径向的急剧转弯，所以它的效率较高，可达到90%以上，但选取单级压力比不可能像离心式那么高，故轴流式压缩机通常采用多级型式，如上述压缩机级数就是九级。

1.10.2　容积式风机和压缩机

容积式风机和压缩机又分为往复式及回转式。

1.10.2.1　往复式压缩机

往复式压缩机是通过曲柄连杆机构，把驱动机的旋转运动转化为活塞在气缸内的往复运动，并从低压侧吸入气体，经压缩后排向高压侧的压缩机。这类机械有两个特点：一是运行过程中将产生往复惯性力，通过机构传给基础；二是具有明显脉动性质的气体压力，产生交变的活塞力，作用在压缩机机构上。对于高压的大型压缩机，这种惯性力和活塞力大到几百千牛，承受这样大的脉动作用力，就使得压缩机的各部件必须设计得比较粗大，机器显得比较笨重。

气缸中气体的吸入及排出，大多数是通过自动阀门进行的，如图1-59所示的结构示意图，在活塞与气缸等滑动部分需要的润滑剂，通常在气体中混入，如气体要求不能混进润滑剂的情况下，其活塞将采用迷宫式止漏环，活塞或活塞环是由油碳、树脂等材料制成的。往复式压缩机的单级压力比较高，气体压缩时需要对气缸进行冷却，否则气体温度就会很高，比容增大，压缩功增加。作为气缸的冷却方式多以水冷方式为主，在小型机上也有采用空冷式的，对级数较多的压缩机，在级间还须有中间冷却器。

往复式压缩机品种规格繁多，结构形式多种多样，但总的来讲，它包括以下几大部件：

（1）气缸部件包含气缸、活塞、活塞杆、气阀、填函等，它们组成压缩机气体的可变工作容积。

（2）运动机构与机体部件包括曲轴、连杆、十字头、机身、机体等。它是能量的传递机构，把驱动机的旋转运动转为活塞在气缸中的往复运动。机体还为安装气缸和其他整部件提供支座。

（3）辅机部件包括冷却器、液气分离器、缓冲器、滤清器、消声器、排气量调节装置，润滑系统及管系等。它们是保证压缩机运行和提高经济性、可靠性所必需的零部件。

（4）驱动机及其控制系统包括驱动机、启动机、联轴节或带轮和相应的控制系统等。

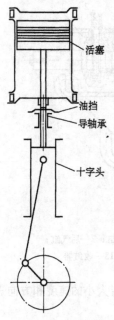

图1-59　往复式压缩机的构造图

活塞

油挡

导轴承

十字头

图1-60 为一台 L 型空气动力用压缩机结构图。

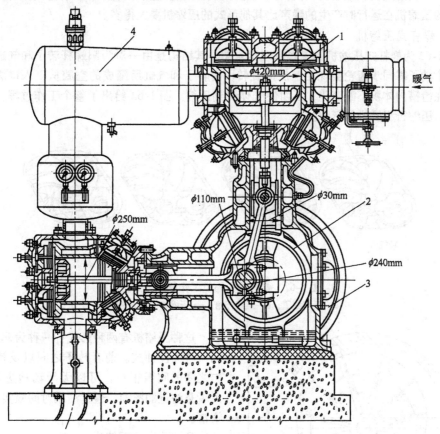

图 1-60　L 型动力用空气压缩机结构图
1—气缸部件；2—机体部件；3—控制系统；4—机构部件

1.10.2.2　回转式鼓风机和压缩机

A　罗茨式鼓风机和压缩机

图 1-61 为这类风机及压缩机结构示意图，它是由断面呈纺锤形或星形的转子与气缸等组成。两个转子的轴由原动机轴通过齿轮驱动，相互以相反的方向旋转，在气缸和转子之间的空腔容积在旋转中不断发生变化，故气体的压力在该空腔与排出侧连通的瞬间，由于倒流而从 p_1 变成 p_2 的。在转子之间以及转子与气缸之间都留有 0.15 ~ 0.35mm 的间隙，以避免相互接触。转子的形状为纺锤形，其轴面形状有摆线形、渐开线形以及包络线形等。这些转子在每转一转时的排气体积是可以从理论上求出的，假设转子的最大直径为 D，轴向长度为 l，则它们的排气体积 V_0 为

$$V_0 = 0.7854D^2l（摆线形）$$

$$V_0 = 0.8545D^2l（渐开线形）$$

$$V_0 = 0.7967D^2l（包络线形）$$

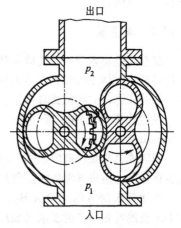

图 1-61　罗茨式鼓风机结构示意图

　　这种形式的风机和压缩机即使在低流量区，也不会发生喘振现象，具有稳定的特性，但这种形式的压缩机在运行时产生的噪声比其他形式的压缩机要大得多。

　　B　螺杆式压缩机

　　图1-62为螺杆式压缩机的工作原理示意图。其结构是由一对阴阳螺杆转子和气缸等组成的，两个转子靠同步齿轮实现相互反向旋转，由转子和气缸所围成的空腔从吸入口送向排出口，并在齿槽内体积不断变化，从而使气体受到压缩。图1-62给出了整个工作过程，包括吸气行程、压缩行程及排气行程。

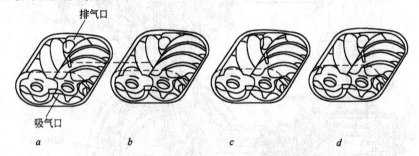

图1-62　螺杆式压缩机工作原理示意图

a—吸气终了；b—压缩开始；c—压缩终了；d—排气

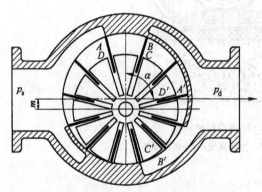

图1-63　滑片式压缩机结构示意图

　　这种压缩机有两种形式：一种为非注油式，另一种为注油式。前者转子之间以及转子与气缸之间的间隙很小，可以无滑动地进行压缩；后者是注进润滑油，通过油膜对间隙实行液封、润滑。

　　C　滑片式压缩机

　　图1-63为这种压缩机的结构示意图。它是由在气缸里偏心装置的转子和能从转子里径向出入的一些活动叶片组成的，这些叶片常称为滑片。相邻滑片所围成的体积（如$ABCD$），随着转子的旋转将发生变化，压缩成$A'B'C'D'$，并排向高压侧。

1.10.3　真空泵

　　真空泵是将容器中的气体排到大气中，使其内部压力下降到接近于绝对真空的一种泵。因它能将低压气体压缩到大气压力排出，其工作原理与压缩机是相同的。在真空泵中既有像往复式和回转式那样的**机械式真空泵**，也有利用气体或蒸汽射流工作的**射流式真空泵**。

　　往复式真空泵的主要结构和往复式压缩机一样，其单级真空压力可以达到1.333kPa（10mmHg）左右。

　　回转式真空泵也有罗茨式、滑片式以及水环式和油封式等结构形式。其中罗茨式真空泵真空度比较低，但排气量较大。滑片式真空泵的结构与滑片式压缩机的结构一样，它的单级真空压力能达到6.666kPa（50mmHg）左右。水环式真空泵的结构示意图如图1-64a所示，泵缸中偏心装着的叶轮，在封着水的泵缸内旋转，其内部的水受到离心力的作用而附在四周，两个叶片间的体积在移动中就会发生变化，情况如同滑片式压缩机。

　　回转式压缩机的气缸里注入少量的油，使之在转子与气缸之间形成油膜，以防止泄漏，一方面可提高容积效率；另一方面可以产生很高的真空度，这就是油封式回转真空泵，其构造如图1-64b所示，A是偏心转子，B是固定摆动阀门的圆筒，在工作中，B沿着A的外侧滑动，阀门则上下滑摆。同样在排出处也装有排气阀。这种回转式真空泵能达到相当的真空度。

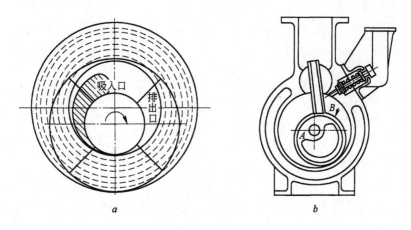

图1-64　真空泵
a—水环式；b—回转式

思 考 题

1　什么是流体机械，它应用在选矿厂哪些方面？

2　常用的泵与风机性能参数有哪些，如何计算？

3　泵与风机是如何进行分类的？

4　离心式泵的运行原理是什么，轴流式又怎样？试简要分析一下离心式和轴流式泵由结构差异而产生的功能差异。

5　了解常用的几种离心泵的形式及用途。

6　两台泵并联时，总流量为什么不等于单机运行时两台泵的流量和，两台泵串联时，总扬程为什么不等于单机运行时两台泵的扬程和？

7　离心泵的形式是如何选择的？

8　水泵机组的安装要求是什么，水泵机组正常运转的标志有哪些？

9　泵的启动程序是什么，水泵在运行过程中应注意哪些问题？

10　离心泵的主要部件结构有哪些，各有什么作用？

11　什么是离心泵的性能曲线，它包括哪些主要内容，是如何应用的？

12　在泵与风机内有哪几种损失，试分析损失的原因以及如何减小这些损失。

13　什么是汽蚀现象，它对泵的运行有哪些危害，有哪些防止汽蚀的措施，其原理是什么？

14　常用的砂泵有哪些形式，其各自的应用特点是什么？

15　某泵流量为240m³/h时，泵入口处的真空度为10kPa，出口处的表压力为430kPa，两表间的垂直距离为 0.5m, 现在已知泵输送的是 20℃ 的清水, 管内速度不变, 试求此流量下该泵的扬程。
(45.40m)

16　有一台吸入口径为 600mm 的双吸单级泵, 输送常温水, 其工作参数为: 流量 $q = 0.880\text{m}^3/\text{s}$, 允许吸上真空度为 3.2m, 吸水管路阻力损失为 0.4m, 试问该泵装在离吸水池液面高 2.8m 处, 泵能否正常工作。(不能)

2 矿仓和固体输送

【本章学习要求】

(1) 理解选矿厂固体堆存设施的功能及构造；理解矿石给矿设备的种类；理解胶带输送机的构成部件及其功能。

(2) 掌握选矿厂固体堆存设施的选择原则及其几何尺寸的确定；掌握各类给矿设备的性能特点及使用范围；掌握胶带输送机的设计计算基本方法，安全使用及维护方法。

(3) 熟悉固体堆存设施的选择原则及其几何尺寸的确定；熟悉各类给矿设备的性能特点及使用范围；熟悉胶带输送机的设计计算基本方法。

2.1 矿仓

选矿厂设置的矿仓，主要用于接受、贮存和分配矿石，其作用是调节矿山与选矿厂，选矿厂与冶炼厂之间，以及选矿厂内部各工段或作业之间矿石供应的不均衡和设备生产率的不平衡状况，从而保证正常生产，提高设备效率、满足矿山、产品用户以及运输作业的要求。同时在选矿生产中，由于矿山采矿品位的变化，常使生产过程不稳定，影响技术指标。因此为了使生产过程获得性质稳定的来料，经常需要利用矿仓对原矿按一定比例进行互相混合。

矿仓的形式及贮矿容积直接影响着土建费用及选矿生产，在设计中，必须合理地确定各种矿仓的贮矿容积，选择适宜的结构形式。

选矿厂的矿仓按其作用及其在生产过程中所处的位置，可分为原矿受矿仓、中间贮备矿仓、缓冲及分配矿仓、磨矿矿仓、产品矿仓五种类型。

2.1.1 矿仓的形式及选择

2.1.1.1 矿仓形式

选矿厂设置的矿仓，按其结构形式可分为地下式、半地下式、地面式、高架式及斜坡式等，如图 2-1~图 2-6 所示。

A 地下式矿仓（图 2-1）

这种矿仓处于地下，结构较复杂，造价高，劳动条件差，因此在一般情况下尽可能不选用。只有在设计中由于地形条件受到限制、运输设备的特殊要求等原因才不得不采用。实例如图 2-7 所示。

B 半地下式矿仓（图 2-2）

这种矿仓一部分处于地下，一部分在地面，它不宜贮存粒度大于 350mm 和小于 10mm 的矿石，因容易下滑和堵塞，当矿石中含泥含水量较大时，更不宜采用，因堵塞后不易清理，所以已逐渐被地面式矿仓所代替。只有在地形条件合适，地基又比较坚硬的条件下，这种矿仓才是经济合理的。实例如图 2-8 所示。

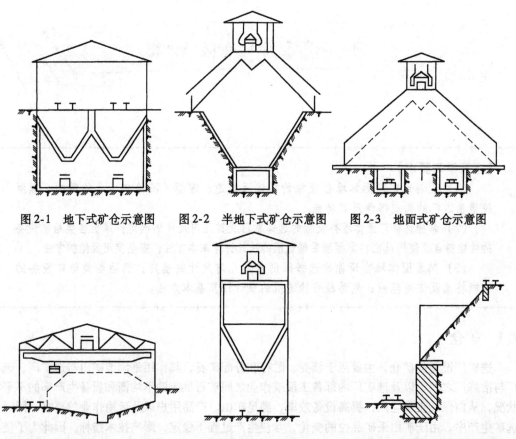

图2-1　地下式矿仓示意图　　图2-2　半地下式矿仓示意图　　图2-3　地面式矿仓示意图

图2-4　抓斗式矿仓示意图　　图2-5　高架式矿仓示意图　　图2-6　斜坡式矿仓示意图

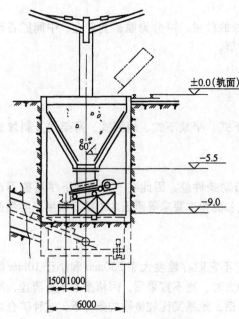

图2-7　地下式矿仓实例图

C　地面式矿仓（图2-3）

这种矿仓常用作原矿贮存矿仓及中间贮存矿仓，其优点是储矿容积大、单位造价低。由于可用推土机推矿，因此容易清理被矿石堵塞的排矿口。当用闸门或给矿机放矿时，它不宜贮存粒度大于350mm的矿石，但可贮存粉矿。当贮存10mm以下的粉矿和含泥矿石时，为了防止雨水落到矿石中使操作条件恶化，以及大风吹散矿粉，应设置房盖。实例如图2-9所示。

D　抓斗式矿仓（图2-4）

这种矿仓非常适宜于贮存潮湿的粉矿及细粒矿。其特点是贮存量大，单位造价低，同时可排出产品中的部分重力水分。实例如图2-10所示。

E　高架式矿仓（图2-5）

这种矿仓常用作粉矿仓和产品矿仓，它的

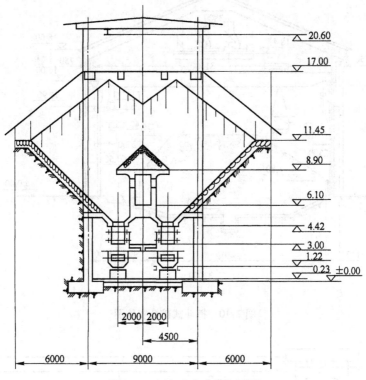

图2-8 半地下式矿仓实例图

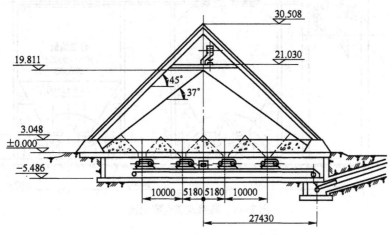

图2-9 地面式矿仓实例图

造价比地面式和抓斗式矿仓都高，但它配置灵活，故使用较广泛。这种矿仓由于排矿口处承受压力较大，当贮放潮湿的粉矿和含泥较多的矿石时，容易堵塞。生产中可用适当增大排矿口的方法来减少其堵塞。实例如图2-11所示。

F 斜坡式矿仓（图2-6）

这种矿仓构造简单，造价低，在有适宜地形的情况下，建造这种矿仓是比较经济的。实例如图2-12所示。

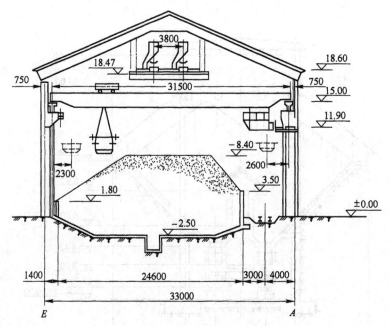

图 2-10 抓斗式矿仓实例图

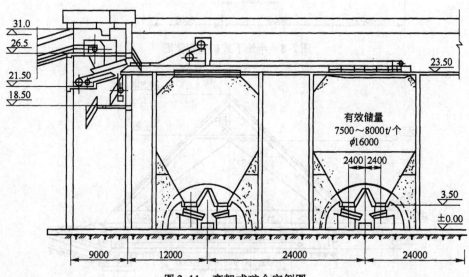

图 2-11 高架式矿仓实例图

2.1.1.2 各种形式矿仓的结构特点

在地面式及高架式矿仓中，根据几何形状的不同，又可分为圆形、矩形（方形）和槽形矿仓。一般来说，矿仓分为仓底和仓身两部分，仓底部分壁倾斜，容积小；仓身部分壁垂直，容积大，但对贮存容积不大的承矿漏斗来说，往往仓身很小，甚至没有。

装有卸矿装置的仓底是矿仓结构中比较复杂的部分，它有各种形状，最简单的是平底，但为了便于卸矿，一般都是漏斗形的。

A 圆形矿仓（图 2-13）

圆形矿仓常用作粉矿仓，有圆形锥底和圆形平底两种。圆形平底仓构造简单，但仓底经常形成死角矿石，使其容积降低。

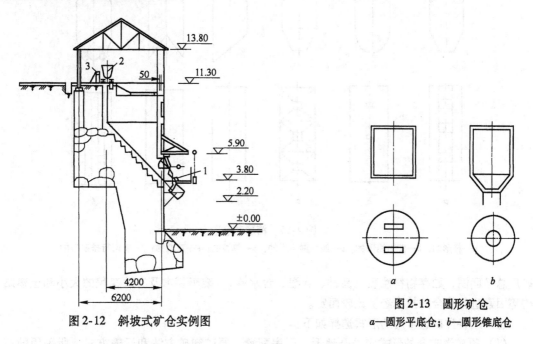

图 2-12　斜坡式矿仓实例图

图 2-13　圆形矿仓

a—圆形平底仓；b—圆形锥底仓

从建筑角度来看，圆形矿仓受力均匀，因而可以节省材料，它与槽形矿仓相比，在容积相等时，可节约钢筋混凝土用量三分之一，目前多倾向采用这种矿仓。

B　矩形矿仓（图 2-14）

仓底三面倾斜的矩形矿仓多用于原矿受矿仓，又分底部排矿和侧面排矿两种形式。当用链式或滚筒式给矿机卸矿时，应采用侧面排矿；当用板式或槽式给矿机给矿时，应采用底部排矿。仓底为四面倾斜的矩形矿仓，常用作小型选矿厂的磨矿矿仓。

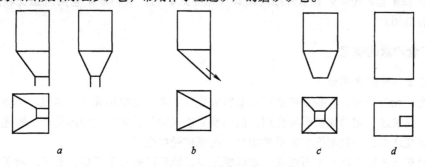

图 2-14　矩形矿仓

a—仓底三面倾斜，底部排矿；b—仓底三面倾斜，侧面排矿；c—仓底四面倾斜；d—平底

C　槽形矿仓（图 2-15）

这种矿仓在选矿厂应用比较广泛，当需要分别贮存几种不同的矿石时，可分成间隔。优点是可多设出矿口，这些出矿口可根据需要同时打开或依次打开，有效容积也大，图中的 e、f 所示的矿仓多用于装车仓，它有两排出矿口，以加速排矿。

2.1.1.3　各种矿仓形式的选择

矿仓形式的选择主要根据选矿厂所在地区的条件（工程地质、气候、水文、材料等），选

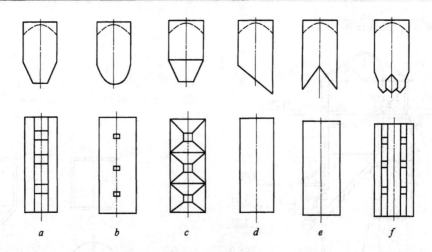

图 2-15　槽形矿仓

a—梯形的；b—抛物线形的；c—四坡漏斗形的；d—单坡；e—双坡；f—有两行排矿口的

矿厂总平面图，贮存物料性质（品种、含泥、含水等），装车要求及有效容积的大小和土建结构等因素进行综合的技术经济比较而定。

选矿厂各种矿仓常用的形式选择如下：

（1）原矿受矿仓的形式应结合地形、厂房配置、原矿卸矿方法和运输方式、所采用的给矿机形式等具体条件进行设计。

（2）贮存矿仓的形式一般选用地下式、半地下式或地面式。

（3）缓冲及分配矿仓，一般与破碎筛分厂连在一起，其形式一般根据给矿设备形式考虑。

（4）磨矿矿仓，一般采用各种形状的高架式矿仓，目前多倾向于采用高架式圆筒形矿仓。自磨机给矿目前多采用地面式矿仓。

（5）产品矿仓。精矿矿仓多采用高架式和抓斗式矿仓；块粉矿矿仓则选型比较广泛，各种形式都有选用。

2.1.2　矿仓贮量的确定

2.1.2.1　原矿受矿仓

原矿受矿仓的作用，主要是满足矿山来料卸载的要求，在使用箕斗、索道、小型矿车运输的情况下，还要起一定的储矿缓冲作用，以调节采矿运输与选矿厂之间的生产。因此，选矿厂在原矿破碎机之前，一般都设有接受矿山来矿的原矿受矿仓。

原矿受矿仓的贮矿量与矿石粒度，破碎机规格及原矿运输设备等条件有关。对于最大块度大于 400~500mm 的原矿石，一般不设立大容积的原矿仓，因为这种矿仓的结构复杂，造价高。当选矿厂离矿山较远或因自然气候条件，必须贮存大量原矿时，可设置造价低的中间贮存矿仓。

对于规格较大的旋回破碎机（ϕ1200mm、ϕ900mm、ϕ700mm 旋回破碎机）进行挤满给矿时，矿仓贮量为 1~2 个车皮的矿石即可。

当用箕斗、索道、小型矿车、汽车运输时，并在破碎前设有给矿设备的情况下，贮矿时间（均按破碎机工作时间计）：大型厂为 0.5~2h，中型厂为 1~4h，小型厂为 2~8h。按贮矿量计：大型厂不超过 900t，中型厂不超过 600t，小型厂不超过 300t。

2.1.2.2 原矿及中间贮存矿仓

原矿及中间贮存矿仓的作用，主要是调节矿山采矿运输与选矿厂之间及选矿厂破碎与主厂房之间的生产。设置在破碎作业之前的叫做原矿贮存矿仓，设置在细碎（或还原焙烧炉）之前的叫做中间贮存矿仓。

由于这类矿仓的造价高，而且利用率低，因此在选矿厂设计中尽量不采用或少采用。只有在下列情况下才考虑：

（1）离矿山较远，或因矿山来矿、交通运输、自然气候等条件复杂，引起选矿厂的供矿量有很大波动的大中型选矿厂；

（2）在同一破碎系统中处理数种矿石的选矿厂。贮矿时间：原矿贮存矿仓的贮矿时间是根据运输条件考虑的。专用线或专用车运输为 1～1.5 天；国家铁路线和车辆运输为 1.5～2 天；索道运输为 1 天。中间贮存矿仓的贮矿时间是根据原矿运输条件和调节生产的需要而定，一般为 1～2 天。

2.1.2.3 缓冲及分配矿仓

缓冲分配矿仓的作用，主要是调节均衡上下段作业的生产能力。其贮矿时间的确定见表2-1。

表 2-1　缓冲及分配矿仓贮矿时间

矿仓配置地点	挤满给矿旋回破碎机的排矿仓	倒装矿仓	中破碎前	细破碎前	细碎与闭路筛分组成机组	单独筛分前	装矿仓
贮矿时间	大于两个给矿车皮的装载量	大于一次的装入量	10～15min	15～40min	15～40min	15～40min	考虑倒装间隔时间即可

2.1.2.4 磨矿矿仓

磨矿矿仓既起分配矿石的作用，又起调节破碎与磨矿两段作业的均衡生产，保证主厂房连续生产的作用。其贮矿时间一般为 24h 左右。当设计中采用了原矿或中间贮存矿仓时，则贮矿时间可适当减少。

2.1.2.5 产品矿仓

产品矿仓是产品贮存矿仓和产品装车矿仓的总称。贮存破碎筛分厂块粉矿的称为块粉矿产品矿仓，贮存选矿厂精矿粉的称为精矿产品矿仓，贮存废石的称为废石仓。

产品矿仓主要是用来调节选矿厂或破碎筛分厂与产品运输之间的均衡生产。其贮矿时间的确定见表2-2。

表 2-2　产品矿仓贮矿时间

运输条件	国家铁路局	企业专用线	内河船舶	汽　车
贮矿时间/d	2～3	1.5～2	5～10	3～15

注：1. 国家铁路局承受运输，如果车皮来源困难时，贮矿时间可适当增加，但一般不超过 5～7 天；
　　2. 汽车运输，如果运输较远，运输条件与气候条件复杂，或产品的产量较大，贮存时间取大值；
　　3. 废石仓按倒装矿仓考虑。

2.1.3 矿仓有效容积的计算

2.1.3.1 有效容积的计算

矿仓需要的有效容积按下式计算：

$$V = \frac{Q}{\gamma} \qquad\qquad (2-1)$$

式中　V——矿仓需要的有效容积，m^3；

  　Q——需要的贮矿量，t；

  　γ——矿石堆密度，t/m^3。

确定了需要的有效容积后，考虑到矿石的安息角和陷落角、原矿与产品运输及配置上的要求，确定排矿口和仓身各部分的尺寸，以及仓底斜壁的倾角等，然后计算矿仓的几何容积。

2.1.3.2　矿仓各部尺寸和排矿口的确定

矿仓各部尺寸和排矿口的确定，根据以下要求进行考虑：

（1）为了便于汽车或矿车运输，原矿仓平面形式宜为矩形，矿仓顶面标高与路面标高要求一致；窄轨电机车运输原矿，用端环直径为 2.5 ~ 3m 的圆筒形翻车机卸矿，同时卸两个矿车时，一般长为 9m 左右。所以矿仓长度为 9 ~ 12m，宽度则视一台或二台翻车机而定，一般为 6 ~ 9m。矿仓高度一般为 6 ~ 12m。

（2）粉矿仓采用槽形矿仓时，长度通常与磨矿车间一致。上部宽度视容积大小而定，一般为 6 ~ 12m；采用圆形矿仓时，其矿仓个数与磨矿车间的系统数相等。直径一般为 8 ~ 14m，高度一般为 10 ~ 16m。

（3）原矿仓卸料口尺寸根据所用闸门、矿石粒度、给矿机的类形和规格大小而定，通常为方形或矩形。当矿石最大粒度大于 200mm 时，卸料口宽度一般为最大粒度的 3 ~ 5 倍，长度为宽度的 1.5 ~ 2 倍。

（4）粉矿仓排矿口尺寸视卸料设备的规格和数量而定，例如规格为 600mm × 600mm 摆式卸料机一台，则卸料口尺寸为 600mm × 600mm 方形孔一个。

由于矿石安息角的关系，在休止面上部的空间存在有无法利用的"死角地带"，从而使矿仓不能完全装满。因此，矿仓的有效容积 V 就等于它的几何容积 V' 减去"死角地带"的容积。有效容积与几何容积之比就称为**矿仓利用系数**，即

$$K = \frac{V}{V'} \qquad\qquad (2-2)$$

式中，K 值与矿仓的尺寸及矿石的安息角有关，一般取 0.9，根据实际经验，此值偏大。

矿仓仓底斜壁的倾角与矿石的粒度和摩擦角有关，一般为 50° ~ 55°，块矿取小值，粉矿取大值。

2.1.3.3　矿仓几何容积的计算

在确定了矿仓各部分尺寸以后，其几何容积可按几何学上的立体图形计算公式求出：

（1）圆形锥底矿仓是由圆锥形仓底 V_1 和圆柱形仓身 V_2 所组成（图 2-13b），根据图中所表示的符号，它们的容积分别为

$$V_1 = \frac{\pi h}{12}(D^2 + Dd + d^2) \qquad\qquad (2-3)$$

$$V_2 = \frac{\pi D^2}{4}H \qquad\qquad (2-4)$$

式中 $h = \frac{D - d}{2}\tan\alpha$

  总容积 $V' = V_1 + V_2$

  有效容积 $V = KV'$

（2）三面倾斜底部卸料的矩形矿仓是由角锥形仓底 V_1 和矩形仓身 V_2 所组成（图 2-14a）；

根据图中所表示的符号，它们的容积分别为

$$V_1 = \frac{h}{6}\left[BL + (B + b)(L + l) + bl\right] \tag{2-5}$$

$$V_2 = BLH \tag{2-6}$$

式中
$$h = (L - l)\tan\alpha_1 \quad \text{或} \quad h = \frac{B - b}{2}\tan\alpha_2$$

总容积
$$V' = V_1 + V_2$$

有效容积
$$V = KV'$$

（3）抛物面形槽形矿仓，如图2-15b所示。若抛物面与水平面夹角为 α，矿仓长度为 L，宽度为 B，高度为 H，则仓底容积 V_1 和仓身容积 V_2 分别为

$$V_1 = \frac{5}{8}BLh \tag{2-7}$$

$$V_2 = BLH \tag{2-8}$$

式中 h 与 α 有关。

总容积
$$V' = V_1 + V_2$$

有效容积
$$V = KV'$$

某些物料的安息角及陷落角如表2-3所示。物料的**安息角**是指松散物料堆存于矿仓中时，上部物料形成的圆锥表面与水平面的夹角。物料的**陷落角**是指松散物料堆存于矿仓中时，物料排料口卸料塌陷后形成的圆锥表面与水平面的夹角。物料的安息角 ρ 及陷落角 ϕ 如图2-16所示。

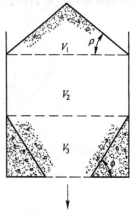

图 2-16 物料的安息角及陷落角示意图

表 2-3 某些矿石的安息角及陷落角

矿石类型	安息角/(°)	陷落角/(°)
各种粒度的原矿石	38～40	55～60
经破碎后的矿石	38～40	55～60
经筛分后的块矿石	40	50～55
经筛分后的粉矿石	35～38	65～75
含泥多、湿度大的块矿石	38～40	60～70
含泥多、湿度大的粉矿石	40～45	70～80
精矿粉（水分为10%左右）	40～43	65～75

2.1.4 矿仓闸门

2.1.4.1 矿仓闸门的用途

矿仓闸门是安装在矿仓卸料口用以封闭或放出矿石的一种装置。虽不能很理想地控制矿流速度，但在一定程度上能保持定量的矿流。因此，当周期性地由矿仓排放矿石时（装车），应设置闸门。在矿仓连续排放矿石的情况下，若矿石粒度较细（小于10mm），也可以装置闸门来控制仓内矿石，使其排放均匀。

矿仓闸门的控制，是通过人工扳动杠杆、手轮和齿板，或通过压缩空气、液压活塞或电动机驱动装置来进行控制。

2.1.4.2 矿仓闸门的分类

矿仓闸门有多种形式。根据闸板的形式不同，可分为以下几种。

A　平板闸门

如图 2-17 所示，是一块沿两侧槽沟移动的闸板，可以制成齿板式（见图 2-17a）和杠杆式。按闸板的位置不同，平板闸门可分为垂直式（见图 2-17b）和水平式（见图 2-17c）。

这种闸门构造简单，使用方便，但在开放和关闭时阻力很大。

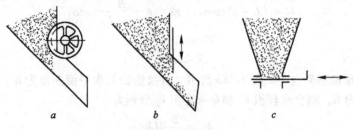

图 2-17　平板闸门

B　扇形闸门

扇形闸门由杠杆传动和手轮传动（见图 2-18a），如果截面大，采用机械传动（见图 2-18b）。

矿仓卸料口为水平开放时，扇形闸门常常装置成对称的双扇形闸门（见图 2-18c），为了使两扇形闸门同时启闭，它们之间用齿轮啮合。这种闸门可用手动，也可采用气力传动。

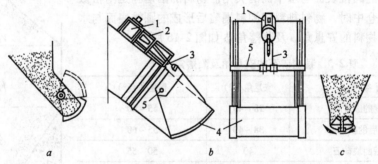

图 2-18　扇形闸门

1—气缸；2—活塞杆；3—连杆；4—扇形板；5—轴

C　槽式闸门

槽式闸门分为摆动式和铰链式两种摆动式槽式闸门（见图 2-19a），主要用于装车时关闭矿仓的装车溜槽。当槽子 2 处于抬起位置时，卸料口便被挡住，而当它放下时，便成为一段装车溜槽。槽子 2 绕轴转动，可用人工或钢丝绳使重锤 4 抬起或放下。

铰链式槽式闸门（见图 2-19b）由数根爪状钩 1 铰接于横轴 3 上并绕轴 3 转动，当钩爪抬

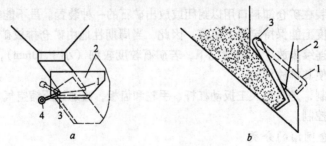

图 2-19　槽形闸门

起或放下时，便可放出或封闭矿石。

2.1.4.3 矿仓闸门的选择

（1）根据矿石粒度选用闸门形式如表2-4所示。

（2）当矿石粒度小于10mm及含泥多且较湿的粉矿应采用垂直排矿的闸门。

（3）大、中型破碎厂的块矿装车矿仓的卸矿闸门，一般应选用气动的，选矿厂的精矿装车则多采用电动插板。

表2-4 矿仓卸矿闸门形式的选择

矿石粒度/mm	选用的卸矿闸门
>350	各种气动闸门
200~350	单扇形闸门（齿轮传动）、各种气动闸门
<200	双扇形闸门、单扇形闸门、气动卸矿溜槽
精 矿	电动插板、气动扇形闸门

2.2 给矿机

由于卸矿闸门不能控制矿石的溜放速度，不能使矿石均匀和连续地从矿仓中排放出来。因此，为了将矿石均匀地和连续地给入运输机或破碎机、磨矿机等，必须安装给矿机。

有的给矿机不仅能保证均匀、连续给矿，而且还有封闭卸矿口的作用。因此，为了不影响生产，在设计中除了正确确定矿仓的卸料口尺寸外，还必须正确进行给矿机的选择和计算。

选矿厂所用的给矿机，根据工作机构的运动特征可分为下列三类：

（1）连续动作的：如板式、带式、链式给矿机；

（2）往复动作的：如槽式、摆式、振动式给矿机；

（3）回转运动的：如圆盘式、滚筒式给矿机。

给矿机的形式主要根据矿石粒度，给矿量、要求给矿的均匀程度，所需要的调节范围以及矿仓卸料口的位置等条件来选择。

下面对选矿厂常用的几种给矿机的构造、工作原理、技术特性以及计算作简单介绍。

2.2.1 板式给矿机

板式给矿机（铁板给矿机）是选矿厂破碎作业常用的给矿设备，它装置在矿仓仓底，直接承受矿仓中矿柱的压力。按其所承受的矿柱压力大小和给矿粒度的尺寸分为重型、中型和轻型三种。

2.2.1.1 重型板式给矿机

重型板式给矿机实际上是一种非常坚固的短的铁板运输机（如图2-20所示），适用于工作最沉重的条件。它主要由机架、拉紧装置、钢板带、上托辊和传动装置等部件组成。钢板带是承受荷载的部件，是由固定在铰链上的许多带侧壁的钢板构成，钢板之间用铰链彼此连接，并与钢板固定在牵引链上，一起绕链轮运转，工作链由上托辊支承，回转链由下托辊支承。钢板带的松紧程度靠拉紧装置调节。

重型板式给矿机一般用于给矿量很大的大块矿石的给矿，最大粒度可达1100mm，甚至可达1500mm，生产率为240~480t/h，最大可达1000t/h。给矿机的生产率可由下式计算：

$$Q = 3600Bhv\gamma\varphi \tag{2-9}$$

式中 Q——给矿机的生产率，t/h；

B——给矿机宽度，一般为铁板宽度的0.9倍，m；

h——矿石层厚度，m；

v——铁板移动速度，一般$v = 0.025 \sim 0.15\text{m/s}$；

γ——矿石的堆密度，t/m^3；

φ——充满系数，$\varphi = 0.8$。

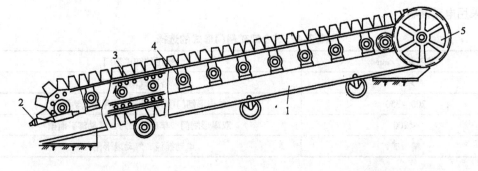

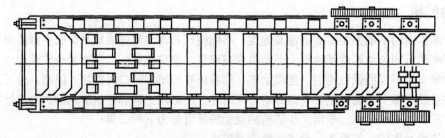

图 2-20　重型板式给矿机

1—机架；2—拉紧装置；3—钢板带；4—上托辊；5—传动装置

这种给矿机可根据需要安装成水平的或倾斜的，倾角的大小随具体条件而定，但最大不超过12°。铁板宽度一般为最大给矿粒度的2~2.5倍。

重型板式给矿机具有给矿均匀、工作可靠、给矿能力高、能强制卸矿、抗冲击等优点。缺点是设备笨重，造价高，运动部件多，维护工作量大。

板式给矿机的规格以钢板宽度B和两链轮中心距A表示，技术规格如表2-5所示。

表 2-5　重型板式给矿机的技术规格

规格（$B \times A$）/mm×mm	钢板带宽度/mm	链轮中心距/mm	钢板带移动速度/m·s^{-1}	生产率/t·h^{-1}	链轮轴转速/r·min^{-1}	电动机功率/kW
1200×5000	1200	5000	0.05	240	1.6	14
1200×8000	1200	8000	0.05	240	1.6	14
1200×12000	1200	12000	0.05	240	1.6	28
1500×6000	1500	6000	0.05	300	1.6	28
1500×15000	1500	15000	0.05	300	1.6	40
1800×6000	1800	6000	0.05	360	1.6	28
1800×10000	1800	10000	0.05	360	1.6	40
1800×12000	1800	12000	0.05	360	1.6	40
2400×5000	2400	5000	0.05	480	1.6	28
2400×10000	2400	10000	0.05	480	1.6	40
2400×12000	2400	12000	0.05	480	1.6	40

2.2.1.2 中型板式给矿机

中型板式给矿机与重型板式给矿机的不同点是钢板带下面没有铰链。链带由标准套筒滚子链和波浪形链板组成。工作段的牵引链可在托辊上移动，也可在轨道上移动，其构造如图2-21 所示。

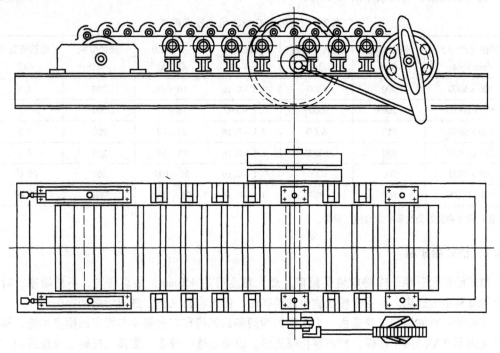

图 2-21 中型板式给矿机

此种给矿机是由电动机经减速器带动偏心机构旋转，再由偏心盘、连杆、传动棘轮带动链轮作均匀的间歇式移动。给矿粒度最大为350～400mm，偏心盘的偏心距离可在24～140mm 之间调整，借以改变给矿速度，达到调整生产率的目的。

中型板式给矿机的技术规格如表2-6 所示。

表 2-6 中型板式给矿机的技术规格

规格（$B \times A$） /mm×mm	钢板带宽度 /mm	工作板宽度 /mm	链轮中心距 /mm	钢板带运转速度 /m·s^{-1}	偏心轴转速 /r·min^{-1}	生产率 /t·h^{-1}
800×2200	800	650	2200	0.025～0.15	46	35～210
1000×1600	1000	850	1600	0.025～0.15	46	50～300
1000×3000	1000	850	3000	0.025～0.15	48	50～300
1200×1800	1200	1050	1800	0.025～0.15	48	80～500
1200×3000	1200	1050	3000	0.025～0.15	48	80～500
1200×4000	1200	1050	4000	0.025～0.15	48	80～500

2.2.1.3 轻型板式给矿机

轻型板式给矿机的构造及工作原理基本上和中型板式给矿机相同，工作段也是由牵引链带动沿着轨道移动的，最大给矿粒度在160mm。

本机可水平安装或倾斜安装，但最大倾角不超过20°。在倾斜安装时，传动装置应做水平安装，以便润滑。可以通过增加或减少链节来调整工作段长度（200mm 一个长度等级），故可制成用户要求的各种长度。

轻型板式给矿机的技术规格见表2-7。

表2-7　轻型板式给矿机的技术规格

规格（$B \times A$）/mm × mm	铁板宽度/mm	链轮中心距/mm	铁板速度/m·s^{-1}	生产能力/m³·h^{-1}	链板节距/mm	电动机功率/kW
500 × 6000	500	6000	0.1 ~ 0.16	16 ~ 57	200	7.5
500 × 10000	500	10000	0.1 ~ 0.16	16 ~ 57	200	7.5
650 × 6000	650	6000	0.1 ~ 0.16	21 ~ 68	200	7.5
650 × 10000	650	10000	0.1 ~ 0.16	21 ~ 68	200	7.5
800 × 6000	800	6000	0.1 ~ 0.16	25 ~ 109	200	(7.0)
800 × 10000	800	10000	0.1 ~ 0.16	25 ~ 109	200	(7.0)

注：括号内数据为沈阳矿山机械厂设备。

2.2.2　槽式给矿机

槽式给矿机适用于中等粒度的给矿，最大粒度可达450mm，给矿均匀，不易堵塞，对含水高的物料也能适应。但用于粉状物料的给矿时，粉末容易飞扬，造成污染和损失。

这种给矿机的构造主要是由一个水平的微倾斜的钢槽和矿仓漏斗与固定的槽身相连，槽身和槽底为不连接的两个部件，槽底靠托辊支承，由偏心连杆带动，使其在托辊上往复运动。槽底向前运动时，即将漏斗中落下的物料带向前方，槽底向后运动时，由于上层物料的摩擦阻力，将下层物料推入下面的运输设备（见图2-22）。

槽式给矿机的选择是按给矿粒度及要求的给矿量确定的，首先根据物料粒度按设备规格选取槽宽，然后根据槽宽验算生产能力。

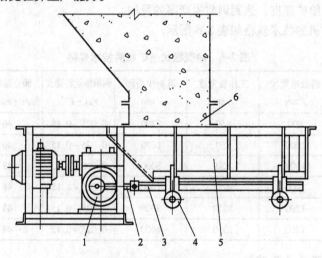

图 2-22　槽式给矿机

1—驱动装置偏心轮；2—连杆；3—往复底板；4—托辊；
5—料槽；6—连接料仓的漏斗、法兰

生产能力的计算公式：

$$Q = 120BhRn\gamma \tag{2-10}$$

式中　Q——能力，t/h；

　　　B——槽宽，m；

　　　h——矿层厚，m，一般为侧壁高的 0.7~0.9；

　　　R——偏心距，m，$R = 0.01~0.1m$；

　　　n——偏心轮转数，r/min；

　　　γ——矿石堆密度，t/m³。

给矿量可借调整偏心轮的偏心距来进行。

槽式给矿机的技术规格见表 2-8 所示。

表 2-8　槽式给矿机的技术规格

型号	出料口尺寸（宽×高）/mm×mm	给矿最大粒度/mm	槽底往复次数/次·min⁻¹	生产能力/m³·h⁻¹	电动机		设备质量/kg
					型号	功率/kW	
JT₃	400×400	100	18.8	2.5~3	JO₂-22-6	1.1	640
JT₄	600×500	200	38.9	10.5~25.5	JO₂-41-4	4	1054

2.2.3　链式给矿机

链式给矿机的结构如图 2-23 所示。在一圆鼓上悬挂着数根闭合的链条。圆鼓由固定在两圆盘上的四根金属棒组成，中间有一旋转轴，由皮带或齿轮传动，或通过偏心轮、拉杆和棘轮传动。矿石随链条的转动而沿斜槽向下运动，链条停止转动时，将斜槽上的矿石挡住而停止给矿。为了提高破碎机的生产能力，可用固定格筛代替斜槽，使细粒漏下，筛上物料进入破碎机。

圆鼓的长度由所需链条的数量决定，而后者又取决于矿石的粒度和比重。粒度大、密度大的矿石，链条数目少，质量重；反之，粒度小、密度小的矿石，链条数目多，质量轻。链条直径一般为 15~25mm，每个链环重 0.5~3.6kg，闭合链的长度，一般为槽底至轴心距离的 3 倍。

链式给矿机适用于 500mm 以下的给矿粒度，设备构造简单，电能消耗少；但给矿不均匀，当给矿机停止工作时，矿石仍由链条下漏出，如某一链条断裂时，容易堵塞下面的破碎机。在某些情况下，大块矿石常常顶起链条，使矿石流量增多，或者矿石在斜槽中发生卡塞，使给矿中断，矿石含泥含水

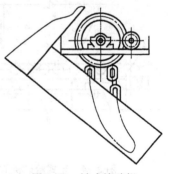

图 2-23　链式给矿机

多时使劳动强度增大。因此，这种给矿机一般只适用于给矿量要求不十分均匀的场合。选择时应考虑槽宽为最大粒度的 2.5 倍，其生产率可用改变链条的转速来调节。技术规格如表 2-9 所示。

给矿量按下式计算：

$$Q = 3600Fv\gamma\varphi \tag{2-11}$$

式中　Q——给矿量，t/h；

　　　F——矿仓排矿口面积，m²；

　　　v——链条运动速度，m/s，

$$v = \frac{\pi D n}{60}$$

D ——链轮直径，m；

n ——链轮转速，r/min；

γ ——矿石堆密度，t/m^3；

φ ——充满系数，一般为 0.15 ~ 0.25。

表 2-9　链式给矿机的技术规格

槽子宽度 /mm	槽子高度 /mm	槽子长度 /mm	槽子角度 /(°)	鼓轮直径 /mm	鼓轮转速 /r·min^{-1}	链条直径 /mm	链条速度 /m·s^{-1}	给矿最大粒度 /mm	估计处理量 /t·h^{-1}	电动机功率 /kW
600	500	1500	40	300	1.35	20	0.0212	200	15	1.5
800	700	1500	40	330	1.7	40	0.0259	300	26	3.0
1000	500	1500	40	330	2	35	0.0317	350	50	2.2
1200	800	1500	40	450	3	45	0.0636	400	100	3.0

2.2.4　带式给矿机

带式给矿机是由一条闭合的胶带绕过首轮和尾轮两个滚筒，首轮通过电动机、减速器传动，尾轮上装有拉紧装置而构成。工作段（重段）和非工作段（空段）分别靠上下托辊支承，它主要适用于中、细粒物料的给矿，给矿粒度一般小于 350mm。带式给矿机的结构如图 2-24 所示。

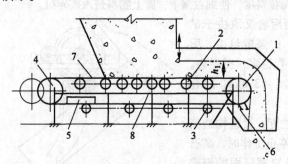

图 2-24　带式给矿机的结构示意图

1—传动滚筒；2—上托辊；3—下托辊；4—拉紧装置；
5—空段清扫器；6—清扫器；7—输送带；8—支架

这种给矿机的给矿距离可长可短，在配置上比较灵活，给矿较均匀、连续、噪声小、电耗低、工作可靠，但不能承受较大的矿柱压力，物料粒度大时胶带的磨损较快，不适用于含泥含水大的物料。

带宽的选择应满足最大粒度和给矿量的要求，带宽一般是最大粒度的 2.5 倍。

带式给矿机可水平安装，也可倾斜安装，倾角根据具体要求而定，但最大一般不超过 20°。带式给矿机的安装形式如图 2-25 所示。

给矿量按下式计算：

$$Q = 3600 B h v \gamma \varphi \tag{2-12}$$

式中　Q ——给矿量，t/h；

　　　B ——给矿漏斗宽度，m；

　　　h ——矿层厚度，m；

　　　v ——胶带运动速度，m/s，一般 $v \leqslant 1 m/s$；

γ ——矿石堆密度，t/m^3；

φ ——充满系数，取 0.7～0.8。

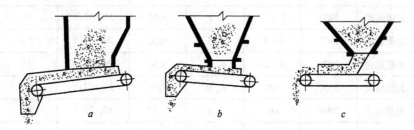

图 2-25　带式给矿机的安装形式

a—向下倾斜安装；b—向上倾斜安装；c—水平安装

2.2.5　圆盘给矿机

圆盘给矿机是一种细精物料的给矿设备。根据圆盘是否封闭分为敞开式和封闭式，其构造如图 2-26 所示，工作机构为一可旋转的圆盘 3，圆盘装在垂直轴上，由电动机经齿轮或蜗轮蜗杆传动装置带动旋转，用固定的犁板 4 将物料从圆盘卸下。

给矿机装在矿仓 1 下面，矿仓下面装有套筒 2，套筒和圆盘之间有一定的间隙 h，h 可借套筒的上升和下降进行调节，以达到调节给矿量的目的。

敞开式圆盘给矿机的给矿量按下式计算：

$$Q = 60\frac{\pi n h^2 \gamma}{\tan\rho}\left(\frac{D}{2} + \frac{h}{3\tan\rho}\right) \quad (2\text{-}13)$$

式中　Q——给矿量，t/h；

　　　n——圆盘转数，r/min；

　　　h——套筒离圆盘高度，m；

　　　γ——矿石的堆密度，t/m^3；

　　　ρ——矿石的堆积角，$(°)$；

　　　D——套筒直径，m。

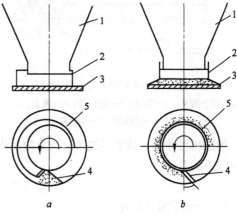

图 2-26　圆盘给矿机

a—封闭式圆盘给矿机；b—敞开式圆盘给矿机

1—矿仓；2—套筒；3—圆盘；4—犁板；5—螺旋颈圈

封闭式圆盘给矿机的给矿量按下式计算：

$$Q = 60\pi n (R_1^2 - R_2^2)h\gamma \quad (2\text{-}14)$$

式中　R_1，R_2——排矿口内、外侧至圆盘中心的距离，m；

　　　h——排矿口高度，m。

Q、n、γ 其意义同上式。

圆盘给矿机的给矿粒度一般不超过 50mm，它的优点是给矿均匀，调整方便，容易管理，但结构比其细粒物料给矿设备复杂，造价高，要求的高差较大，不适用于含泥含水较多的物料。圆盘给矿机的安装形式如图 2-27 所示。

圆盘给矿机的技术规格如表 2-10 所示。

表 2-10　圆盘给矿机的技术规格

型号及规格	类　型	圆盘直径/mm	生产能力/t·h⁻¹	圆盘速度/r·min⁻¹	给料粒度/mm	电　动　机		质量/kg
						型　号	功率/kW	
FPG1000	封闭座式	1000	0 ~ 13	6.5	≤50	JO₂-41-6	3	1400
FPG1500	封闭座式	1500	0 ~ 30	6.5	≤50	JO₂-52-6	7.5	2880
FPG2000	封闭座式	2000	0 ~ 80	4.78	≤50	JO₂-61-6	10	5200
FPG2500	封闭座式	2500	120	4.72	≤50	JO₂-71-6	17	7090
FPG3000	封闭座式	3000	180	3.1	≤50	JO₂-72-6	22	13310
CPG1000	敞开座式	1000	14	7.5	≤50	JO₂-32-6	2.2	815
CPG1500	敞开座式	1500	25	7.5	≤50	JO₂-51-6	5.5	1377
CPG2000	敞开座式	2000	100	7.5	≤50	JO₂-61-6	10	2020

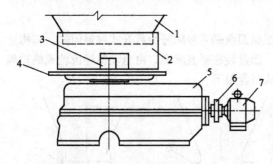

图 2-27　圆盘给矿机的安装形式

1—料仓漏斗；2—套筒；3—刮料器；4—圆盘；
5—机座；6—联轴器；7—电动机

2.2.6　摆式给矿机

摆式给矿机适用于细粒（一般为 50mm 以下）矿石的给矿，广泛用于磨矿矿仓向球磨机给矿，其构造如图 2-28 所示。在矿仓排矿口装一扇形闸门，闸门由电动机经蜗杆蜗轮减速，通过偏心轴及拉杆带动作弧线摆动，闸门向前，排矿口封闭，闸门向后，排矿口打开即可进行卸矿。因此，这种给矿机能间歇而均匀地进行给矿。

摆式给矿机的构造简单，价格便宜，管理方便，但准确性较差，给矿不连续，计量较困难。它的给矿量可借偏心轮的偏心距来调节。给矿量可按下式计算：

$$Q = 60BhLn\gamma\varphi \tag{2-15}$$

式中　Q——给矿量，t/h；

　　　B——排矿口宽度，m；

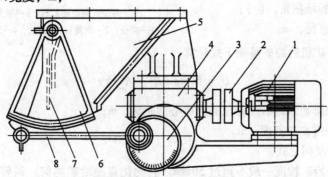

图 2-28　摆式给矿机

1—电动机；2—联轴器；3—偏心轮；4—减速器；
5—机体；6—颚板；7—闸门；8—连杆

h——闸门敞开高度，m；

L——给矿机摆动行程，m；

n——偏心轮转速，r/min；

γ——矿石堆密度，t/m³；

φ——充满系数，一般 $\varphi = 0.3 \sim 0.4$。

摆式给矿机的技术规格见表 2-11 所示。

表 2-11 摆式给矿机的技术规格

进料口尺寸 /mm×mm	出料口尺寸（宽×高） /mm×mm	摆动次数 /次·min⁻¹	摆动行程 /mm	给料最大粒度 /mm	生产能力 /t·h⁻¹	电动机		质量 /kg
						型号	功率 /kW	
300×300	300×300	68	0~90	100		JO₂-21-4	1.1	113
400×400	400×400	74	0~170	350	0~12	JO₂-21-4	1.1	269
600×600	600×600	45.8	0~220	500	0~25	JO₂-22-4	1.5	558
750×750		60	50~200	600	38~153	JO₂-52-6	4.5	836

2.2.7 滚筒式给矿机

滚筒式给矿机为一钢板做成的滚筒（呈圆形或多边形），安装于矿仓排矿口下面，电动机经减速器带动滚筒旋转，从而使矿石卸出，滚筒停止转动即将物料刹住，停止给矿，如图 2-29 所示。这种给矿机结构简单，造价低，容易维修，但只适用于含泥含水少，流动性好的物料。

这种给矿机的滚筒也可做成叶轮形式（见图 2-29b）以加快矿流速度，但工作中，叶轮的阻力较大。

滚筒式（包括叶轮式）给矿机适用于中、细粒物料（一般是 200mm 以下）的给矿，它的给矿量借改变滚筒转速来调节。给矿量的计算公式如下

$$Q = 120 Bh\pi R n\gamma\varphi \qquad (2-16)$$

式中 Q——给矿量，t/h；

B——滚筒宽度，m；

h——矿层厚度，m；

R——滚筒半径，m；

n——滚筒转数，r/min；

γ——矿石堆密度，t/m³；

φ——充满系数。

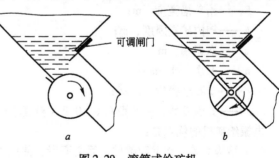

图 2-29 滚筒式给矿机
a—滚筒形式；b—叶轮形式

2.2.8 电振给矿机

电振给矿机是近年来发展起来的一种较为新型的给矿设备，其构造如图 2-30 所示。主要由减振器，给矿槽，电磁振动器等部件组成。电磁振动器则由连接叉、衔铁、铁芯、线圈、板弹簧、振动器壳体及板弹簧压紧螺栓等零部件所组成，其工作原理如图 2-31 所示。

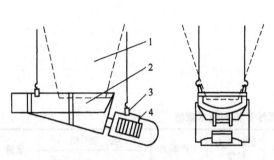

图 2-30　电振给矿机

1—矿仓；2—输送槽体；3—减振器；4—激振器

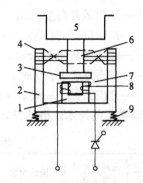

图 2-31　电振给矿机的工作原理

1—铁芯；2—壳体；3—衔铁；4—板弹簧；
5—槽体；6—连接叉；7—气隙；
8—线圈；9—减振器

当电磁振动给矿机的电源控制箱接入交流电源后，经过单向半波整流输出给振动器线圈，在线圈中通过每分钟 3000 次的单向脉冲电流，衔铁和铁芯之间便产生每分钟 3000 次的吸力，使槽体和振动器壳体产生 3000 次/min 的振动，振动方向与槽体呈 20°角。由于槽体这样的定向振动，当振动加速度达到一定数值时，槽体中的物料便被连续向前抛掷。因为每次振动使物料向前移动的距离和抛起的高度均很小，而频率却很高，因此当槽内有很多物料时，就只看见所有的松散物料在向前流动。

根据振动器的位置不同，电振给矿机分为上振式（振动器位于槽体上方）和下振式（振动器位于槽体下方）两种形式，选矿厂多采用下振式。

电振给矿机的给矿量一般按设备产品性能表中所列数值选取，也可按下列公式计算。实际生产中其给矿量是可调的，计算出的给矿量是设备允许调节的最大能力。

$$Q = 60Bhsn\gamma\varphi \tag{2-17}$$

式中　　Q——给矿量，t/h；

　　　　B——给矿槽宽度，m；

　　　　h——槽内矿层厚度，m；

　　　　s——双振幅，m；

　　　　n——振次，次/min；

　　　　γ——矿石堆密度，t/m^3；

　　　　φ——充满系数，一般取 0.6~0.9（粒度小取大值，粒度大取小值）。

电振给矿机的优点是：

（1）结构简单，无运动部件，无需润滑，使用维护方便，重量轻，给矿较均匀；

（2）给矿量容易调节，便于实现给矿工作自动控制；

（3）给矿粒度范围大，可由 0.6~500mm；

（4）占地面积及所要求的高差小，在矿仓出矿时有疏松物料的作用。

它的缺点是：

（1）第一次安装时调整困难；

（2）在输送黏性物料时，矿仓口容易发生堵塞；

（3）由于振动频率高（3000 次/min），噪声大，故用于地下式矿仓时，工作条件差；

（4）不适宜于在比较潮湿的环境下工作。

电振给矿机（下振式）的技术规格和性能如表2-12所示。

表2-12 电振给矿机的技术规格

规格	槽子规格/mm			给矿粒度/mm	生产能力/t·h⁻¹ ($\gamma = 1.6t/m^3$)		双振幅/mm	频率	控制原理	交流电压/V	直流电源/A	总功率/W
	长	宽	高		水平	10°						
DZ₁	200	600	100	0~50	5	10	1.76/1.24	3000	半波	220	0.95	60
DZ₂	300	800	120	0~50	10	20	2/1	3000	半波	220	3.0	150
DZ₃	400	1000	150	0~50	25	50	1.8/1.2	3000	半波	220	3.4	200
DZ₄	500	1100	200	0~50	50	100	1.9/1.17	3000	半波	220	4.1	450
DZ₅	700	1200	250	0~150	100	200	1.8/1.2	3000	半波	220	10.0	650
DZ₆	900	1500	300	0~300	150	300	1.5/1.5	3000	半波	360	12.1	1500
DZ₇	1100	1900	350	0~300	260	360	1.5/1.5	3000	全波	360	22.0	3000
DZ₈	1300	2000	400	0~400	400	800	1.5/1.5	3000	全波	360	33.0	4000
DZ₉	1500	2200	450	0~400	600	1200	1.5/1.5	3000	全波	360	39.2	5500
DZ₁₀	1800	2400	500	0~500	750	1500	1.50/1.46	3000	全波	360	49.0	7000

2.2.9 卸矿阀

卸矿阀是一种最简单的给矿设备，其操作是由人力扳动杠杆或是由操作人员通过压缩空气、液压活塞、电动机驱动等方法进行控制。它们只能成功地用于自由流动物料的给矿以及对自动控制要求不高的料仓给矿。卸矿阀虽无系列产品，但其品种繁多。图2-32示意了几种典型结构。

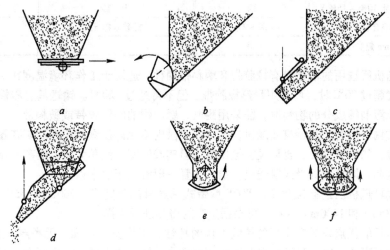

图2-32 卸矿阀类型示意图

图2-32中，a是一种平板阀，仅适用于贮存干精矿粉或含水在8%左右的重、磁选湿精矿粉（粒度 -0.0074mm 小于80%以下）矿仓的卸料，它的开闭机构可以用电动机驱动。b是一种侧向单扇形阀，适用于200mm以下的物料，一般以手动杠杆或手动链、齿轮驱动。c是一种爪状阀，适用于粗粒物料，其最大粒度可达500mm左右，一般用压缩空气驱动。d是一种气动溜槽，适用于200mm以下的物料。e是一种底卸式单扇形阀，一般以手动杠杆或气压活塞、液压活塞驱动。f是一种类似于e的底卸式双扇形阀，适用于300mm以下的物料。

近年来研制的电动推杆可用于卸矿阀，可以减轻劳动强度、省去压缩空气装置，操作控制也比较方便。

2.3　带式输送机

2.3.1　概述

带式输送机广泛地用于许多部门，在选矿厂也使用得很广泛，特别是在破碎筛分车间更为如此。它主要用来输送各种粒状和块状等散状物料。

带式输送机可以是水平输送，也可以是向上或向下的倾斜输送，还可以由水平转为倾斜输送，或由倾斜输送转为水平输送。倾斜向上输送时，不同粒度的物料的最大倾斜角 β 亦不相同，其数值见表 2-13。倾斜向下输送时，允许的最大倾角为表 2-13 所列数值的 80%，一般不超过 15°。若需要采用大于表 2-13 中的倾角输送时，可选用花纹带式输送机。

表 2-13　带式输送机允许的最大倾角

物料种类	最大倾角/(°)	物料种类	最大倾角/(°)
0~350mm 矿石	14~16	0~3mm 焦炭	20
0~170mm 矿石	16~18	筛分后的块状焦炭	17
0~75mm 矿石	18~20	块　煤	18
0~10mm 矿石	20~21	粉　煤	20~21
筛分后矿石 10~75mm	16	原　煤	20
干精矿粉	18	湿高炉尘及轧钢皮	20
湿精矿粉（含水约12%）	20~22	混有砾的砂及干土	18~20
水洗矿石（含水10%~15%）	12	干　砂	15
烧结混合料	20~21	湿砂及湿土	23
0~75mm 焦炭	18		

带式输送机所选用的输送带有橡胶带和塑料带两种。适用于工作环境温度在 -10~40℃ 之间，物料温度超过 70℃ 时，可采用耐热橡胶带，但不得超过 120℃。输送具有酸性、碱性、油类物质和有机溶剂等成分的物料时，需采用耐酸、碱、耐油的橡胶带或塑料带。

采用带式输送机时，若带有曲线段，则在曲线段内不允许设置给矿和卸矿装置，给矿点最好设在水平段，如生产需要，也可设在倾斜段，但实践证明，倾角大时，给矿点设在倾斜段则容易掉矿。因此，倾角大的带式输送机，给矿装置一般宜设于水平段。

国产带式输送机已经标准化了。TD75 型带式输送机的带宽有：500mm、650mm、800mm、1000mm、1200mm 和 1400mm 六种，可根据生产的需要进行选择。

带式输送机的优点是具有良好的持续工作的特性，工作安全可靠、无噪声、运输能力大、能耗低、输送距离长、输送过程中对矿石的破碎性小。缺点是占地大，高度大，直接进行装载较困难，倾角有限，安装时要求的精确度较高，对物料的粒度和形状有限制，不能输送较热的物料，运动部件多，维护工作量大。

2.3.2　带式输送机的构造和工作原理

2.3.2.1　带式输送机的构造

带式输送机主要由胶带、传动滚筒、尾部滚筒、托辊和机架组成，另外还有传动装置、拉紧装置、制动装置、清扫装置、给料装置和卸料装置等部件。结构布置如图 2-33 所示。

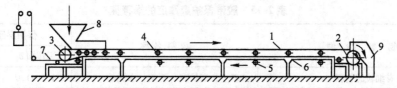

图 2-33 带式输送机的结构简图

1—胶带；2—传动滚筒；3—尾部滚筒；4—重段托辊；5—空段托辊；

6—机架；7—拉紧装置；8—给矿装置；9—卸矿装置

现将带式输送机的主要零部件的构造、主要作用以及有关问题分别介绍如下。

A 胶带

带式输送机的胶带既是牵引机构，又是承载机构，所以它必须具有足够的强度和挠度。DT 型胶带是用若干层帆布做芯，用橡胶粘在一起后，再包以橡胶保护层，以防止外力对帆布的损伤和潮湿的侵蚀，故其强度是按帆布层的拉断力计算的。图 2-34 表示了它的横断面。

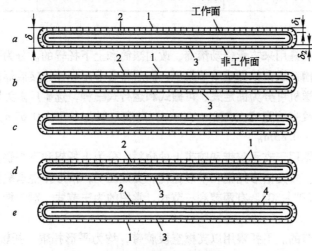

图 2-34 输送带断面图

a—具有切断垫布的；b—垫布按层卷转的；c—垫布按螺线卷转的；

d—具有阶梯形垫布的；e—耐热带

1—棉织品垫布；2—上保护层；3—下保护层；4—石棉垫布

目前国产胶带的帆布层数为 3 ~ 12 层，为使其在横向有一定的韧性，胶带越宽，层数也越多。胶带宽度 B 和相应的层数 Z 见表 2-14。

表 2-14 各种宽度胶带的层数

宽度 B/mm	500	650	800	1000	1200	1400
层数 Z	3 ~ 4	4 ~ 5	4 ~ 6	5 ~ 8	5 ~ 10	6 ~ 12

胶带工作面的保护层厚度为 1 ~ 6mm，非工作面的保护层厚度为 1 ~ 1.5mm。在选择时，可根据输送物料的种类及特性，采用适当保护层的胶带。推荐值列于表 2-15。

目前生产的胶带，由于运输条件的限制，每段胶带的长度一般不超过 120m，因此，长输送机上的胶带，都是采用硫化接法将若干段胶带连接起来的。用这种方法连接的胶带，强度可达原来的 85% ~ 90%。在长度不大，又不允许长时间停止运输的胶带，可采用机械连接法连接，但用这种方法连接起来的胶带，其强度只有原来的 30% ~ 40%。因此，胶带的连接是直接影响其使用寿命的关键问题之一。

表 2-15　胶带保护层厚度的推荐值

物 料 特 性	物 料 名 称	保护层厚度/mm	
		工作面 δ_1	非工作面 δ_2
粉末状及夹有细粒的物料	矿尘、高炉灰、石灰、水泥等	1.5～1.0	1.0
细粒及中等粒度（$d<50mm$）、磨损性小的物料（$\gamma<2t/m^3$）	焦炭、白云石、细粒锰矿、无烟煤、石灰石等	3.0	1.0
细粒及中等粒度（$d<50mm$）、磨损性大的物料（$\gamma>2t/m^3$）	经过破碎的金属矿石及选矿产品	3.0～4.5	1.0～1.5
磨损性较大的中块及大块矿石（$d>50mm$、$\gamma>2t/m^3$）	多种金属矿石	4.5	1.5
重而特别大块的矿石（$d>150mm$、$\gamma>2t/m^3$）	大块铁矿石及其他	6.0	1.5

B　机架和托辊

带式输送机的机架是用来支承传动滚筒，改向滚筒和上下托辊的。分为头部机架，中部机架和尾部机架，多用槽钢或角钢做成单节架子，然后将各节用螺栓连接或焊接而成。根据机架的结构不同，带式输送机可分为固定式、可搬式和运行式三种，选矿厂多为固定式的。

机架的宽度要比胶带的宽度大 300～400mm，高度一般为 0.55～0.65m，相当于使胶带高出地面或操作台 0.75～0.85m。

带式输送机的托辊用于支承胶带和胶带上的物料，分为上托辊和下托辊。上托辊用以支承胶带和胶带上的物料，多为槽形托辊和平形托辊。实践证明，槽形托辊承载量要比平形托辊几乎大一倍。其槽角为 20°～30°。有两节和三节式，常用的为三节式，对于特别宽的胶带可采用五节式槽形托辊。

平形托辊均为单节的。下托辊用以支撑空段胶带，均为平形托辊。托辊用标准钢管制造，两端装有轴承，以减少运转中的阻力和对胶带的磨损。

托辊是带式输送机的主要旋转部件，其工作的好坏对能量的消耗和胶带的寿命影响很大，因此，托辊轴承的防尘密封装置应该良好，否则灰尘进入，润滑失效，甚至使轴承淤塞，严重时托辊不能旋转，使胶带受到剧烈摩擦，降低使用寿命。图 2-35 表示了托辊的构造。

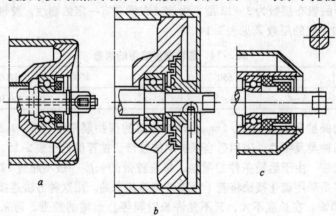

图 2-35　托辊的构造
a—毡料密封；b—盘式密封；c—橡胶密封

　　托辊的间距主要与物料的堆密度有关，上托辊间距一般为 1200mm（$\gamma \leqslant 1.6t/m^3$），堆密度大（$\gamma > 1.6t/m^3$），胶带较宽（$B \geqslant 1200mm$）时，间距为 1100mm。下托辊间距为上托辊间距的 2 倍，一般取 3m。给料处的托辊间距为上托辊的 1/2 ~ 1/3，一般选用橡胶圈组成的、具有一定弹性的缓冲托辊，以减少物料对胶带的冲击。

　　在输送过程中，胶带有时离开中心线而偏向一边，即发生"跑偏"现象，发生这种现象的原因很多，主要是托辊的轴线与胶带的运动方向不垂直，槽形托辊两侧的槽角不等等因素引起的。

　　为了防止和纠正胶带的跑偏，需要安装一部分具有调心作用的托辊。托辊的调心作用可用两种方法实现：（1）将槽形托辊两侧的槽柱在安装时向前倾斜 2° ~ 3°，装斜的槽柱在运转中对胶带有一个向中心的力，如图 2-36a 所示，这样可防止胶带的跑偏；（2）采用回转式调心托辊，见图 2-36b，这种托辊上有一活动托架 1，通过竖轴 2 装入滚动的止推轴承 3 中，使活动托架 1 能绕竖轴 2 旋转，当胶带跑偏而碰到立辊 4 时，由于阻力增加而造成力矩，使整个托架旋转，从而使胶带重新返回正中运动方向。这时活动托架 1 也复原了。在使用普通托辊架运输机上每隔 10 组槽形托辊设置一组回转式调心托辊即可。槽形调心托辊的作用原理也适用于平形的调心托辊。

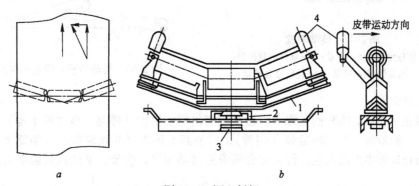

图 2-36　调心托辊
1—活动托架；2—竖轴颈；3—止推轴承；4—立辊

C　传动装置

　　传动装置是将电动机的转矩传给胶带，并使胶带连续运转的装置。其原理是借传动滚筒与胶带接触面间的摩擦力作用而将动力传给胶带。它具有图 2-37 所表示的四种传动形式。

　　传动滚筒一般为一个，个别情况下有两个。外形为圆柱形，由焊接或铸造而成。为使胶带更好的对正中心，传动滚筒最好呈"腰鼓形"，中央凸起部分为滚筒直径的 0.5%，一般不小于 4mm。工作环境潮湿，功率大，容易打滑时，滚筒表面包以木材或橡胶，以增加胶带与滚筒表面间的摩擦力。传动装置的配置部位如图 2-38 所示。

　　当胶带经过滚筒时，则产生弯曲应力，此应力随滚筒直径的减小和胶带厚度的增加而增大。为减小胶带的弯曲应力，对滚筒直径有一定要求，其数值可由下式确定：

$$D \geqslant KZ \tag{2-18}$$

式中　　D——传动滚筒直径，mm；

　　　　K——比例常数，硫化接头：$K = 125$，机械接头：$K = 100$；

　　　　Z——胶带的帆布层数。

　　传动滚筒的长度要比胶带宽大 100 ~ 200mm。

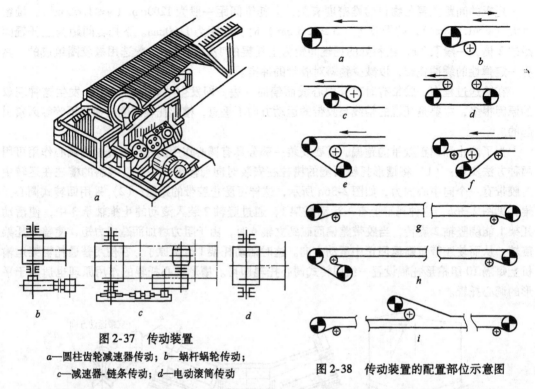

图 2-37　传动装置
a—圆柱齿轮减速器传动；b—蜗杆蜗轮传动；
c—减速器-链条传动；d—电动滚筒传动

图 2-38　传动装置的配置部位示意图

D　制动装置

带式输送机在输送物料的过程中，当重载突然停止运转（停电，事故停车等）时，在物料的重力下，胶带将发生反向运转（倒转），结果其上的物料卸在装载端的地面上，造成堵塞。为了防止这种事故的发生，传动端必须设置制动装置，使带式输送机只能单向运转（顺转）。

制动装置的形式有滚柱逆止器、带式逆止器和电磁闸瓦式制动器三种。

滚柱逆止器按减速器型号选配，最大制动力矩为 4850kg·m，制动平稳可靠，适用于倾斜向上输送的带式输送机。

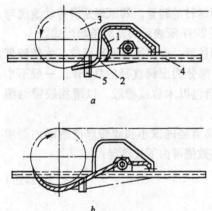

图 2-39　带式逆止器
1—带条；2—空段胶带；3—传动滚筒；
4—框架；5—限位板

带式逆止器的构造和工作原理如图 2-39 所示。逆止器的带条 1 的一端固定在输送机的框架上，自由端放在滚筒 3 下面的空段胶带 2 内，并尽可能靠近滚筒 3。在正常转动时（见图 2-39a），滚筒按顺时针方向转动，带条 1 与滚筒 3 之间保持一定距离。如果一旦发生反转（见图 2-39b），滚筒就反时针方向转动，带条 1 的自由端因摩擦力作用随空段胶带 2 进入滚筒和胶带之间，而传动滚筒则被制止反转。

带式逆止器结构简单，造价便宜，可用废胶带制作，适用于倾角不大（≤18°）的场合。缺点是制动时胶带要先下滑一段距离后才能制动，因而导致矿石在尾部的局部堆积。同时，传动滚筒的直径越大胶带下滑的距离也越长，因此不适用于大功率的带式输送机。这种逆止器也不适用于向下输送，因运行方向向下，逆止器不起作用。

电磁闸瓦式制动器（或称电抱闸）的结构和工作原理如图2-40所示，图2-40b、c表示制动过程。图2-40b中重锤9装在杠杆1上，迫使杠杆向下，通过回杆机构和拉杆4的作用，使闸瓦7和8压在制动轮上（一般为电动机和减速器的联轴节），使它不能转动。在运行时，电流接通（电磁铁线圈的电路与电动机连锁）在电磁铁2中产生吸引力拉动杠杆1，制动臂6和5开始向外摆动，将闸瓦7和8松开，从而使制动轮能够自由转动，如图2-40c所示。由此可知，电磁制动器的动作都是常闭式的。

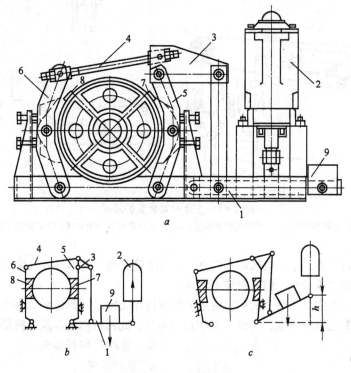

图 2-40　电磁制动器
1—杠杆；2—电磁铁；3—刚性角形杠杆；4—拉杆；
5，6—制动臂；7，8—制动闸瓦；9—重锤

E　拉紧装置

带式输送机拉紧装置的作用是：（1）保证胶带有必要的拉力，使胶带和传动滚筒之间造成必需的摩擦以防止胶带打滑；（2）胶带满载时，避免其在两托辊间的悬垂度太大。常用拉紧装置的形式如图2-41所示。

拉紧的方法，可将尾部滚筒向传动端相反的方向作水平移动（螺旋式、车式拉紧装置）或在胶带的空段部分装有特殊的滚筒（垂直式拉紧装置），使胶带下垂拉紧。拉紧胶带时，拉紧滚筒移动的两极限位置的距离，叫做拉紧行程，用符号 S 表示，S 一般为机长的1% ~ 1.5%，但不小于400mm。

F　清扫装置

清扫装置的作用是清扫卸料后仍附着在胶带上的物料，防止它进入胶带与导向滚筒或空段托辊之间而影响传动，甚至损坏胶带。有弹簧清扫器和旋转刷两种形式。一般采用的弹簧清扫器是利用弹簧的力量使橡胶刮板始终贴附在滚筒部分的胶带上（或利用重物和杠杆的作用），将黏附在胶带上的物料刮下，起到清扫作用。但这种弹簧清扫器对黏性大的物料清扫

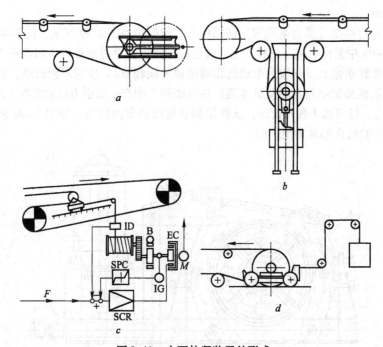

图 2-41　主要拉紧装置的形式

a—螺旋式拉紧装置；b—垂直式拉紧装置；c—电磁自动控制拉紧装置；d—车式拉紧装置

效果不好。

对黏性大的物料则应采用旋转刷，它是一个与滚筒运动方向相反的钢丝刷，旋转动力由传动滚筒传送，清扫效果较好，但对胶带有损坏。

为了防止掉落在空段胶带上的矿粒进入尾部滚筒和胶带之间影响传动和增加胶带的磨损，在进入尾部滚筒的空段胶带上，装设一 V 字形的刮板，此刮板称为空段清扫器。

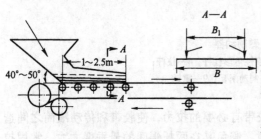

图 2-42　装料装置

G　装料及卸料装置

a　装料装置

装料装置的形式取决于被输送物料的性质，在选矿厂一般采用漏斗进行装料，这种装料装置的结构如图 2-42 所示。

漏斗倾角的大小与物料粒度和湿度有关，通常采用 35°～45°。出料口截面的宽度一般为胶带宽度的 60%～70%。在漏斗的下面装有导料挡板，以防止矿石跳出，挡板的长度决定于胶带的运动速度和带宽，带速愈高，挡板愈长。挡板长一般为 1～2.5m。

b　卸料装置

带式输送机的卸料，分为末端卸料和任何中间地点卸料。末端卸料的方法简单，可利用滚筒卸料，无需装设其他装置。在任何中间地点卸料时，须有专门的卸料设备，常用的是犁式卸料器和电动卸料车。

犁式卸料器是一根弯曲成楔形的钢条，它安装于带式输送机的工作面上，离胶带有一定间隙，钢条弯曲夹角为 35°～45°。为防止胶带损伤，在靠近胶带的犁板上装以橡皮条。

犁式卸料器可以是固定的，也可以是移动的，卸料挡板可为单面的（一侧卸料），也可为双面的（两侧卸料），但单面很少采用，原因是容易引起胶带跑偏。

这种卸料器的主要优点是结构简单、尺寸小、造价低、功耗小。缺点是对胶带有损伤。因此，对较长的、运送粒度大、磨损性大的物料的带式输送机不宜采用。另外，一般对于平行胶带效果较好，若为槽形胶带，犁型卸料器应设置在专为卸料而排列得较密的平行托辊上。采用这种卸料器，胶带应为硫化接头，带速 $v \leqslant 1.6\text{m/s}$，倾角 $\beta \leqslant 18°$。

电动卸料车的结构如图2-43所示。胶带绕过上下两个改向滚筒，滚筒装在卸料车上，车架上装有四个行走轮6，卸料车由电动机通过离合器链轮等传动，使行走轮6顺着机架两侧的轨道上往复行走。当胶带绕过上面的滚筒时，将矿石卸到固定在车架上的双面卸料漏斗4中而进入矿仓。由于卸料车可沿轨道在输送机长度方向移动，因此可在整个移动范围内卸料。

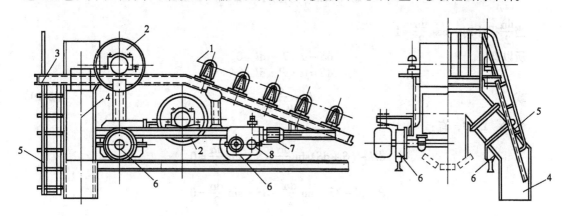

图2-43　电动卸料车
1—运输胶带；2—改向滚筒；3—车架；4—双面卸料漏斗；
5—梯子；6—行走轮；7—电动机；8—减速器

电动卸料车的优点是矿石对胶带的磨损小，因此可用于带速较高的输送机上，其带速可达 $2.0 \sim 2.5\text{m/s}$。缺点是功耗大，外形尺寸和自重大，构造复杂，价格较贵，增加了胶带的弯曲次数，对胶带的使用寿命有一定影响，同时安装高度大。

这种卸料车适用于卸料点不断改变、运输距离较长的带式输送机，如大中型选矿厂中，将破碎车间的矿石运送到磨矿车间的各个磨矿仓中的带式输送机。

2.3.3　带式输送机的计算

2.3.3.1　欧拉公式

设带式输送机的传动滚筒按反时针方向转动，如图2-44a所示，c点称为胶带在传动滚筒上的相遇点，b点称为传动滚筒上的分离点，胶带的张力是由b到c逐渐增加的。

由于胶带的运动是由传动滚筒靠摩擦力来带动的，因此，必须要求胶带在传动滚筒上不产生打滑，才能传递所需要的拉力。胶带不产生打滑的条件是：胶带在相遇点和分离点的张

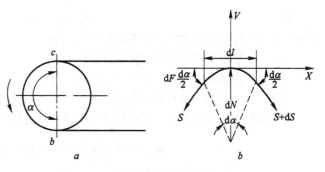

图2-44　胶带运输机的传动
α—胶带对传动滚筒的围包角（弧度）；
b、c—胶带在传动滚筒上的分离点和相遇点

力必须满足欧拉公式。

为了研究张力的变化情况，我们从胶带与滚筒的接触部分截取一小段长度 dl 进行分析，如图 2-44b 所示。相遇点和分离点的张力分别用 $S+dS$ 和 S 表示。

设胶带单位长度上的压力为 P，则在 dl 上的压力为：$dN=Pdl$，方向向上。胶带与滚筒的摩擦系数为 μ，则摩擦力 $dF=\mu \cdot dN=\mu \cdot P \cdot dl$，方向与胶带的运动方向相同。

要使胶带不产生打滑，必须使 $\sum X=0$，$\sum Y=0$。由于 $\sum X=0$，有：

$$(S+dS)\cos\frac{d\alpha}{2}-S\cdot\cos\frac{d\alpha}{2}-dF=0$$

$$dS\cdot\cos\frac{d\alpha}{2}-\mu\cdot P\cdot dl=0$$

当 $\frac{d\alpha}{2}$ 很小时，$\cos\frac{d\alpha}{2}\approx 1$

所以有：

$$dS-\mu\cdot P\cdot dl=0$$
$$dS=\mu\cdot P\cdot dl$$

或

$$P=\frac{dS}{\mu\cdot dl} \tag{2-19}$$

由 $\sum Y=0$，有：

$$dN-(S+dS)\sin\frac{d\alpha}{2}-S\cdot\sin\frac{d\alpha}{2}=0$$

$$P\cdot dl-2S\cdot\sin\frac{d\alpha}{2}-dS\cdot\sin\frac{d\alpha}{2}=0$$

因为 $\frac{d\alpha}{2}$ 很小，可以认为 $\sin\frac{d\alpha}{2}\approx\frac{d\alpha}{2}$，$dS\cdot\sin\frac{d\alpha}{2}$ 是高阶无穷小量，可以略去不计，所以有：

$$P\cdot dl=S\cdot d\alpha \tag{2-20}$$

将式（2-19）代入式（2-20）化简后得

$$\frac{dS}{S}=\mu\cdot d\alpha \tag{2-21}$$

对式（2-21）在相应区间内进行积分：

$$\int_b^c\frac{dS}{S}=\int_0^\alpha\mu\cdot d\alpha$$

$$\ln\frac{S_c}{S_b}=\mu\cdot\alpha$$

即

$$S_c=S_b\cdot e^{\mu\alpha} \tag{2-22}$$

式中　S_c——胶带在传动滚筒相遇点的张力，kg；

　　　S_b——胶带在传动滚筒分离点的张力，kg；

　　　e——自然对数的底，其值为 2.718。

式（2-22）就称为胶带传动的欧拉公式，也就是胶带不产生打滑的必要条件。

利用摩擦力传动的带式输送机的最大牵引力（总拉力）W_0 可由欧拉公式求出：

$$W_0=S_c-S_b=S_b(e^{\mu\alpha}-1)=S_c\left(\frac{e^{\mu\alpha}-1}{e^{\mu\alpha}}\right) \tag{2-23}$$

2.3.3.2　输送量及带宽的计算

带式输送机是连续工作的，且认为矿石均匀分布在输送机全长上。每米长度上的矿石质量称为**单位长度载荷**，用 q（kg/m）表示，设带速为 v（m/s），则带式输送机每秒钟的输送量

为；$Q=qv$（kg/s），每小时的输送量为

$$Q=3600qv \quad (\mathrm{kg/h}) \tag{2-24}$$

或
$$Q=3.6qv \quad (\mathrm{t/h}) \tag{2-25}$$

因单位长度载荷为

$$q=1000F\gamma \quad (\mathrm{kg/m}) \tag{2-26}$$

式中 F——胶带上的物料断面面积，m^2；

γ——物料的堆密度，$\mathrm{t/m}^3$。

将式（2-26）代入式（2-25），得

$$Q=3600Fv\gamma \quad (\mathrm{t/h}) \tag{2-27}$$

胶带类型不同、物料断面形状不同，F 值也不同，平形胶带输送时的物料断面形状（见图2-45a），可按等腰三角形考虑（见图2-45b）。

设三角形的底边 b 等于带宽 B 的0.8倍，底角 ρ' 等于物料堆积角 ρ 的一半，即 $b=0.8B$，$\rho'=\frac{1}{2}\rho$，则三角形的横面面积为

$$F=\frac{1}{2}bh=\frac{1}{2}b\cdot\frac{b}{2}\tan\rho'=\frac{0.8^2}{4}B^2\tan\rho'=0.16B^2\mathrm{tg}\frac{\rho}{2} \tag{2-28}$$

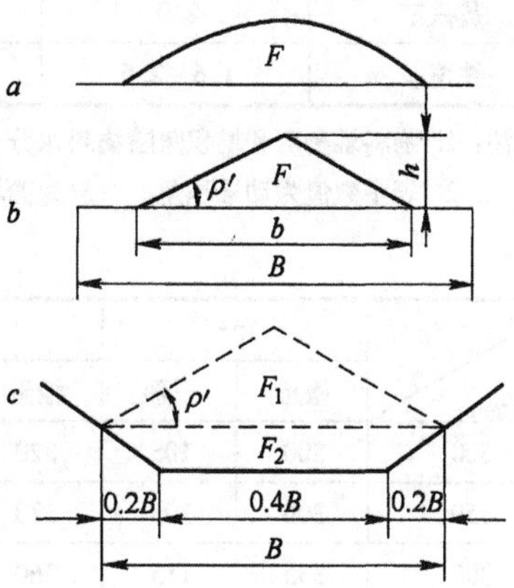

图2-45 胶带上物料的断面面积

将式（2-28）代入式（2-27）可得出平形胶带输送机输送量的计算式：

$$Q=3600\times0.16B^2\tan\frac{\rho}{2}v\gamma=576B^2v\gamma\tan\frac{\rho}{2} \tag{2-29}$$

对于槽形胶带上的物料断面面积，根据经验可按图2-45c 计算，它等于一个三角形和一个梯形面积之和，由图知：$F=F_1+F_2$，底边 b 仍按胶带宽度的0.8倍计算。由式（2-28）可知

$$F_1=0.16B^2\tan\frac{\rho}{2}$$

梯形面积
$$F_2=\frac{0.4B+0.8B}{2}\times0.2B\tan20°=0.0432B^2$$

所以槽形胶带输送机的输送量为

$$\begin{aligned}Q&=3600(F_1+F_2)v\gamma\\&=3600\left(0.16B^2\tan\frac{\rho}{2}+0.0432B^2\right)v\gamma\\&=\left(576\tan\frac{\rho}{2}+155\right)B^2v\gamma\end{aligned} \tag{2-30}$$

综上所述，带式输送机输送量的一般计算式为

$$Q=KB^2v\gamma \tag{2-31}$$

式中 Q——输送量，t/h；

B——胶带宽度，m；

v——胶带速度，m/s，可按表2-21选取；

γ——矿石堆密度，$\mathrm{t/m}^3$，见表2-16；

K——断面系数，与物料的动堆积角 ρ' 有关，见表2-17。

表 2-16　各种物料的堆密度和动堆积角

物料名称	$\gamma/t \cdot m^{-3}$	$\rho'/(°)$	物料名称	$\gamma/t \cdot m^{-3}$	$\rho'/(°)$
煤	0.8 ~ 1	30	小块石灰石	1.2 ~ 1.6	25
煤渣	0.6 ~ 0.9	35	大块石灰石	1.6 ~ 1.7	25
焦炭	0.5 ~ 0.7	35	烧结混合料	1.6	30
锰矿	1.7 ~ 1.8	25	砂	1.6	30
黄铁矿	2.0	25	碎石和砾石	1.8	20
富铁矿	2.5	25	干松泥土	1.2	20
贫铁矿	2.0	25	湿松泥土	1.7	30
铁精矿	1.6 ~ 2.5	30	黏土	1.8 ~ 2.0	35

注：1. 物料堆密度和堆积角随物料水分、粒度等不同而异，正确值以实测为准，本表供参考；
　　2. 表中数值为动堆积角，一般为静堆积角的70%。

表 2-17　断面系数 K 值

ρ B/mm	15°		20°		25°		30°		35°	
	槽形	平形	槽形	平形	槽形	平形	槽形	平形	槽形	平形
500	300	105	320	130	355	170	390	210	420	250
650	300	105	320	130	355	170	390	210	420	250
800	335	115	360	145	400	190	435	230	470	270
1000	335	115	360	145	400	190	435	230	470	270
1200	355	125	380	150	420	200	455	240	500	285
1400	355	125	380	150	420	200	455	240	500	285

　　倾斜输送时的输送量比水平输送时要小些。另外，带速对倾角也有影响，即影响输送量，因此，考虑到倾角和带速的影响时，其输送量的计算通式如下：

$$Q = KB^2 v\gamma c\xi \tag{2-32}$$

式中　c——倾角系数，见表2-18；
　　　ξ——速度系数，见表2-19；
　　　其他符号意义同上。

表 2-18　倾角系数 c 值

β	≤6°	8°	10°	12°	14°	16°	18°	20°	22°	24°	26°
c	1.0	0.96	0.94	0.92	0.90	0.88	0.85	0.81	0.76	0.74	0.72

表 2-19　速度系数 ξ 值

$v/m \cdot s^{-1}$	≤1.6	≤2.5	≤3.15	≤4.0
ξ	1.0	0.98 ~ 0.95	0.94 ~ 0.90	0.84 ~ 0.80

　　当输送量 Q 已知时，带宽可由下式求出：

$$B = \sqrt{\frac{Q}{Kv\gamma c\xi}} \tag{2-33}$$

式中各符号意义同前。

根据输送量计算所选用的带宽 B 值，还需用物料块度进行校核。不同带宽推荐的输送量最大块度见表2-20。如果计算所选用的带宽不能满足块度要求，可把带宽提高一级，但不能单纯从块度考虑把带宽提高两级以上，以免造成不必要的浪费。

表2-20 带宽与物料最大块度的关系

B/mm		500	650	800	1000	1200	1400
块度/mm	筛分过	100	130	180	250	300	350
	未筛分	150	200	250~300	350	400~450	450~500

注：未筛分物料中最大块度不超过15%。

输送成件物品时，带宽应比物料的横向尺寸大50~100mm，物料输送带上的单位面积压力应小于4.9kPa。

2.3.3.3 带速的选择

A 散状物料

输送散状物料时，带速的选择可参考表2-21。

表2-21 带速选择表

物 料 特 性	B/mm		
	500, 650	800, 1000	1200, 1400
	v/m·s^{-1}		
无磨损性或磨损性小的物料，如原煤、盐、精矿	0.8~2.5	1.0~3.15	1.0~4.0
有磨损性的中小块物料，如矿石、砾石、炉渣	0.8~2.0	1.0~2.5	1.0~3.15
有磨损性的大块物料，如大块矿石（$d>160$mm）	0.8~1.6	1.0~2.0	1.0~2.5

注：1. 较长的水平输送机，应选较高带速；倾角越大，输送距离越远，则带速应稍低；
   2. 用于带式给料机或输送灰尘很大的物料时，带速度一般取 0.8~1.0m/s；
   3. 采用电动卸料车时，带速不宜超过 2.5m/s；
   4. 人工配料称重的输送机，选用 0.8~1.0m/s；
   5. 采用犁式卸料器时，带速不宜超过 2.0m/s，卸有磨损性的物料时，选 1.25m/s 为宜；
   6. 手选的带式输送机，带速一般取 0.2~0.4m/s。

B 成件物品

输送成件物品时，带速一般为 1.25m/s 以下，或与整个机械化输送线取得一致。

在输送成件物品时，输送量按下式计算：

$$Q = 3.6\frac{Gv}{t} \tag{2-34}$$

式中 Q——输送量，t/h；

   G——单位物品质量，kg；

   v——带速，m/s；

   t——物品在输送机上的间距，m。

每小时内的输送件数为：

$$n = \frac{3600v}{t}$$

2.3.3.4 功率、张力的简易计算

A 传动滚筒轴功率

传动滚筒轴功率的计算如下：

$$N_0 = (K_1 L_h v + K_2 L_h Q \pm 0.00273 QH) K_3 K_4 + \sum N' \tag{2-35}$$

式中　　N_0——传动滚筒的轴功率，kW；

$K_1 L_h v$——输送带及托辊转动部分运转功率，kW；

$K_2 L_h Q$——物料水平输送功率，kW；

$0.00273 QH$——物料垂直提升功率，kW，（当物料向上输送时取"+"值，向下输送时取"−"值）；

L_h——输送机水平投影长度，m；

H——输送垂直提升高度，m，当采用电动卸料车时，应加其提升高度 H'（见表2-34）；

Q——每小时输送量，t/h；

v——带速，m/s；

K_1——空载运行系数，见表2-23；

K_2——物料水平运行功率系数，见表2-24；

K_3——附加功率系数，见表2-25；

K_4——输送带改向功率系数（当有两处或两处以上改向时，为各改向功率系数乘积）；有卸料车时取1.15，有凸弧段时取1.03；改向滚筒按表2-33选取（不包括尾部改向滚筒）；

N'——犁式卸料器及导料挡板长度超过3m时的附加功率，见表2-26。

当输送机下行时应按空载及满载分别计算，并取大值。

系数 K_1、K_2 均与托辊阻力系数有关。托辊阻力系数可按表2-22选取。K_1、K_2 分别按表2-23，表2-24选取。

K_3 值与输送机水平投影长度 L_h、倾角 β、物料堆密度 γ 及托辊的阻力系数 ω'、ω'' 有关，可按表2-25选取。

表 2-22　托辊阻力系数

工作条件	槽形托辊阻力系数 ω'	平形托辊阻力系数 ω''
清洁、干燥	0.020	0.018
少量灰尘、正常湿度	0.030	0.025
大量灰尘、湿度大	0.040	0.035

表 2-23　K_1 值

ω' 或 ω''	B/mm					
	500	650	800	1000	1200	1400
0.018	0.0061	0.0074	0.0100	0.0138	0.0191	0.0230
0.020	0.0067	0.0082	0.0110	0.0153	0.0212	0.0256
0.025	0.0084	0.0103	0.0137	0.0191	0.0265	0.0319
0.030	0.0100	0.0124	0.0165	0.0229	0.0318	0.0383
0.035	0.0117	0.0144	0.0192	0.0268	0.0371	0.0446
0.040	0.0134	0.0165	0.0220	0.0306	0.0424	0.0510

表2-24　K_2 值

ω' 或 ω''	0.018	0.020	0.025	0.030	0.035	0.040
K_2	4.91×10^{-5}	4.91×10^{-5}	4.91×10^{-5}	4.91×10^{-5}	4.91×10^{-5}	4.91×10^{-5}

表2-25　K_3 值

$\beta/(°)$ ＼ L_h	15	30	45	60	100	150	200	300	>300
0	2.80	2.10	1.80	1.60	1.55	1.50	1.40	1.30	1.20
6	1.70	1.40	1.30	1.25	1.25	1.20	1.20	1.15	1.15
12	1.45	1.25	1.25	1.20	1.15	1.15	1.14	1.14	1.14
20	1.30	1.20	1.15	1.15	1.15	1.13	1.13	1.10	1.10

注：K_3 是考虑有一个空段清扫器，一个弹簧清扫器及一个3m长的导料挡板，并考虑物料加速阻力因素的情况下求出的。

犁式卸料器、挡板的附加功率可按表2-26选取。

表2-26　N' 值

带宽 B/mm		500	650	800	1000	1200	1400
N'/kW	犁式卸料器	$0.3n$	$0.4n$	$0.5n$	$1.0n$	$1.4n$	$1.8n$
	导料挡板	$0.08L$	$0.08L$	$0.09L$	$0.10L$	$0.115L$	$0.13L$

注：表中 n 为犁式卸料器个数，L 为超过3m长度的导料挡板长度，即 L 等于挡板总长减去3m。

B　电动机功率

电动机功率的计算如下式：

$$N = K \frac{N_0}{\eta} \tag{2-36}$$

式中　N——电动机功率，kW；

N_0——传动滚筒轴功率，kW；

K——满载启动系数。对JR型电动机或采用粉末联轴器时，一般取 $K=1.1$；对Y系列电动机，当其启动转矩倍数（启动转矩/额定转矩）不小于1.4时，取 $K=1.3$，此时可不进行负荷启动验算。对于JS型号电动机未采用粉末联轴节，Y系列电动机启动转矩不大于1.4时，以及带式输送机速度大于2m/s，长度不小于200m时，则需进行负荷启动验算；

η——总传动效率，光面滚筒：$\eta=0.88$；胶面滚筒：$\eta=0.90$。

C　输送带的最大张力

输送带最大张力的计算如下。

a　水平输送机

$$S_{最大} = K_5 \frac{N_0}{v} \tag{2-37}$$

式中　$S_{最大}$——最大张力，kg；

$K_5 = \dfrac{102e^{\mu\alpha}}{e^{\mu\alpha}-1}$，当 $\alpha=200°$ 时，可查表2-27；

$e^{\mu\alpha}$——见表 2-31；

N_0——传动滚筒轴功率，kW；

v——带速，m/s。

表 2-27　K_5 值

传动滚筒情况 K_5	光　面　滚　筒			胶　面　滚　筒		
	极　湿	潮　湿	干　燥	极　湿	潮　湿	干　燥
围包角 $\alpha = 200°$	345	203	157	250	176	145

b　倾斜输送机

$$S_{最大} = K_6 \gamma \pm K_7 H + K_8 N_0 \tag{2-38}$$

式中　γ——矿石堆密度，t/m^3；

H——输送垂直提升高度，m；

K_6、K_7、K_8 值见表 2-28、表 2-29。

表 2-28　K_6、K_7 值

B/mm	500	650	800	1000	1200	1400
K_6	260	430	570	880	1200	1600
K_7	6.5	9.0	12.0	18.0	25.0	30.0

表 2-29　K_8 值（102/v）

$v/m \cdot s^{-1}$	0.8	1.0	1.25	1.6	2.0	2.5	·3.15	4.0
K_8	128	102	82	64	51	41	33	26

c　尾部传动的输送机

$$S_{最大} = K_6 \gamma + K_8 N_0 \tag{2-39}$$

式中符号意义同上。

D　不同带宽和帆布层数的橡胶带最大允许张力

各种带宽及不同帆布层数的橡胶带最大允许张力的计算如下：

$$S_{最大} = BZ \frac{\delta}{m} \tag{2-40}$$

式中　$S_{最大}$——胶带允许的最大工作张力，kg；

B——带宽，mm；

Z——胶带的帆布层数；

δ——胶带径向拉断强度。普通型胶带：$\delta = 56 kg/(mm \cdot 层)$；强力型帆布带芯橡胶带：$\delta = 96 kg/(mm \cdot 层)$；高强力型维尼龙帆布芯橡胶带：$\delta = 140 kg/(mm \cdot 层)$。

m——强度安全系数，见表 2-30。

表 2-30　m 值

接头类型　　　帆布层数	3～4	5～8	6～12
硫化接头	8	9	10
机械接头	10	11	12

E 传动滚筒圆周力

传动滚筒圆周力 P 的计算如下：

$$P = 102 \frac{N_0}{v}$$

或

$$P = S_{最大}\left(1 - \frac{1}{e^{\mu\alpha}}\right) \tag{2-41}$$

式中 $S_{最大}$ 由式（2-40）计算，$e^{\mu\alpha}$ 值参见表 2-31；

  N_0——传动滚筒轴功率，kW；

  v——带速，m/s。

F 车式拉紧装置的拉紧力

车式拉紧装置拉紧力的计算如下：

$$P_0 = 2.1\left[\frac{S_{最大}}{e^{\mu\alpha}} + (q_0 + q'')\omega''L_h - q_0H\right]$$

或

$$P_0 = 2.1\left[P\frac{1}{e^{\mu\alpha} - 1} + (q_0 + q'')\omega''L_h - q_0H\right] \tag{2-42}$$

式中 P_0——拉紧力，kg；

  P——传动滚筒圆周力，kg；

  $e^{\mu\alpha}$——见表 2-31；

  L_h——输送机水平投影长度，m；

  q_0——输送带单位长度质量，可按下式近似计算，也可按相关资料选取，

$$q_0 = 1.2B(1.1Z + \delta_1 + \delta_2) \quad (\text{kg/m}) \tag{2-43}$$

  B——胶带宽度，m；

  Z——帆布层数；

 δ_1，δ_2——分别为工作面和非工作面的保护层厚度，mm（见表 2-15）；

  q''——每米长度下托辊转动部分质量，见式（2-55）；

  $S_{最大}$——见式（2-37）、式（2-38）、式（2-39）。

G 垂直式拉紧装置的拉紧力

垂直式拉紧装置拉紧力的计算如下：

$$P_0 = 2.1\left[\frac{S_{最大}}{e^{\mu\alpha}} + (q_0 + q'')\omega''L_h' - q_0H'\right]$$

或

$$P_0 = 2.1\left[P\frac{1}{e^{\mu\alpha} - 1} + (q_0 + q'')\omega''L_h' - q_0H'\right] \tag{2-44}$$

式中 L_h'、H' 见图 2-46，其他符号意义同上。

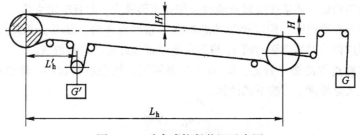

图 2-46 垂直式拉紧装置示意图

2.3.3.5　张力逐点计算法

A　张力逐点计算法

此法首先是将整个输送机的轮廓划分为——相间的直线段和曲线段，然后从张力最小的一点开始（一般认为是传动滚筒上的分离点），沿胶带的运转方向依次编号，如图 2-47 所示。

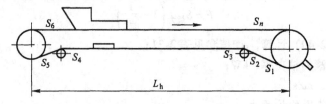

图 2-47　带式输送机各点张力示意图

计算规则是：任一点的张力等于前一点的张力和这两点间的阻力之和。

根据上述规则，可得到 S_1 和 S_n 之间的函数关系式：

$$S_n = f(S_1) \tag{2-45}$$

将上式与欧拉公式 $S_n = S_1 e^{\mu\pi}$ 联立求解，即可求得两点的张力值 S_1 和 S_n。两点的张力值之差（$S_n - S_1$）即为传动滚筒的圆周力，也即牵引力。$e^{\mu\pi}$ 见表 2-31。

表 2-31　$e^{\mu\pi}$ 值

传动滚筒	环境情况	μ	围包角 α 角度（弧度）							
			180°(3.14)	190°(3.32)	200°(3.49)	210°(3.67)	240°(4.19)	360°(6.28)	400°(6.98)	440°(7.68)
光面	极湿	0.1	1.37	1.39	1.42	1.44	1.52	1.87	2.01	2.23
	潮湿	0.2	1.87	1.92	2.01	2.08	2.31	3.51	4.04	4.98
	干燥	0.3	2.56	2.71	2.85	3.01	3.51	6.59	8.12	11.12
胶面	极湿	0.15	1.60	1.65	1.69	1.73	1.87	2.57	2.85	3.34
	潮湿	0.25	2.19	2.29	2.39	2.50	2.85	4.81	5.74	4.98
	干燥	0.35	3.00	3.19	3.39	3.61	4.33	9.02	11.51	16.61

注：1. 极湿的环境系指运输带与传动滚筒面间有泥水存在，如露天工作、输送泥矿需要水冲洗等；

2. 不适用于塑料带；

3. 单滚筒驱动围包角一般小于 240°。

当输送机为下行时，还应按空载及满载分别计算圆周力，并且应取大值。

为了保证胶带在满载时，两托辊间的悬垂度不超过允许值，以保证其倾角不超过规定范围，必须对计算所得出的最小张力值 S_1 按重段输送带允许垂度进行校核。

设 S' 为重段输送带的最小张力，L_0 为上托辊间距，输送粒状物料。输送机水平安装时，重段输送带的最大悬垂度 y 可按下式计算：

$$y = \frac{(q_0 + q)L_0^2}{8S'} \tag{2-46}$$

输送机倾斜安装，倾角为 β 时：

$$y = \frac{(q_0 + q)L_0^2 \cos^2\beta}{8S'} \tag{2-47}$$

实际生产中，规定　　　　　　　　　　$y \leqslant 0.025L_0$ 　　　　　　　(2-48)

将式（2-48）分别代入式（2-46）和式（2-47）中，可得出胶带的最小张力应分别满足下列要求：

$$S' \geqslant 5(q_0 + q)L_0 \tag{2-49}$$

$$S' \geqslant 5(q_0 + q)L_0\cos\beta \tag{2-50}$$

如果按逐点计算法得出的最小张力 S_1 满足上式要求，重段输送带的悬垂度不超过规定值，否则应将 S_1 加大到满足上述要求，即以式（2-49）、式（2-50）算出的 S' 值作为最小张力，代入逐点计算法中，重新求出各点的张力及驱动圆周力。

B　各种阻力的计算

求输送带的各点张力时，必须先求出输送带各区段的阻力，各种阻力的计算如下。

a　直线段或凹弧段运行阻力的计算

重段阻力　　　　　　$W = (q_0 + q' + q)L_h\omega' \pm (q_0 + q)H$ 　　　　(2-51)

向上输送时取"+"，向下输送时取"−"。

空段阻力　　　　　　$W = (q_0 + q'')L_h\omega'' \mp q_0H$ 　　　　　　(2-52)

向上输送时取"−"，向下输送时取"+"。

式中　W——运行阻力，kg；

q'——每米长度上，上托辊转动部分质量，kg/m；

q_0——单位长度的胶带自重，kg/m，见式（2-43），

$$q_0 = \frac{G'}{L_0} \tag{2-53}$$

G'——每组上托辊转动部分质量，kg，见表2-32；

L_0——上托辊间距，m；

q——每米长度上物料质量，kg/m，

$$q = \frac{Q}{3.6v} \tag{2-54}$$

L_h——直线段或凹弧段的水平投影长度，m；

H——直线段或凹弧段的垂直提升（或下降）高度；m；

q''——每米长度下托辊转动部分质量，kg/m，

$$q'' = \frac{G''}{L_0'} \tag{2-55}$$

G''——每组下托辊转动部分质量，kg，见表2-32；

L_0'——下托辊间距，m；

ω'——槽形托辊阻力系数，见表2-22；

ω''——平形托辊阻力系数，见表2-22。

表 2-32　每组上、下托辊转动部分质量

托辊形式		500mm	650mm	800mm	1000mm	1200mm	1400mm
		G'、G''/kg					
槽形托辊	铸铁座	11	12	14	22	25	27
	冲压座	8	9	11	17	20	22
	全塑座	3.5	3.7	4.2	6	6.8	7
平形托辊	铸铁座	8	10	12	17	20	23
	冲压座	7	9	11	15	18	21
	全塑座	2	2.2	2.8	4	4.6	5.2

　　b　凸弧段运行阻力

　　重段阻力：

$$W = [S_i + (q_0 + q' + q)R_1]\theta\omega' \pm (q_0 + q)H \qquad (2\text{-}56)$$

　　向上输送时取 "＋"，向下输送时取 "－"。

式中　W——运行阻力，kg；

　　　S_i——凸弧段相遇点张力，kg；

　　　R_1——凸弧段曲率半径，m；

　　　θ——凸弧段圆心角，rad。

　　其余符号意义同式 (2-51)、式 (2-52)。

　　空段阻力：

$$W = [S_i + (q_0 + q')R_1]\theta\omega'' \mp q_0 H \qquad (2\text{-}57)$$

　　向上输送时取 "－"，向下输送时取 "＋"。

　　用式 (2-56)、式 (2-57) 计算比较复杂，很不方便，为简化计算，可视为改向滚筒阻力，按式 (2-58) 近似计算，这时的 K' 可取 1.03。

　　c　改向滚筒阻力

　　(1) 无传动作用改向滚筒阻力

$$W = CS_{i-1} = (K' - 1)S_{i-1} \qquad (2\text{-}58)$$

　　(2) 有传动作用改向滚筒阻力

$$W = (0.03 \sim 0.05)(S_i + S_{i-1}) \qquad (2\text{-}59)$$

式中　W——改向滚筒阻力，kg；

　　　S_i——改向滚筒分离点张力，kg；

　　S_{i-1}——改向滚筒相遇点张力，kg；

　　　C——同圆包角有关的系数，见表 2-33；

　　　K'——改向滚筒阻力系数，见表 2-33。

表 2-33　改向滚筒阻力系数 K'（$C = K' - 1$）

胶带在改向滚筒上的圆包角 α/ (°)	约 45	约 90	约 180
改向滚筒阻力系数 K'	1.02	1.03	1.04

　　d　卸料车阻力

$$W = 1.1S_2 + qH'$$ (2-60)

式中　W——卸料车阻力，kg；

　　　q——每米长度上物料质量，kg/m；

　　　S_1、S_2 和 H' 见图 2-48，H' 值见表 2-34。

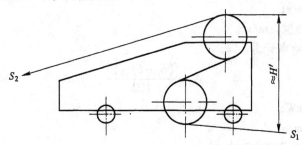

图 2-48　电动卸料车张力示意图

表 2-34　H' 值

B/mm		500	650	800	1000	1200	1400
H'/m	普通卸料车	1.7	1.8	1.96	2.12	2.37	2.62
	重型卸料车				2.42	2.52	3.02

　　e　犁式卸料器阻力

$$W = \frac{Bq}{8} + C$$ (2-61)

式中　W——型式卸料器阻力，kg；

　　　q——每米长度上物料质量，kg/m；

　　　B——带宽，m；

　　　C——与带宽有关的常数，见表 2-35。

表 2-35　C 值

B/mm	500	650	800	1000	1200
C/kg	25	30	35	60	70

　　f　弹簧清扫器、空段清扫器阻力

弹簧清扫器阻力　　　　$W = (70 \sim 100)B$ (2-62)

空段清扫器阻力·　　　　$W = 20B$ (2-63)

式中　W——清扫器阻力，kg；

　　　B——带宽，m。

　　g　导料挡板阻力

$$W = (1.6B^2\gamma + 7)L$$ (2-64)

式中　W——导料挡板阻力，kg；

　　　B——带宽，m；

　　　γ——矿石堆密度，t/m^3；

　　　L——导料挡板长度，m。

h　进料口物料加速度引起的阻力

$$W = \frac{qv^2}{2g} \tag{2-65}$$

式中　W——物料加速度阻力，kg；

　　　　q——每米长度上物料质量，kg/m；

　　　　v——带速，m/s；

　　　　g——重力加速度，m/s^2。

C　传动滚筒轴功率计算

$$N_0 = \frac{(S_i - S_{i-1})v}{102} \tag{2-66}$$

式中　N_0——功率，kW；

　　　　v——带速，m/s；

　　　　S_i——传动滚筒分离点张力，kg；

　　　S_{i-1}——传动滚筒相遇点张力，kg。

D　电动机功率计算

与简易计算法相同，见式 (2-36)。

E　拉紧装置拉紧力计算

$$P_0 = S_i + S_{i-1} \tag{2-67}$$

式中　P_0——拉紧力，kg；

　　　　S_i——拉紧滚筒分离点张力，kg；

　　　S_{i-1}——拉紧滚筒相遇点张力，kg。

2.3.3.6　其他参数计算

A　重锤质量计算

a　车式拉紧装置的重锤质量计算

$$G = (P_0 + 0.04 G_K \cos\beta - G_K \sin\beta)(1 + 0.03n) + G'_K \tag{2-68}$$

式中　G——重锤质量，kg；

　　　P_0——拉紧力，kg；

　　　G_K——车式拉紧装置（包括滚筒）质量，kg；

　　　β——输送机倾角，(°)；

　　　n——导向滑轮组数，个；

　　　G'_K——重锤吊架自重，kg。

b　垂直式拉紧装置的重锤质量计算

$$G' = P_0 - G''_K \tag{2-69}$$

式中　G'——重锤质量，kg；

　　　P_0——垂直式拉紧装置拉紧力，kg；

　　　G''_K——垂直式拉紧装置（包括滚筒）质量，kg。

B　输送带长度及层数计算

a　输送带长度计算

$$L_0 = 2L + \frac{\pi}{2}(D_1 + D_2) + AN \tag{2-70}$$

式中　L_0——输送带长度，m；

L——输送机首、尾滚筒中心距，m；

D_1、D_2——首、尾滚筒直径，m；

N——输送带接头数；

A——输送带接头长度，m；

机械法接头：$A = 0$；

硫化法接头：$A = (Z-1)b + B\tan 30°$；

Z——输送带帆布层数；

b——硫化法接头阶梯长度，一般 $b = 0.15\mathrm{m}$；

B——带宽，m。

采用卸料车时，增加的输送带长度见表2-36。

表2-36 采用卸料车时的胶带增长值

B/mm	增加的输送带长度/m	
	普通卸料车	重型卸料车
500	3.0	
650	3.2	
800	3.5	
1000	3.5	5.1
1200	4.8	6.5
1400	4.8	6.5

采用双滚筒中间传动或使用垂直式拉紧装置时，其增加的输送带长度由输送机安装图确定。

b 输送带层数计算

$$Z = \frac{S_{最大}\, m}{B\delta} \tag{2-71}$$

式中 Z——帆布层数；

$S_{最大}$——输送带最大允许张力，kg，见式（2-40）；

m——安全系数，见表2-30；

B——带宽，m；

δ——输送带径向拉断强度，见式（2-40）。

c 成卷胶带的长度计算

设层与层之间紧贴，即除卷芯外，整个断面均被胶带充满，则有

$$L \cdot S = \frac{\pi D^2}{4} - \frac{\pi d^2}{4}$$

$$L = \frac{\pi}{4S}(D^2 - d^2) \tag{2-72}$$

式中 L——胶带长度，m；

S——胶带厚度，m；

D——外直径，m；

d——卷芯直径，m。

若卷芯为非圆形，则外直径应以几个方向的平均直径计算。

C　输送带曲率半径的计算

a　凸弧段曲率半径 R_1 的计算

$$R_1 \geqslant 18B \tag{2-73}$$

式中　R_1——凸弧段曲率半径，m；

　　　　B——带宽，m。

b　凹弧段曲率半径 R_2 的计算

$$R_2 \geqslant \frac{S_a}{q_0} \tag{2-74}$$

式中　R_2——凹弧段曲率半径，m；

　　　　q_0——每米胶带自重，kg/m；

　　　　S_a——凹弧段输送带最大张力，kg。

简易计算时：

$$S_a = 1.15 \left[\frac{S_{最大}}{e^{\mu\alpha}} - (q_0 + q')\omega''L_h - q_0 H \right] + (q_0 + q + q')\omega'L_a \tag{2-75}$$

　　　　L_a——尾轮中心至曲线始点距离，m；其他符号的物理意义见式（2-42）。

D　制动力矩计算

a　传动滚筒轴上的制动力矩

计算传动滚筒轴上的制动力矩主要是为了选择逆止器或制动器。

向上输送时：

$$M_T = \frac{66D}{v}(0.00546QH - N_0) \tag{2-76}$$

向下输送时：

$$M_T = \frac{100D}{v}N_0$$

式中　M_T——传动滚筒轴上的制动力矩，kg·m；

　　　　D——传动滚筒直径，m；

　　　　v——带速，m/s；

　　　　Q——每小时输送量，t/h；

　　　　H——输送机垂直提升高度，m；

　　　　N_0——传动滚筒轴功率，kW。

滚柱逆止器的允许制动力矩见表2-37。

表2-37　滚柱逆止器制动力矩

型　号	TDG$_1$	TDG$_2$	TDG$_3$	TDG$_4$	TDG$_5$	TDG$_6$	TDG$_7$
制动力矩/kg·m	690	1390	1390	2330	2330	4850	4850

b　电动机轴上制动力矩计算

$$M_T' = \frac{M_T}{i}\eta \tag{2-77}$$

式中　M_T'——电动机轴上的制动力矩，kg·m；

　　　　M_T——传动滚筒轴上的制动力矩，kg·m；

　　　　i——减速比，

　　　　η——效率，一般取0.95。

电磁闸瓦制动器的允许制动力矩见表2-38。

表 2-38 电磁闸瓦制动器制动力矩

型 号	制动轮直径/mm	电磁铁型号	制动力矩/kg·m
TJ_2-200/100	200	MZD-100	200
TJ_2-200	200	MZD-200	800
TJ_2-300/200	300	MZD-200	1200
TJ_2-300	300	MZD-300	2000
TCZ-400/45	400	MZS_1-45	5500
TCZ-400/80	400	MZS_1-80	7500
TCZ-500/45	500	MZS_1-45	10000
TCZ-500/80	500	MZS_1-80	12500

E 胶带在传动滚筒上的圆包角计算

由

$$S_n = S_1 e^{\mu\alpha} \quad 或 \quad e^{\mu\alpha} = \frac{S_n}{S_1}$$

得

$$\alpha = \frac{1}{\mu\lg e} \cdot \lg\frac{S_n}{S_1} = \frac{1}{0.43\mu} \cdot \lg\frac{S_n}{S_1} = \frac{2.303}{\mu} \cdot \lg\frac{S_n}{S_1} \tag{2-78}$$

式中 μ——胶带在传动滚筒上的摩擦系数;

S_n——胶带在传动滚筒相遇点的张力,kg;

S_1——胶带在传动滚筒分离点的张力,kg;

α——胶带在传动滚筒上的圆包角,rad。

F 传动位置的确定

在实际应用当中,当带式输送机各段阻力大小一定时,由于传动位置的不同,其胶带上各点的张力、圆周率及功率等都将不同。因此,进行带式输送机各项计算时,在计算出胶带直线段的阻力以后,应确定其传动位置。确定传动位置的前提是:工作地点的高度和宽度要足够,以便于安装;对输送机的操作、维护和检查比较方便,供电也没有困难。

在上述前提下,对传动位置的选择,应有如下要求:

(1) 尽可能减小胶带所受到的最大张力;

(2) 尽可能减小各种有害阻力。

从各种不同方案比较后得出的结论是:带式输送机的传动位置,应该位于沿运行方向阻力最大的直线段末端,即电机是牵引而不是推动这一区段。例如水平输送,因重段阻力总是大于空段阻力,其传动装置应该位于重段胶带的末端;倾斜向上输送时,最大阻力也总在重段,故传动位置则位于输送机上方;倾斜向下输送时,直线段阻力与倾角 β 有关,传动位置则需通过计算比较后确定。

2.3.4 带式输送机的安装与维修

2.3.4.1 输送带的连接方法

A 橡胶输送带的热接

对于棉帆布芯橡胶输送带采用硫化胶接法时,应符合下列要求:

(1) 接头应剖割成阶梯形,剖割处表面应平整,不得有破裂现象;表面要挫毛,并保持清洁。

(2) 硫化温度与时间应符合所用胶料的性能,硫化温度一般不得超过143℃,硫化时间(从100℃升高至143℃)约45min。

（3）胶料（混合胶）的成分宜与胶带中橡胶成分一致。常见的胶料配方如表 2-39 和表 2-40 所示。

表 2-39　热接胶料配方之一（质量比）

序　号	成分名称	覆盖胶	浆　胶
1	胶片	10.0	10.0
2	硬质炭黑	2.0	0.4
3	软质炭黑	2.0	0.6
4	氧化锌	3.0	1.4
5	硬脂酸	0.4	0.2
6	松香	0.2	0.3
7	甲防老剂	0.08	0.6
8	乙防老剂	0.42	0.4
9	M 促进剂	0.12	0.24
10	DM 促进剂	0.6	0.4
11	松焦油	0.5	
12	硫磺	0.2	0.2
13	碳酸钙	2.0	
合　计		21.52	14.74

表 2-40　热接胶料配方之二（质量比）

序　号	成分名称	覆盖胶	中间胶	侧边胶	浆　胶
1	烟片胶 1~3 号	100	100	100	100
2	升华硫磺	2.5	2.6	2.8	1.5
3	M 促进剂	1.1	0.5	1.2	0.8
4	DM 促进剂		0.03		
5	硬脂酸	2.5	2.0	2.5	0.25
6	石蜡	1.0		1.5	
7	氧化锌	5	7.5	5	18.35
8	碳酸钙			32	
9	硬质炭黑	29	12	18	1
10	软质炭黑	20	30	28	
11	D 防老剂	2.3	2	2.2	0.8
12	松焦油	4	4	6.1	

B　橡胶输送带的冷接

输送带的冷接常用胶料有环氧树脂型和氯丁胶型。两者操作方法相似，接头强度相近。

a　胶接工艺

（1）对受潮的输送带应进行干燥；

（2）将输送带切成阶梯状，在不损伤线芯的情况下，用钢丝刷除去芯层表面的残胶，并用汽油或四氯化碳、甲苯等洗刷干净；

（3）将配制好的胶料涂于切口阶梯面上，约 3~5min 后，加上螺杆压板进行固化（输送带与板之间应垫塑料布或纸张）。固化时间随着温度而异，一般当 16~22℃ 时约 8h；当 23~

30℃时约5h；当30～50℃时约3h；当60℃时约1～1.5h。螺杆加压板的压力，按0.3Pa计算；

（4）当拆开加压板时，如果没有达到工艺要求的固化，一般是由于固化剂配比过低或稀释剂过多造成的，此时可以再加压、并延长固化时间进行再固化；

（5）胶料属有毒物质，并且容易凝固，操作时应注意。

b 胶料的制备

环氧树脂型胶料配方列于表2-41，氯丁胶型胶料配方列于表2-42。

表 2-41 冷接环氧树脂型胶料配方（质量比）

成分名称	作用	配 方 序 号			
		1	2	3	4
环氧树脂1601	胶结剂	100	100	100	100
乙二胺	固化剂	7～8	7～8	7～8	7～8
三乙烯四胺	固化剂			10	
邻苯二甲酸二丁酯	增塑剂	18			20
聚酯树脂304	增塑剂		25	25	
聚酯橡胶	增塑剂				2～5

注：1. 环氧树脂加热到60℃时加入增塑剂，搅拌均匀，冷却到25～35℃时才加入固化剂，搅拌均匀后即可使用；

2. 当选用配方2时，在加入聚酯树脂304时，要加入2%～3%的乙二胺，否则会使环氧树脂发生硬脆。

表 2-42 冷接氯丁胶型胶料配方（质量比）

成分名称	配 方 序 号		
	1	2	3
氯丁胶	100	100	100
防老剂	2	2	15
氧化镁	8	4	9
氧化锌	4	5	9
硬脂酸		0.5	
甲苯	435	333	300
R-异氰酸酯	20	13.3	13～15
叔丁基酚醛	30		
树脂			2

C 钢丝绳芯输送带的胶接

a 胶接工艺

（1）固定输送带的接头端，按要求尺寸划线、剥胶。剥胶后应打毛钢丝绳上的橡胶；

（2）在下加热板上涂抹隔离剂并放好垫铁（厚度为输送带厚的0.9倍）；

（3）按选定的接头长度、宽度、厚度的要求，在下垫板上铺好覆盖胶片和中间胶片，然后排列钢丝绳。排绳前，应用汽油擦拭钢丝绳及胶片，然后涂胶浆，晾干后（以不粘手为宜），再涂第二遍胶浆。当向钢丝绳的间隙中充填中间胶条前，对钢丝绳和胶片的接触表面涂以稀胶浆。每两搭接的钢丝绳端应用细铁丝捆扎。最后铺上中间胶片和覆盖胶片；

（4）对上覆盖胶片外露表面涂隔离剂，然后加盖上垫板，进行硫化；

（5）用电热或蒸汽硫化器，以螺杆或液压缸加压，压力为980～2000kPa（10～21kg/cm²）。

硫化温度为 140~147℃，正常硫化时间为 40~45min（不包括预热时间）。当温度降至常温时，即可卸压揭开上垫板。

硫化时，在预热几分钟后应对胶带施加拉力，以保证接头部位的钢丝绳在硫化过程中平直；

（6）接头胶接好后，要进行检查，最好用 X 射线仪探测。

b　胶料的配方

覆盖胶及中间胶的配方列于表 2-43。

表 2-43　钢丝绳芯输送带热接胶料配方（质量比）

成　分　名　称	覆　盖　胶	中　间　胶
3 号烟胶片		50
4 号烟胶片	100	
顺丁橡胶		50
硫　磺	2.5	2
M 促进剂	0.8	
DM 促进剂	0.8	
C_2 促进剂		1
氧化锌	5	5
硬脂酸	3.5	3
石　蜡	1	
松焦油	6	
软化重油	4	2
固体古马隆		4
A 防老剂	1	0.5
D 防老剂	1	1
粗炭黑	48	35
高耐磨炭黑		20
合　计	173.6	173.5
含胶率/%	57.6	57.6
密度/t·m^{-3}	1.155	1.145

胶浆是用中间胶胶片溶于 120 号汽油中制成的，分稀浓两种：稀胶浆的胶料与汽油的质量之比为 1:8；浓胶浆的胶料与汽油的质量之比为 1:3。

常用的隔离剂有烷基磺酸钠水溶液、硅油、滑石粉或肥皂水。

2.3.4.2　带式输送机的安装要求

带式输送机的安装有如下几点要求：

（1）机架中心线对输送机纵向中心线不重合度不应超过 3mm。

（2）中间架支腿的不铅垂度或对建筑物地面的不铅垂度不应超过 0.3%。

（3）组装中间架应符合下列要求：

1）中间架在铅垂面内的不直度不应超过长度的 0.1%；

2）中间架接头处左右、高低的偏移均不应超过 1mm；

3）中间架间距的偏差不应超过 ±1.5mm，相对标高差不应超过间距的 0.2%。

（4）托辊横向中心对输送机纵向中心线的不重合度不应超过 3mm。

（5）拉紧滚筒在输送带连接后的位置，应根据拉紧装置的形式、输送带芯的材质、带长和启、制动要求确定，一般应符合下列要求：

1）对于垂直或车式拉紧装置，往前松动行程不应小于 400mm，往后拉紧行程应为往前松动行程的 1.5~5 倍（尼龙帆布芯输送带或输送机长度大于 200m 时，以及电动机直接启动和有制动要求者应取大值）；

2）对于绞车式或螺旋拉紧装置，往前松动行程不应小于 100mm。

（6）组装清扫器应符合下列要求：

1）刮板清扫器刮刀面应与胶带面接触，其接触面长度不应小于带宽的 85%；

2）回转式清扫刷子的轴线应与滚筒平行，刷子应与胶带面接触，其接触长度不应小于 90%；

（7）带式逆止装置的工作包角不应小于 70°，滚柱逆止器逆转角度不应大于 30°。

（8）组装驱动装置时，粉末联轴器的每一间隔室中滚珠质量偏差不应超过规定质量的 ±1%。

2.3.4.3　带式输送机的维修

（1）日常维修。

1）检查输送带的接头部位是否有异常情况，如割伤、裂纹等；

2）输送带的上、下层胶及边胶是否有磨损处；

3）检查并调整清扫装置、卸料装置；

4）保持每个托辊转动灵活，及时更换不转动或损坏的托辊；

5）防止输送带跑偏，保证输送带的成槽性。

（2）定期检修。

1）定期给各种轴承、齿轮加油；

2）拆洗减速器，检查齿轮的磨损情况并更换严重磨损者；

3）拆洗滚筒、托辊的轴承，更换润滑油；

4）加油紧固地脚螺栓及其他连接螺栓；

5）检查并更换严重磨损的其他零部件；

6）修补或更换输送带。

（3）输送带跑偏的处理。

1）输送带本身弯曲或接头不直引起沿程跑偏，可将输送带弯曲部切正、重新胶接接头；

2）滚筒中心线同输送机中心线不成直角引起滚筒处跑偏，可调整滚筒或机架，使头、尾滚筒中心一致；输送带在滚筒上往哪边跑偏，就收紧哪边的轴承座，如图 2-49 所示；

3）托辊组轴线同输送机中线不垂直引起跑偏，当输送带往哪边跑偏，就将哪边的托辊向输送带前进的方向移动，一般移动几组托辊就能纠偏，如图 2-50 所示；

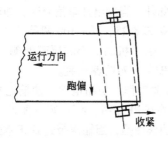

图 2-49　滚筒纠偏示意图

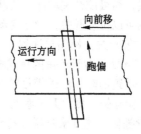

图 2-50　托辊纠偏示意图

4）滚筒不水平引起输送带跑偏，如果是安装超差应停机调平；如果是滚筒外径加工偏差太大，则要重新加工滚筒外圆；

5）滚筒表面黏结物料会使输送带跑偏，应经常清除这些物料；

6）输送带一经加上负载就跑偏，应改变进料口的位置予以调整；

7）机架两侧高低不平，输送带会向低侧跑偏，可以调整托辊或改造机架；

8）输送带无载时跑偏，而加上物料就能纠正。这种现象一般是由于初张力太大造成的，进行适当调整即可。

2.3.4.4　带式输送机的操作控制

带式输送机的控制包括控制系统的设计和保护装置两方面。

控制系统设计包括以下几个方面：

（1）设备连锁控制。选矿厂生产作业中，如果某一设备的开停对其前后设备产生影响时，都须连锁控制；反之可不必连锁。连锁的操作程序如下：

1）启动时，自运输系统的最终设备开始，逆物料输送方向依次启动；停车时，其次序与启动的顺序相反，并尽量使各设备上的物料排空，以免负荷启动；

2）当某一设备发生故障时，它前面（逆物料输送方向）的所有设备应立刻停止运转，而后面的设备仍可继续运行，直到物料排空为止；

3）岗位人员可根据操作需要，解除连锁，单机操作；

4）连锁线上的破碎机等设备，应先于带式输送机启动，当连锁线停运时应延时停车；

5）输送带上的除铁设施还应与其悬挂小车及金属探测器连锁。

6）系统中移动设备的行走机构不参加连锁。

（2）操作方式的控制。根据目前的实际情况，下列两种方式可供选择：

1）电气连锁，集中操作；

2）电气连锁，分散操作。

（3）安全设施的控制。

1）带式输送机侧边应装设拉线事故开关或固定式事故开关；

2）为监察带式输送机的运行情况，应装设防偏开关、旋控器、速度检测器、漏斗堵塞检测器、纵裂检测器等安全设施；

3）对较大功率的带式输送机，应设过流保护装置；

4）对运输系统中的厂房、转运站、通廊等电气设备，应根据物料及环境的具体情况，考虑防腐、防爆等措施。

带式输送机的保护装置有以下几项：

（1）拉线开关。拉线开关一般安装在带式输送机机架的一侧。操作人员在输送机的任何部位拉动拉线，均可使开关动作，切断电路使设备停运。此外，当发出开车信号时，如现场不允许开车，也可以拉动开关，制止启动。国产的拉线开关有 PLK-25、PLK-100 两种。

（2）防偏开关（跑偏检测器）。防偏开关安装在带式输送机的头部和尾部两侧，距离头、尾滚筒 $1 \sim 2m$ 处。对于较短的带式输送机，可仅在头部安装一对防偏开关。

当输送带跑偏时，输送带推动防偏开关的挡辊使开关动作，切断电源，使输送机停止运转。如果系统连锁，则该开关参与连锁。国产的防偏开关有 PFK_0-A、KPT_2 等品种。

（3）旋控器、速度检测器（打滑监测器）。旋控器的作用是，当输送带达到正常速度时保持本机电气回路接通，并通过连锁系统启动其余设备；反之，当输送带速度过慢或停运时，旋控器停止输出，切断本机电气回路，同时通过连锁系统停止其余设备运行。国产的旋控器有 PXK_0 等品种。

输送带打滑监测器，实质上是一个测速开关，当带速降低至设计速度的 60% ~ 70% 时，即发出信号并切断电路。如果是机旁操作,则只发出信号不停机。打滑监测器的形式较多,主要有滚轮型、平托辊型及轴头安装等形式。宝山钢铁厂安装的速度检测器(BⅡS-M2),其速度开闭器为 ESRW 型,安装示意如图 2-51 所示。

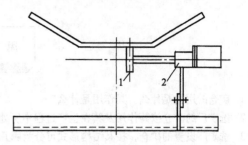

图 2-51 速度检测器安装示意图
1—滚轮;2—速度开闭器

(4)漏斗(溜槽)堵塞检测器。堵塞检测器一般安装在带式输送机的头部漏斗壁上,用以检测漏斗内的料流情况。当漏斗堵塞时,物料推动行程开关并切断输送机的电源。漏斗堵塞检测器的形式较多,常用的有侧压型、探棒型、漏损型和螺旋桨型等。宝山钢铁厂安装的漏斗堵塞检测器如图 2-52 所示,类似这种形式的国产溜槽堵塞检测器的型号为 LDM 型。

(5)纵裂检测器。输送带纵向撕裂检测器实质上是一种荷载传感器。由于它是带状,功能与一般的开关相同,故又称带状开关。当输送带上物料中的金属重物压到带状开关上面时,其内部的两根导线(电极)接触,电路接通,输送机立即停止运行并发出信号。宝山钢铁厂使用的纵裂检测器安装示意如图 2-53 所示。国产的纵向撕裂保护装置有 ZL 系列产品。

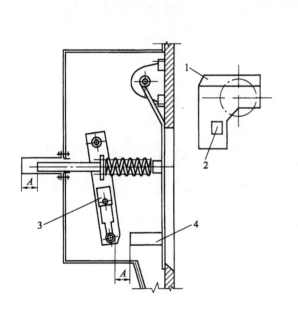

图 2-52 侧压型漏斗堵塞检测器
1—漏斗;2—检测器;3—行程开关;4—撞针

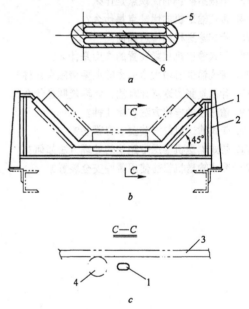

图 2-53 纵裂检测器
a—传感器;b,c—安装示意图
1—纵裂检测器;2—固定支架;3—上输送带;
4—上托辊;5—橡胶罩;6—电极

思 考 题

1. 矿仓的用途是什么，其作用是什么？
2. 选矿厂的矿仓按其作用及其在生产过程中所处的位置可分为哪几种？
3. 选矿厂设置的矿仓，按其结构形式可分为哪几种？
4. 选矿厂各种矿仓形式的选择依据是什么？
5. 选矿厂矿仓各部位尺寸和排矿口的确定，应根据什么要求进行考虑？
6. 什么是矿石的安息角，什么是矿石的陷落角？
7. 什么是矿仓的利用系数？
8. 矿仓闸门的用途是什么？
9. 矿仓闸门根据闸板的不同，可分为哪几种类型？
10. 矿仓闸门的选择依据是什么？
11. 选矿厂所用的给矿机，根据工作机构的运动特征可分为哪几种类型？
12. 给矿机的形式主要根据什么来选择？
13. 电振给矿机的优缺点是什么？
14. 带式输送机的优缺点是什么？
15. 带式输送机的构造如何？
16. 带式输送机拉紧装置的作用是什么？
17. 带式输送机增大牵引力的主要措施有几种？
18. 什么是张力逐点计算法，计算规则是什么？
19. 输送带的连接方法有哪几种？
20. 带式输送机的安装要求有哪些？
21. 带式输送机输送带跑偏的处理方法如何？
22. 带式输送机目前使用哪些安全装置？

3 固液分离

【本章学习要求】
(1) 掌握浓缩、过滤、干燥中的基本术语和概念；
(2) 理解浓缩、过滤、干燥过程的基本原理；
(3) 熟悉各种浓缩设备、过滤设备、干燥设备的构造、特点、工作原理及应用；
(4) 掌握影响浓缩与过滤的各种因素，并重点掌握加速沉降与提高过滤效率的途径；
(5) 掌握浓缩机、真空过滤机和圆筒干燥机的操作方法和维护检修方法。

3.1 概述

3.1.1 固液分离的意义

由湿法选矿得到的精矿产品，都含有大量的水分，且水分的质量常为精矿固体质量的数倍。浮选精矿中的水分，约为固体质量的 3~6 倍；重选精矿中的水分，约为固体质量的 2~9 倍；磁选精矿中的水分，约为固体质量的 2~5 倍。为了便于装运、降低运输费用及满足工业上进一步加工的需要，在精矿出厂前，都必须把相当部分的水分离出来，使精矿水分含量降低到国家规定的标准。精矿含水量是它的质量标准之一，水分不合格，其质量就不完全合格，所以，对精矿产品进行固液分离，是产品处理的一项基本任务，在选矿工艺中具有重要意义。

另外，在重选和磁、电选的过程中，以及浮选采用中矿再磨或单独处理流程的情况下，由于工艺或操作上的需要，有时中间产品也要进行固液分离。虽然所用设备和精矿脱水设备有所不同，但它们的方法和原理是相同的。

3.1.2 固体散粒物料中水分的性质

固体散粒物料中所含水分有四类：

(1) 重力水分：存在于固体颗粒之间的空隙中，并在重力作用下可以自由流动的水分，就叫重力水分。它是物料中最容易分离出去的水分。

(2) 毛细水分：固体颗粒之间形成比较细小的孔隙，能够产生毛细管作用。受毛细管作用而保持在这些细小孔隙中的水分就叫毛细水分。

(3) 薄膜水分：由于水分子的偶极作用，将在固体颗粒表面上形成一层水化薄膜，这部分水分就叫做薄膜水分。这是较难分离的水分，即使采用强大的离心力也很难把它除去。

(4) 吸湿水分：由于固体颗粒表面的吸附作用，把水分子吸附在它的表面上，并通过渗透作用而达到固体颗粒的内部。附着在颗粒表面的水分称为吸附水分；渗透到颗粒内部的水分称为吸收水分，这两种水分合称为吸湿水分。这是最难分离出去的水分，即使采用热力干燥的方法也不能把它全部除尽。

　　上面简单地介绍了四种性质不同的水分，它们之间相互联系又相互区别。重力水分和毛细水分都是充填在固体颗粒之间所形成的孔隙空间的水分，当孔隙较大时，毛细管作用力不显著，水在重力作用下能够自由流动；当孔隙较小时，毛细管作用力就比较显著，受毛细管作用力束缚在细小的空隙中的毛细水分在重力作用下就不能流动，要使它流动，就必须施加外力来克服毛细管作用力。薄膜水分和吸湿水分基本上都是结合在固体颗粒表面上的水分，都与固体颗粒的比表面积和表面性质有关；但薄膜水分是借助于吸附水分与固体表面间接地结合在一起，其结合力较吸湿水分的结合力弱得多。毛细水分与薄膜水分都是间接同固体颗粒相联系的，区别在于前者主要是由水的表面张力而形成的，它可以受机械力作用而流动；后者是由于水分子的偶极作用而形成的，机械力一般不能使它流动。

　　重力水分、毛细水分和部分薄膜水分，在机械力作用下可以流动，称为**自由水分**，这是机械脱水的对象。残余薄膜水分和吸湿水分在机械力作用下不能流动，称为**结合水分**，它们都是由于分子引力而间接或直接与固体颗粒相结合的水分，要除去这种结合水分，只有加速水分子的运动速度让它变成水蒸气分子而扩散出去，即采用干燥的方法。一般机械脱水对毛细水分及薄膜水分也不能完全除去，其残余水分也只能用干燥的方法。

3.1.3　固液分离方法

　　根据物料水分性质的特点，应采用与它的性质相适应的固液分离方法。由于物料中同时存在着几种性质不同的水分，因此一般是采用几种方法相互配合来进行固液分离。

　　脱水的顺序是先易后难，由表及里。对于重力水分可采用沉淀浓缩、自然泄水或自然过滤的方法，就是利用固体颗粒或水分本身的重力来脱水。对于毛细水分采用强迫过滤的方法，就是利用压力差或离心力使水分从固体颗粒中分离出来。至于薄膜水分和吸湿水分则只能采用热力干燥的方法。

3.1.4　固液分离流程及精矿批配

3.1.4.1　固液分离工艺流程

　　工艺流程是指生产过程中的各有关作业或工序，以一定的次序和布局，用某种形式衔接起来的程序。它反映了生产（或加工）对象在生产过程中的流向。

　　选矿厂的固液分离工艺流程，一般是根据精矿脱水试验结果和对精矿产品的水分要求，在设计阶段就已确定。

　　常见的精矿两段脱水流程和三段脱水流程如图 3-1、图 3-2 所示。两段脱水处理的精矿，一般

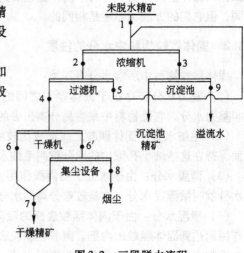

图 3-2　三段脱水流程

（注：取样点 6 或 6'，可酌情选取其中的一个）

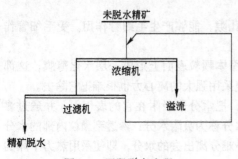

图 3-1　两段脱水流程

是比较容易脱水的，因此浓缩机的溢流都比较洁净，可以直接用做回水返回磨矿选别作业循环使用。三段脱水处理的精矿，往往是脱水比较困难的，浓缩机的溢流固体含量通常较高，一般还需借助沉淀池进一步澄清后，方可排放或返回使用。

3.1.4.2　固液分离流程的考查

为了掌握各生产作业和设备的工作状况，为生产和管理提供必要的数据，应当适时地对精矿脱水流程进行考查测定。图3-2中加注了流程考查采样点的布置。

流程考查是通过对样品的金属品位、水分（或浓度）、粒度等进行的测定分析，根据流程和各作业中金属量、质量和水量平衡的关系建立起若干数学方程，求得有关的数据和指标，并以此评定各作业和设备的工作状况。具体内容在此不作介绍。

3.1.4.3　精矿的批配

A　精矿的质量要求

精矿是选矿厂的最终产品，它的质量是企业各项工作成果的综合反映。精矿的质量要求，主要是金属品位和水分。个别用户也有对精矿粒度提出要求的情况。

关于精矿中的主金属品位和综合回收的伴生金属最低品位，以及杂质含量的要求，除了国家主管部门制定颁布的标准外，也有用户向企业提出的。选矿厂必须按照计划或合同组织生产，保证产品质量符合要求。表3-1列出了我国目前对几种精矿含水量的规定。

表 3-1　国家对几种精矿含水量的规定

精　矿　名　称	限制水分的标准/%（不大于）	精　矿　名　称	限制水分的标准/%（不大于）
铜、铅、锌、镍	平时12，冬季8	锑精矿（硫化锑）	5.5
各种铁精矿	平时12，冬季7	钼精矿	4
炼焦用的精煤	平时8，冬季5	铋精矿	2
磷精矿、硫精矿（硫化铁）	平时12，冬季8	钨精矿（包括合成白钨）	0.5
钒精矿	10	萤石精矿	0.5

B　精矿的批配

由于影响选矿生产的因素很多，导致精矿的质量常有波动。批配的任务，就是把不同质量的精矿，根据加权平均的计算结果从各批次中取出相应数量进行混合，使之达到某一精矿等级的质量标准。

加权平均的计算原则是混合前后，精矿的质量及金属含量均相等，即：

$$Q_1 + Q_2 + \cdots + Q_n = Q \tag{3-1}$$

$$Q_1\beta_1 + Q_2\beta_2 + \cdots + Q_n\beta_n = Q\beta \tag{3-2}$$

式中　　Q_1，Q_2，$\cdots$，Q_n——投入批配的各批次精矿在干燥状态的质量，t（或 kg）；

　　　　β_1，β_2，$\cdots$，β_n——投入批配的各批次精矿的金属品位，%；

　　　　Q，β——批配以后混合精矿在干燥状态的质量和品位，t（或 kg）和%。

显然，精矿批配问题只存在于未达到和已超出某一质量要求的两类精矿之间。

3.2　浓缩原理与浓缩机

3.2.1　浓缩原理

浓缩是将较稀的矿浆浓集为较稠的矿浆的过程，同时分出几乎不含有固体物质或含少量固体物质的液体。选矿产品浓缩过程，根据矿浆中固体颗粒所受的主要作用力的性质，分为以下几种：

（1）重力沉降浓缩，料浆受重力场作用而沉降。

（2）离心沉降浓缩，料浆受离心力场作用而沉降。

（3）磁力浓缩，由磁性物料组成的料浆，在磁场作用下聚集成团并分离出其中的部分水分。在此，主要介绍重力沉降浓缩的基本原理。

3.2.1.1　浓缩的基本原理

A　沉降末速和自由沉降

对于精矿固液分离，浓缩处理的对象是矿粒与水混合成的矿浆。在浓缩过程中，悬浮在矿浆中的矿粒开始向下沉落时，由于重力的作用，速度要逐渐增大。但因矿粒沉落时还同时受到水的阻力，并且水的阻力将随下沉速度的加快而增大。直到水对矿粒向上的阻力增大到与矿粒所受向下的重力相等时，矿粒下沉的速度就不再变化，于是矿粒便以这一时刻的恒定速度沉落，这一恒定速度，叫做**沉降末速**。

被浓缩的矿浆，如果浓度较小，矿粒在沉降时可以忽略相互间的干扰，这样的沉降叫做**自由沉降**；如果浓度较大，矿粒沉降时互相干扰，相互间由于摩擦、碰撞而产生的机械阻力较大，这样的沉降叫做**干涉沉降**。由于除水的阻力之外，还有矿粒相互间的机械阻力，所以，干涉沉降末速比自由沉降末速要小。这就是为什么稀矿浆中的矿粒沉降速度快，浓稠矿浆中的矿粒沉降速度慢的原因。

一般精矿的沉淀浓缩过程，特别是在实践上有较大意义的初期沉降，干涉现象并不严重，可以近似地看成是自由沉降。在自由沉降的过程中，由于矿粒从开始沉落到速度增加至沉降末速所经历的时间很短暂（以直径相当于1mm的石英颗粒为例，这个时间仅为0.04s），因此可以近似地认为，自由沉降一开始，矿粒就是以沉降末速沉落。当这样设定以后，我们就可以把整个浓缩过程看作是矿粒以沉降末速作恒速沉落的过程。这对于我们实际测定浓缩过程的沉降速度，将带来很大的方便。

B　沉淀浓缩过程

在沉淀浓缩过程中，矿粒的沉降和随之而来的矿浆的澄清可以划分为几个阶段。我们用下述的沉降实验予以说明：

将一定质量的矿粒和水，装在一个有刻度的玻璃量筒中，搅拌均匀后即混合成一定浓度的矿浆，如图3-3所示。

将矿浆静置，其中的悬浮矿粒即以沉降末速下落，于是在容器底部开始有矿粒堆积，此堆积区叫做**压缩区**，如图3-3筒2中的D区；同时上部有澄清的水层出现，叫做澄清区，如图中

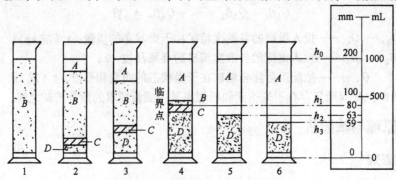

图3-3　量筒中的沉淀浓缩过程

筒2的A区。在澄清区的下面是**沉降区B**，它的浓度与浓缩前的矿浆浓度近似。在沉降初期，B区和D区之间并没有明显的分界面，不易区分，因此把这一段区域叫做**过渡区**，在图3-3中以C区表示。矿粒进入过渡区后，就从自由沉降转变为干涉沉降。随着浓缩过程的进行，A区和D区逐渐扩大，B区逐渐缩小以至最终消失。为了后面叙述的方便，我们把B区消失的时刻叫做**临界点**，如筒4所示。随着B区的消失，C区也很快消失，最后只剩下A区和D区。随着静置时间的延长，D区的高度还会有所下降，如筒5和筒6所示。这是因为上面水柱的静压力作用使D区内矿粒间的水被挤压出来的缘故。静置时间再延长，直到压缩区的高度不再降低，沉淀物浓度不再增大的时候，整个浓缩过程即告结束。

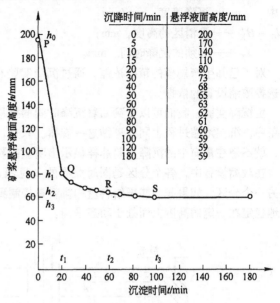

沉降时间/min	悬浮液面高度/mm
0	200
5	170
10	140
15	110
20	80
30	73
40	68
50	65
60	63
70	62
80	61
90	60
100	59
120	59
180	59

图 3-4 沉降曲线

我们若以沉降时间为横坐标，矿浆悬浮面的高度为纵坐标，每隔一定时间将澄清区A与沉降区B的交界面的观察位置记录下来，便可绘成如图3-4所示的沉降曲线。

整个沉降曲线是由两段直线PQ、RS和一段连接二者的曲线QR组成。它表示矿浆悬浮液面的高度h随沉降时间t的变化关系。直线段PQ和曲线段QR的交点Q，代表了沉降区（即图3-3中的B区）刚消失时的临界点。在到达临界点之前（经历的时间小于t_1），与澄清区交界的是沉降区，因此这期间矿浆的澄清速度由沉降区中矿粒的沉降末速决定。这是沉淀浓缩过程的**等速沉降阶段**，由对应的直线PQ表示。在到达临界点以后，矿粒即处在较浓的矿浆中以干涉沉降继续沉落，沉降速度因干涉现象趋于严重而逐渐降低。这是沉淀浓缩过程的**减速沉降阶段**（即过渡区随沉降区的消失而消失的阶段，经历的时间为$t_2 \sim t_1$），由对应的曲线QR表示。已经沉积的沉淀物，因位于其上的水柱静压力的作用被进一步压缩而增大浓度。这一压缩阶段可以看作是又一个等速沉降阶段（经历的时间为$t_3 \sim t_2$），由对应的直线段RS表示。在到达S点以后，即使沉降时间继续延长（经历的时间大于t_3），界面也不再下降。S点即为浓缩过程的终点。若继续绘出沉降曲线在S点以后的部分，则是一条平行于横坐标轴的直线。

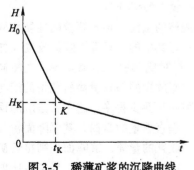

图 3-5 稀薄矿浆的沉降曲线

由图3-4可以看出，直线段RS已很平缓，表明D区的进一步压缩十分缓慢。所以在沉降实验中，临近终点的观测必须有较长的时间间隔，直到能确认前后两次观测的界面实际一样时，才算找到了终点。

对于某些矿粒较粗、浓度较低的稀薄矿浆，在沉淀浓缩过程中，过渡区消失的时间很短，反映在沉降曲线的QR曲线段也很短。在这种情况下，可以由两条直线段的延长部分近似代替（见图3-5），交点K即代表临界点。这时，矿粒的沉降速度可用下列公式计算：

$$v = \frac{H_0 - H_K}{t_K} \tag{3-3}$$

式中　　v——沉降速度，mm/min；

$H_0 - H_K$——澄清区的高度，mm；

t_K——必须的沉降时间，min。

对于已知生产规模的精矿浓缩，通过沉降实验和式（3-3）所提供的数据，即可作为核定或选择浓缩设备的依据。

由沉降实验，我们可以看到随着沉降时间的推移各个区域的变化情况。在连续作业的浓缩设备中，沉淀浓缩过程也同样遵循这一规律。只是，由于不断给料和不断排料，整个过程的进行，就不像在量筒中的沉降实验那样显示出明显的阶段性。

在浓缩设备中，各个分区是同时兼有的（见图3-6），固体矿粒连续不断地由一个分区进入另一个分区。如果我们能把给料量和排料量控制到恰好相等，那么各个分区的位置就可以相应地稳定在一定的高度上而处于动态平衡。

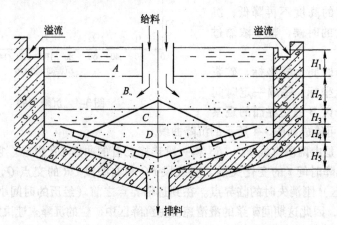

图3-6　浓缩机中的分区现象

A—澄清区；B—沉降区；C—过渡区；D—压缩区；E—耙子挤压区

在生产实践中，要把给料量和排料量控制到恰好相等是不容易的，况且给料的粒度组成和浓度也会有所变化。由于给料量或排料量的改变，动态平衡即被破坏，各个分区的高度就要发生变化。为了保证浓缩过程的有效进行，对各分区的高度都有一个起码的要求。例如，澄清区 H_1 应不小于 $0.2 \sim 0.3\mathrm{m}$，沉降区 H_2 应不小于 $0.3 \sim 0.5\mathrm{m}$。

3.2.1.2　斜管里的沉降

取两只同样规格的量筒，装入等量的性质相同的同一种矿浆，并将其中的一只量筒倾斜放置（如图3-7所示），进行对比实验。结果发现，在相同的沉降时间内，垂直放置的那只量筒所获得的澄清水比倾斜放置的另一只要少得多。这主要是沉降面积不相同的缘故：垂直放置的量筒，其沉降面积等于底面积，而倾斜放置的量筒，沉降面积则接近矿浆柱体在水平面上的投影面积。显然，后者要比前

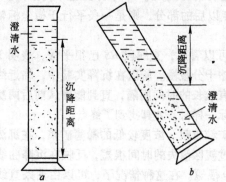

图3-7　不同放置方式的沉降对比

a—垂直放置；b—水平放置

者大许多。其次是沉降的距离减小，从而缩短了矿粒沉出的时间。

正是由于上述实验的启示，出现了带斜板（或斜管）的浓缩设备。在普通浓缩池中插入斜板以后，斜板即将池子分隔成若干层（如图3-8所示），每两块斜板之间便成为一个独立的浓缩单元：每一块斜板的下方都有一个澄清区，每一块斜板上都有沉淀下来的浓缩物。和没有斜板的原浓缩池比较，沉淀浓缩效率大大提高。从理论上说，其效率提高的倍数相当于斜板总水平投影面积比原池子面积增

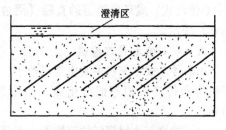

图3-8　斜板上的沉降

加的倍数。但实际上，只有最上面的那块斜板的沉降面积等于它的水平投影面积，其余各块由于被上一块遮挡，有效沉降面积要比水平投影面积小；而且存在着层间流态干扰，部分沉淀沿斜板下滑时产生重新泛起、积泥等问题，使得实际效果不可能达到理论倍数。

3.2.1.3　影响浓缩的因素与加速沉降的途径

A　影响浓缩的因素

矿浆的浓缩效率，决定于其中固体矿粒沉降的快慢，即决定于矿粒的沉降末速。对于细小矿粒（直径小于0.12mm）的沉降末速可以用斯托克斯（G. G. Stokes，英国物理学家）提出的公式计算：

$$v = 54.5d^2 X \frac{\delta - \Delta}{\mu} \tag{3-4}$$

式中　v——沉降末速，cm/s；

　　　　d——矿粒的体积当量直径（即与矿粒等体积的球体直径），cm；

　　　　X——矿粒的形状系数。对于精矿矿粒，可取 $X = 0.7 \sim 0.8$；

　　　　δ——矿粒的密度，

　　　　Δ——介质的密度。对于水，$\Delta = 1g/cm^3$；

　　　　μ——介质的动力黏度，Pa·s，水在常温时的 μ 值约为 0.001Pa·s。

由式（3-4）可以看出，影响矿浆中矿粒沉降速度的因素，主要是矿粒的大小，其次是矿粒的密度和水的黏度。对于具体的矿浆来说，矿粒和水的密度是一定的，水的黏度则随着温度的变化而变化（温度升高1℃，黏度约减小2%）。选矿药剂的加入，对水的黏度也有影响。

B　加速沉降的途径

（1）使细粒团絮：由式（3-4）可知，影响沉降的主要因素是矿粒的大小。为了加速沉降，最有效的办法是把微细颗粒团絮"变大"。加入一定数量的适宜的凝聚剂或絮凝剂，使矿浆中分散的微细矿粒黏附或桥接成较大的絮团，即可提高沉降速度，加快浓缩过程。

（2）加热升温：对矿浆加热以提高温度，从而降低水的黏度，也可使沉降速度有所提高。

（3）降低浓度：在处理高浓度矿浆时，适当降低浓度，使整个浓缩过程中能有一个自由沉降阶段以提高浓缩效率。

3.2.2　浓缩设备

3.2.2.1　耙式浓缩机

耙式浓缩机是目前选矿厂广泛使用的沉淀浓缩设备。按传动方式的不同，浓缩机可分为**中心传动式**和**周边传动式**两种类型。中心传动式浓缩机由于结构上的原因，直径不宜过大，一般小于20m。周边传动式浓缩机，其直径都在15m以上。

浓缩机的规格，一般用浓缩池的内直径（中心传动式）或环形轨道的直径（周边传动式）表示。

A　中心传动式浓缩机

中心传动式浓缩机主要由圆形池子、耙子机构和传动机构等部分组成，如图 3-9 所示。

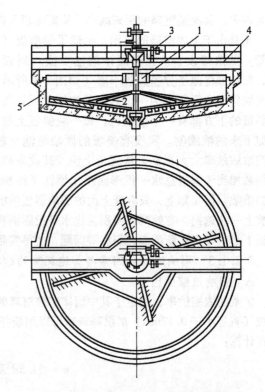

图 3-9　φ20m 以下中心传动式浓缩机结构图
1—给料装置；2—耙架；3—传动装置；
4—支承体；5—槽体

池子的底部为缓倾斜的圆锥形，底部与水平面的倾斜约为 6°~12°。池子一般用混凝土筑成，尺寸小的，也可用钢板焊制。在池底中央开有一个圆锥形的排料口，可与排料管道连接。排料口内通常衬以铸铁或其他耐磨材料，以便磨损后更换。在池子内壁的上缘有环形溢流槽。位于池子中央的竖轴上悬挂着耙子机构。耙子机构由耙臂、耙齿（刮板）及加固用的拉条组成。两对径向布置的耙臂互相垂直呈十字形，其中一对的长度略小于池子半径，另一对的长度约等于半径的三分之二。为了能把整个池底沉积下来的浓缩物都集中由排料口排出，安装在耙臂上的耙齿与耙臂约成 30°角。在蜗轮蜗杆传动机构的内孔中，安装有竖轴，二者呈滑动配合；因为连接键的定位作用，竖轴只能在蜗轮内孔中沿轴向上下移动。运转时，由电动机经齿轮减速箱驱动的蜗杆传动，竖轴即同蜗轮一起旋转，固定在竖轴下端的耙子即在池中转动，浓缩沉淀物即被耙往排料口。在竖轴的上段加工有持重能力很大的梯形螺纹。由提升手轮和锁紧手轮组成的提升装置，通过镶在其内孔中的梯形螺母连接在竖轴上，并靠蜗轮支承。蜗轮又由安装在支架上的平面滚珠轴承支承。旋转提升手轮，即可将耙子随竖轴一起提高或降低，达到在运转中调节耙子高度的目的。锁紧手轮的作用是防止螺母回松而使竖轴下滑造成事故。在池子上部的中央，安装一个圆筒形的给料筒，其高度应能使其下端浸没在澄清区以下。矿浆自管道或流槽由给料筒给入浓缩机进行浓缩，澄清后的溢流水从池子四周溢出，再由环形流槽集中排出。

中心传动式浓缩机为了保障耙子不因过载而被扭坏或烧毁电动机，常设置有过载信号装置，如图 3-10 所示的过载信号装置是最常用的一种。

这种装置的特点是：由滑动轴承支承的蜗杆能在轴瓦内窜动。平时，它是靠位于一端且稍被压缩的弹簧来

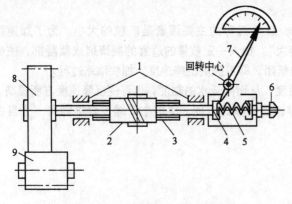

图 3-10　过载信号装置示意图
1—滑动轴承；2—蜗杆；3—蜗轮；4—垫板；5—弹簧；
6—调节螺杆；7—指针；8，9—传动齿轮

保持其正常位置的。弹簧正常工作的预压力可由螺杆加以调节。正常运转时,蜗轮由蜗杆传动而带着耙子旋转,蜗杆受到一个轴向推力的作用。由于这个轴向推力被压缩弹簧的弹力所平衡,因此蜗杆不会产生轴向位移。当负荷过大(即过载)时,耙子受到的阻力增加,由蜗轮反作用在蜗杆上的轴向推力也相应增大,转动着的蜗杆便被推向右方,从而推动垫板,使弹簧进一步压缩;尾端连接在垫板上的指针即随垫板的向右位移而以支点为回转中心向左转动。当指针转到一定位置时,便可接通警铃或信号电路发出警报或过载信号。岗位操作工人接到过载信号,应旋转提升手轮将耙子随同竖轴一道提起。当过载消除后,蜗杆又在弹簧的弹力作用下被顶回左方的正常位置。

提升装置也可以是电动的。当过载时,指针摆到报警位置即可接通提升装置的电路,自动将耙子提起,直至蜗杆因过载消除恢复到原位时,提升装置的电路又自行断开。

目前我国制造的小型中心传动式浓缩机的规格有直径1.8m、3.6m、6m、9m和12m五种。我国中心传动式系列产品已规划有直径53m、75m和100m三种规格的大型浓缩机;另有直径16m、20m、30m和40m四种规格的中型浓缩机。前者没有自动提耙装置,后者备有自动或手动提耙装置。

B 周边传动式浓缩机

周边传动式浓缩机如图3-11所示。在环形池子(通常是用钢筋混凝土筑成)的中央有钢筋混凝土支柱。借助于平面滚珠轴承便可把挂着耙子的桁架支承在支柱上。桁架的外端由落在环池轨道上的小车滚轮支承。在桁架的平台上安装有传动机构,由电动机通过减速箱带动小车滚轮沿环池轨道行走,并带动桁架围绕支柱旋转。给料槽是沿着可供操作工人行走的天桥安设的。

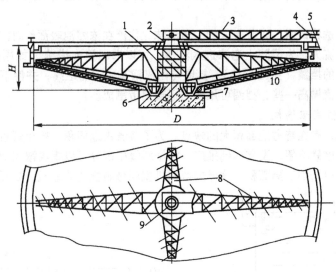

图 3-11 周边传动式浓缩机结构简图

1—中心筒;2—中心支承部;3—传动架(桁架);4—传动机构;5—溢流口;
6—副耙;7—排料口;8—耙架;9—给料口;10—槽体

为了给电动机供电,采用了集电装置,其结构简图如图3-12所示。在中央支柱上装有互助绝缘的滑环,而沿滑环滑动的集电接点(即电刷)则安装在桁架上,并由敷设在桁架上的电源引入线把它和电动机的接线头连接起来。弹簧的作用是为了保持电刷与滑环的紧密接触,以保证通电良好。由于采用了这样的滑环集电接点装置,通过敷设在天桥上的外接电源线,即

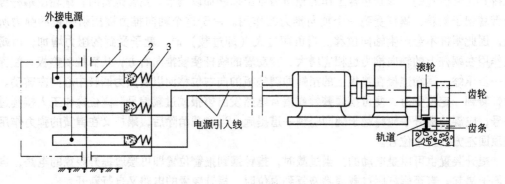

图 3-12　滑环集电接点装置示意图
1—滑环；2—电刷；3—弹簧

可顺利地向在环形轨道上运行的电动机供电。

为了便于检修排料口和调节排料量，一般在浓缩机池底下面建筑一条地下通道，通至池底中央部位。

大型的周边传动式浓缩机，为了获得较大的驱动力，在环池轨道的外侧还并列一圈固定的齿条，在小车滚轮的外侧也并列了一个与齿条相啮合的齿轮（见图 3-13），以此推动小车前进。因为它不仅借助小车滚轮与轨道之间的摩擦力，而且还有齿轮驱动，所以推动力很大。但当耙子所遇的阻力超过一定限度时，小车滚轮也不会打滑，桁架将在齿轮的驱动下继续前进，这就可能导致扭坏耙架或烧毁电机的事故发生。因此，大型的周边传动式浓缩机必须安装可靠的安全装置。

浓缩机处理浮选精矿时，矿浆带入的大量泡沫往往浮在浓缩池表面长时间不沉降，致使溢流浑浊，增加金属流失。为了防止泡沫进入溢流，可以采用消泡措施（如用高压水喷射）和装设阻挡泡沫外溢的挡圈（见图 3-13）。挡圈与溢流槽有一定的距离，并使下缘浸入液面数厘米，而上缘应比溢流槽高一些，挡圈可用废旧运输皮带围成。

3.2.2.2　斜板式浓缩机

普通的浓缩机，存在着占地面积大的缺点。为了节省占地面积，曾出现过多层浓缩机，但因构造复杂，操作维修不便，没有得到推广。根据斜管中沉降可以提高浓缩效率的现象，在浓缩池里加装倾斜板以增加沉降面积，这样的浓缩机就叫做斜板式浓缩机，如图 3-14 所示。

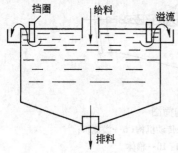

图 3-13　浓缩机的挡圈装置

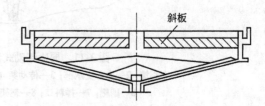

图 3-14　斜板式浓缩机示意图

倾斜板只能加装在中心传动式浓缩机里，周边传动式浓缩机不便加此装置。倾斜板一般布置成截头圆锥面（或棱锥面）形状，以竖轴为轴心一层套一层地固定在浓缩池中。为了使已沉落在倾斜板上的矿粒能够顺利下滑，斜板安装角度一般为50°~60°。为了避免阻塞，斜板布置的密度不能过大，它们之间的距离一般不小于20mm。目前多半采用钢板焊制的倾斜板，也有采用硬质塑料板或钢化玻璃板的。

3.2.2.3 高效浓缩机

高效浓缩机是近年来国外的研制成果，是在倾斜板浓缩机的基础上发展起来的，结构如图3-15所示。

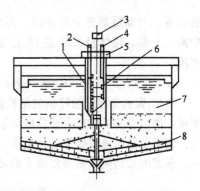

图 3-15 高效浓缩机示意图

1—混合精矿；2—絮凝剂添加管；3—混合器驱动装置；4—给料管；5—耙子驱动装置；6—搅拌叶片；7—倾斜板；8—耙子

高效浓缩机的主要特点，是在沉淀浓缩的同时，利用了过滤的净化作用。普通浓缩机为了防止溢流跑浑，一般是把澄清区高度控制在0.3~0.6m的范围内，位于沉降区下面的浓相层（即过渡区和压缩区）距离液面的深度通常不小于0.8~1m。在高效浓缩机中，则把浓相层的界面提高，控制在矿浆混合器出口端以上，把矿浆直接给入到浓相层中。密集了固体矿粒的浓相层就相当于一个过滤介质层，可将那些无法在上升液流中沉降的微细矿粒捕捉下来，从而获得澄清的溢流。另一方面，由于浓相层的提高，不但增大了浓缩机的处理能力，而且有利于压缩区的进一步压缩，使排出的浓缩产物浓度增加，为后续的过滤作业创造有利条件。

高效浓缩机采用的搅拌混合器，为絮凝剂在矿浆中的均匀分布提供了必要的搅拌强度，有利于微细矿粒絮凝成团。为了避免已经形成的絮团在排出混合器前又被搅碎，可采取向每个搅拌室都添加絮凝剂的办法。

高效浓缩机适合处理难沉降的细粒精矿。由于它的单位面积生产能力比普通浓缩机高许多倍，因而直径大为缩小，设备投资和经营费用大幅度降低。只是絮凝剂的使用增加了药剂费用。

下面简单介绍目前国外常用的三种高效浓缩机。

A 艾姆科（Eimco-BSP）型

艾姆科高效浓缩机的结构如图3-16所示。给矿筒被分隔成三段竖直的机械搅拌室，并与浓缩机的中心竖轴同心。矿浆给入排气系统，带入的空气被排出，然后通过给矿管进入

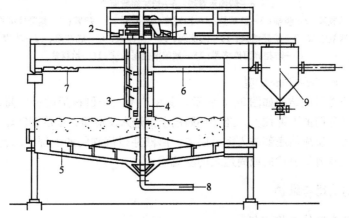

图 3-16 艾姆科高效浓缩机结构图

1—耙传动装置；2—混合器传动装置；3—絮凝剂给料管；4—给料筒；
5—耙架；6—给料管；7—溢流槽；8—排料管；9—排气系统

混合室，与絮凝剂充分混合后，再经混合室下部呈放射状分布的给矿管直接给到沉砂层的中部、上部。液体经沉砂层的上层过滤以后上升成为溢流，絮团则留在沉砂层中进入底流。

　　B　道尔-奥利弗（Dorr-Oliver）型

道尔-奥利弗高效浓缩机的结构如图3-17a所示。该设备有一个特殊的给矿筒，如图3-17b所示。送进浓缩机的矿浆被分成两股，分别给到给矿筒的上部和下部的环形板上，两者流向相反，使得由给矿造成的剪切力最小。当一定浓度的絮凝剂从给矿筒中部给入后可与矿浆均匀混合，形成的絮团便从剪切力最小的区域平缓地流到浓缩机内沉降。

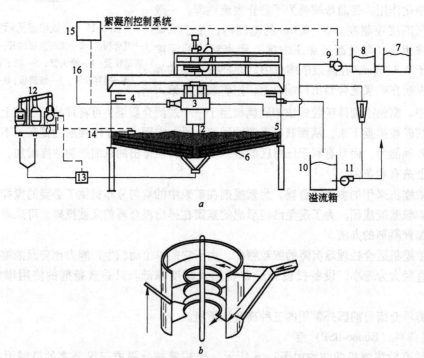

图3-17　道尔-奥利弗高效浓缩机结构示意图

a—结构示意图；b—给矿筒截面图

1—传动装置；2—竖轴；3—给矿筒；4—溢流槽；5—槽体；6—耙臂；7—絮凝液搅拌槽；
8—絮凝液贮槽；9—絮凝液泵；10—溢流箱；11—溢流泵；12—底流泵；13—浓度计；
14—浓相界面传感器；15—絮凝剂控制系统；16—给料管

　　C　恩维罗（Enviro-Cldar）型

恩维罗高效浓缩机的结构如图3-18所示。其中心有一个倒锥形的反应筒，矿浆沿给矿管从反应筒中心的循环筒的下部往上，经循环筒的上部进入反应筒，受旋转叶轮搅拌，与絮凝剂充分地混合后，再从反应筒底部进入沉砂层中。溶液穿过沉砂层的上部，向上运动形成溢流，进入溢流堰。该机具有放射状的或周边式的溢流槽。

3.2.3　浓缩机的使用与维护

3.2.3.1　浓缩机的工作指标

　　A　单位沉降面积的生产率

普通浓缩机单位沉降面积的生产率可按下列公式计算：

$$q = \frac{Q}{F} \tag{3-5}$$

式中　q——单位沉降面积的生产率，$t/(m^2 \cdot d)$；

　　　Q——固体精矿的日处理量，t/d；

　　　F——浓缩机的有效面积，m^2，其中 $F = (0.8 \sim 0.9)S$，S 表示浓缩机的几何面积。

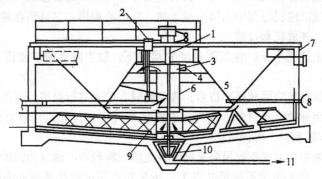

图3-18　恩维罗高效浓缩机结构图

1—给料管；2—加药管；3—叶轮；4—缓冲器；5—反应筒；6—循环筒；7—溢流出口；
8—取样管；9—转鼓；10—锥形刮料板；11—排矿管

　　为了保证浓缩机的正常工作，浓缩机的实际生产率不能超出处理相应精矿的额定生产率。否则，来不及沉降的矿粒将大量进入溢流而造成金属流失。表3-2 列出了几种精矿的额定生产率。

表3-2　浓缩机的额定生产率

精矿名称	硫化铅锌精矿	氧化铅精矿 铅-铜精矿	黄铁矿精矿	浮选铁精矿	锰精矿
额定生产率/$t \cdot (m^2 \cdot d)^{-1}$	0.5 ~ 1.0	0.4 ~ 0.5	1.0 ~ 2.0	0.5 ~ 0.7	0.4 ~ 0.7

　　注：表列数值适用于粒度为 -200 目（0.074mm）占80% ~ 90% 的精矿。粒度较粗的可取较大值。

　　B　溢流排出速度

　　在浓缩机内，溢流排出速度反映了和矿粒沉降方向相反的上升水流速度，直接影响浓缩过程的进行。它可按下列公式计算：

$$v = \frac{Q(R_2 - R_1)}{F \times 24 \times 60} \times 1000 \tag{3-6}$$

或　　　　　　　　　　　　$v \approx 0.7q(R_2 - R_1) \tag{3-7}$

式中　　　v——溢流排出速度，mm/min；

　　R_2, R_1——浓缩机给矿和排矿的液固比；

　　Q、F、q 的意义与式（3-5）相同。

　　显然，由式（3-6）或式（3-7）计算得到的 v 值必须小于由沉降实验测得的沉降速度，这是浓缩过程得以正常进行的条件。

　　C　溢流固体含量

　　对于具体的浓缩作业，要求浓缩机溢流绝对澄清是不可能也是不必要的。于是，溢流中固体含量的多少就成为浓缩机工作正常与否的又一个标志。各选矿厂可以通过实际查定拟出本厂的溢流固体含量的允许范围，作为判定浓缩机工作状况的指标。

生产实践中，溢流固体含量可以通过溢流取样直接测定，单位是 mg/L 或 g/L。

3.2.3.2　浓缩机的操作与维护

浓缩机的给料是选别作业送来的含水精矿，给矿量和矿浆浓度的大小一般是确定的。因此，浓缩机的操作一般只是调节排料闸阀，以控制排矿量和浓缩产物（又称底部流）的排出浓度。操作中，要注意防止机器过负荷。所谓过负荷有两方面的含意：一是给矿量过大，致使沉降面积不够，造成浓缩机溢流中固体含量增加，即溢流跑浑；二是积存的沉淀物过多，致使耙子运动阻力过大，造成机器过载。

在保证溢流排出速度小于矿粒沉降速度的前提下，适当降低给矿浓度，可以提高浓缩效率，减少溢流损失。

浓缩机在检修或运转中因故停车以后，再启动时，应先进行盘车。若停车时间较长，为防止因精矿沉淀过厚而导致机器过载，应将耙子提起来（中心传动式）或放出部分积矿（周边传动式），直至盘车顺利时，再行启动。

对于运转中的浓缩机，应按规程要求定时检查减速箱和各部轴承的润滑和温升情况，滑动轴承不应超过 60℃，滚动轴承不应超过 70℃；齿轮啮合情况或减速箱的声响是否正常；机械连接部分是否松动或有无异常响声。除此以外，经常观察和测定溢流固体含量和排矿浓度，可以帮助判断浓缩作业的情况。

3.2.3.3　浓缩机的常见故障

浓缩机运转中的常见故障发生的可能原因及排除方法列于表 3-3 中。

表 3-3　浓缩机常见故障排除表

序号	常见故障	产生原因	排除方法
1	轴承过热	(1) 缺油或油质不良； (2) 竖轴安装不正； (3) 轴承磨损或碎裂	(1) 补加油或更换新油； (2) 停车调整或重新安装； (3) 更换轴承
2	减速机发热或有噪声	(1) 缺油或油质不良； (2) 齿轮啮合不当； (3) 齿轮磨损过甚	(1) 补加油或更换新油； (2) 调整齿轮啮合间隙； (3) 更换齿轮
3	电动机电流过高，耙架或传动机构有噪声	(1) 负荷过载； (2) 耙臂耙齿安装不当或松动； (3) 竖轴弯曲或摆动	(1) 调整负荷提耙或增加排矿； (2) 重新安装或紧固； (3) 校正竖轴或调整紧固
4	滚轮打滑	(1) 负荷过重； (2) 摩擦力不够； (3) 滚轮磨小	(1) 增大排矿； (2) 拭净轨道上的油污； (3) 修复或更换滚轮
5	耙架，耙齿失效	腐蚀及磨蚀	更换耙架及耙齿

3.3　过滤原理与过滤机

3.3.1　过滤原理

3.3.1.1　过滤的基本原理

过滤是利用多孔物质作为介质，把固体从固液混合体中截留下来，只让液体从介质的孔隙中通过，从而使固液分离的过程，如图 3-19 所示。人们习惯上把要过滤的固液混合体叫做**滤**

浆，把带有许多小孔的物质叫做**过滤介质**。经过滤后，从滤浆中分离出来的液体叫做**滤液**，被过滤介质截留下来的固相部分叫做**滤饼或滤渣**。

A 固体颗粒的架拱现象

为了便于滤液的通过，过滤介质应当选用多孔性物质。常用的有纤维织物、金属丝编织的网和多孔陶瓷板，以及适当厚度的粒状固体物料层等。显然，滤孔的大小关系到滤液通过的快慢。在有色金属选矿厂，过滤的对象一般是含微细矿粒的矿浆。由于在过滤过程中，固体颗粒在滤浆上面能形成如图3-20所示的拱状结构，使滤孔的入口变小，所以可截留住小于滤孔的颗粒。因此，不像筛子的筛孔必须小于筛分粒度那样，过滤介质的滤孔尺寸可以比滤浆中相当部分矿粒的直径大许多，以利于滤液的通过。虽然，在拱状结构尚未形成的过滤初期，会有一些小于滤孔的矿粒穿过过滤介质进入滤液，但是，一旦产生了拱状结构并随之形成滤饼以后，细粒就被截留下来并成为滤饼的组成部分，滤液也就变得清澈了。

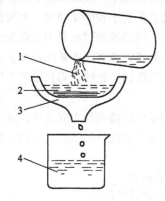

图 3-19 过滤示意图
1—滤浆；2—滤饼；3—过滤介质；4—滤液

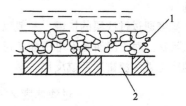

图 3-20 固体颗粒的架拱现象
1—固体颗粒；2—滤孔

B 过滤推动力

在精矿脱水过程中，过滤一般处理的是浓缩以后的产品。它所要脱除的水分如果只是像图3-19那样，仅依靠水的重力，分离是比较缓慢的。特别是随着过滤的进行，滤饼形成并逐渐增厚，滤液要通过过滤介质必须克服逐渐增大的阻力，水自身的重力很难满足。要使过滤能够有效地进行，一般还需要借助外力。这种在过滤中附加的外力，叫做**过滤推动力**。不同的过滤方法，就是根据推动力的不同类型来加以区分的。

C 滤布

精矿的过滤，一般采用纤维织物作为过滤介质，叫做**过滤布**，简称**滤布**。理想的滤布应该是既有较长的使用寿命，又能使过滤物料在较小的过滤推动力条件下，具有过滤速度快、滤饼水分低、滤液固体含量少的优点。因此要求滤布具有强度高、韧性大、耐磨、耐腐蚀、透气性好、吸水少等特点。滤布的性能决定于编织材料，纱支和织法。

滤布的常用材料有天然纤维的棉纱和包括绵纶、涤纶、维尼纶等在内的合成纤维。滤布纱支组成分为短纤维、长纤维、单丝三种；前两种又称复丝，后一种又称棕丝。单丝或长纤维织成的滤布，具有透气性好，不易堵塞，表面光滑，滤饼容易脱落等优点，但细粒物料易从滤液流失。短纤维成的滤布，质地致密，滤液清澈，但透气性较差，易堵塞。

滤布织法有平纹、斜纹、缎纹等多种。平纹滤布透气性较差，但强度高，耐磨损。斜纹、缎纹滤布透气性好，而强度和耐磨性又较差。此外，还有经线和纬线采用单丝和复丝交织，以及不同复丝交织的许多种类。

3.3.1.2　过滤速度

在过滤的过程中，一旦滤饼开始形成，滤浆中的水分就要相继通过滤饼和过滤介质才被滤去。这样，滤饼也起到了过滤介质的作用。通常就把过滤介质和滤饼一并叫做**过滤层**。过滤的阻力，由**过滤介质阻力**和**滤饼阻力**两部分合成。过滤介质的阻力可以认为是恒定的，而且相对于滤饼阻力一般都小得多。滤饼阻力则随滤饼的增厚而变大。为了减少这一阻力，就需要不断把滤饼从过滤介质上清除掉。在连续作业的过滤设备上，滤饼是被周期性地卸掉的。

滤饼按照它的单位厚度的阻力（简称**比阻**）是否随过滤推动力的变化而发生变化，分为可压缩的和不可压缩的两类。可压缩的滤饼，因其拱状结构的横断面会随推动力所施予的压力的变化而改变，故过滤阻力也随之改变。这是一个很复杂的过程，要精确表示它随压力变化的情形很困难。不可压缩的滤饼，在推动力所施予的压力变化的情况下，其结构几乎不会发生变化，因此可以认为滤饼比阻并无改变。所以，不论过滤推动力的大小和变化如何，不可压缩滤饼的阻力只与其厚度成正比。当过滤介质的阻力可以忽略时，过滤层的过滤阻力也就近似地正比于滤饼的变化，而与推动力的大小无关。选矿厂进行脱水处理的精矿，在常用过滤设备所具有推动力范围内，滤饼基本上是属于不可压缩的。因此，在后面的讨论中，都只限于不可压缩的滤饼。

滤液通过过滤层的快慢，一般以过滤速度表示。过滤速度同过滤推动力成正比，同过滤阻力成反比。对于滤饼是不可压缩的过滤过程来说，因为过滤阻力同滤饼的厚度成正比，所以过滤速度也就和滤饼厚度成反比，即

$$过滤速度 \propto \frac{过滤推动力}{过滤阻力} = \frac{过滤推动力}{滤饼比阻 \times 滤饼厚度}$$

在过滤过程中，滤饼厚度是逐渐增厚的，如果过滤推动力恒定，过滤速度将随滤饼增厚而降低，如果要保持一定的过滤速度，过滤推动力必须随滤饼的增厚而增大。

在生产实践中，过滤速度通常用单位时间内通过单位过滤面积上的滤液的流量来表示，即

$$c = \frac{V}{F \cdot t} \tag{3-8}$$

式中　c——过滤速度，$m^3 / (m^2 \cdot s)$；

　　　V——滤液体积，m^3；

　　　F——过滤面积，m^2；

　　　t——过滤时间，s。

在恒压过滤时，由于过滤阻力将随滤饼的增厚而逐渐增大，过滤速度不是一个定值。因此对于恒压过滤，过滤速度往往是就一个过滤周期或某一段时间的平均值而言的。

3.3.1.3　影响过滤的因素与提高过滤效率的途径

A　影响过滤的因素

在连续生产的过滤作业中，影响过滤的因素是比较复杂的。归纳起来，可以分为下述几个方面：

（1）滤浆的性质。对精矿过滤发生影响的滤浆性质，主要是矿浆浓度和温度，精矿的粒度组成，以及矿浆中所含选矿药剂的种类和性质。

实验证明，对于真空过滤作业，在其他条件一定的情况下，滤饼厚度随矿浆浓度的增大而增加，滤饼水分随矿浆浓度的增大而减少。一般地说，较高的矿浆浓度对过滤总是有利的。

矿浆黏度随矿浆温度的升高而降低。提高矿浆温度，不仅可以提高过滤速度、降低滤饼所含水分，而且可以增大滤饼厚度、提高过滤机生产率。

矿浆中的精矿粒度及其组成对过滤效果有显著影响。粒状或粗粒精矿，因其形成的滤饼孔隙度大，滤饼比阻小，滤液容易通过，过滤机的生产率较高，滤饼水分也较低；扁平状或细粒精矿，因其所形成的滤饼孔隙度小，滤饼比阻大，滤液不易通过，过滤机的生产率较低，滤饼水分也较高；至于微细的胶体矿粒，不但使矿浆的黏度增大，而且进入滤饼以后还会堵塞滤孔，造成过滤困难。精矿粒度组成越宽，颗粒大小越不均匀，滤饼比阻越大，反之，则滤饼比阻越小。

矿浆中选矿药剂对过滤的影响，因药剂种类、性质以及用量的不同而异。一般地说，除了表面活性剂一类的药剂（如起泡剂）能减小表面张力之外，其他浮选药剂的存在，都会降低矿浆的可滤性。

（2）滤饼性质。对过滤过程发生影响的滤饼性质，主要是滤饼孔隙度和滤饼厚度。

滤饼的孔隙度愈大，滤饼愈容易通过，滤饼水分也愈低。为了获得较高的生产率和较低的滤饼水分，总是希望滤饼的孔隙度尽可能大些。但是，滤饼产生龟裂，则是真空过滤所不允许的。因为滤饼的裂缝会使过滤室与大气直接相通而丧失真空，反而会使过滤过程因失去推动力而无法进行下去。

在其他条件一定的情况下，过滤机的生产率与滤饼厚度成正比，为了获得较高的生产率，总是希望滤饼尽可能厚些。但是，滤饼厚度是决定过滤阻力的主要因素。由于滤饼阻力与滤饼厚度成正比，因此滤饼又不能太厚。滤饼的适宜厚度应当通过实验确定。

（3）过滤介质的性质。在过滤介质的性质中，对过滤过程产生影响的，主要是透气性。介质透气性的好坏，直接关系到介质过滤阻力的大小。在连续的过滤作业中，因为过滤介质是周而复始地处于过滤的不同阶段，所以不但需要具有较好的透气性，而且需要具有容易复原（排除孔隙中阻留下来的固体颗粒以恢复透气性）的特点。

（4）推动力的大小。过滤推动力是过滤得以进行的前提，是影响过滤速度的主要因素，在过滤作业中，推动力反映为过滤介质两侧的压力差。一般地说，增大推动力对过滤过程是有利的。但对于含有大量微细颗粒或絮凝胶体物质的矿浆，过大的推动力往往会产生相反的结果。因为微细颗粒在过大的压力差作用下，会钻入滤布的孔隙而堵塞了滤液的通道；絮凝胶体则会被压实而使滤饼孔隙度减小。对于这种物料，必须把推动力控制在合适的范围。只要这个推动力能保证必须的过滤速度，滤饼水分又可达到一定的要求即可。

B 提高过滤效率的途径

（1）提高矿浆浓度。实践表明，提高矿浆浓度，既可提高过滤机的生产率，又可降低滤饼水分。图3-21所示是某浮选厂使用圆盘真空过滤机处理氧化铜精矿时，通过实际测定所得到的矿浆浓度与滤饼水分的关系曲线。

（2）提高矿浆温度。矿浆黏度随矿浆温度的升高而减小，提高矿浆温度即可提高过滤效率。但是，由于对矿浆加温的费用很高，因此只在某些有废热可利用的选矿厂得到应用。

（3）蒸汽加热滤饼。把滤浆全部加热在一般情况下是不经济的。要是能把滤饼中的残余水分迅速加热，

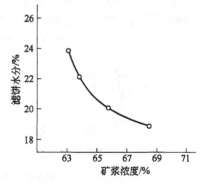

图3-21 矿浆浓度与滤饼水分的
关系曲线

同样可以因水的黏度降低而提高滤饼的疏干速率。在过滤机上设置蒸汽罩，用喷吹蒸汽来加热滤饼以降低水分，这就是国外"第三代过滤机"所采用的办法。

（4）使用助滤剂。矿浆中有矿泥或胶体微粒存在时，不但滤布的孔道容易阻塞，而且滤饼的孔隙度也比较小，加入适量的絮凝剂可以使矿泥团絮，从而改善滤饼的结构和透气性，提高过滤效率。另一方面，过滤物料极细时，固体颗粒间就具备了产生毛细现象的条件，滤液在其中的流动就要受到阻碍。加入适当的表面活性剂以降低滤液的表面张力，也可达到强化过滤过程的目的。根据这两种不同的作用机理，便把促进过滤的"助滤剂"分为絮凝型和表面活性剂型两类。近年来，助滤剂的使用日益增加，品种不断增多，选择药剂种类和确定药剂用量，一般都要通过实验。由于絮凝作用和某些助滤剂的分解与矿浆的酸碱度有关，因此，使用时必须把矿浆的 pH 值调整到适宜的范围。

（5）增大推动力。增大过滤推动力可以提高过滤效率。对目前普遍使用的真空过滤机来说，提高真空度就增大了推动力，但充其量也只能产生接近 1 个大气压的压力差。为了获得更大的推动力，许多国家又开始致力于发展压滤机。连续压滤机的研制成功，为选矿产品的加压过滤开辟了新途径。

3.3.2　过滤设备

过滤设备在生产、科研的许多部门都有普遍的应用，由于处理对象和目的要求不同，有多种多样的形式。选矿厂通常使用的，是以滤布为介质的真空过滤机。所谓真空过滤机，是利用"抽真空"的方法使过滤介质排出滤液的一侧减为负压（压力小于大气压），从而与盛着滤浆的另一侧形成一定的压力差，靠这个压力差以抽吸的方式通过过滤介质将滤液从滤浆中分离出来。

选矿厂精矿脱水常用的真空过滤机有三种形式：圆筒式、圆盘式和真空永磁式。其中，圆筒式真空过滤机，按照滤布装在圆筒的外表面或内表面的不同，又分为外滤式（GP 型）和内滤式（N 型）；圆盘式真空过滤机按照转轴位置的不同，又分为立式（PD 型）和卧式（Y 型）。真空永磁过滤机，按照功用的不同，又分为磁性过滤机和磁选过滤机。

真空过滤机的规格，一般用过滤面积和圆筒或圆盘的直径表示。例如，GP20-2.6 型圆筒真空过滤机：GP 表示外滤式，20 表示过滤面积为 $20m^2$，2.6 表示圆筒直径等于 2.6m；Y58-2.7 型圆盘真空过滤机：Y 表示卧式，58 表示过滤面积为 $58m^2$，2.7 表示圆盘直径等于 2.7m。

3.3.2.1　外滤式圆筒真空过滤机

外滤式（GP 型）圆筒真空过滤机的结构如图 3-22 所示。它是由筒体（又叫转鼓）、分配头（分配活门）、卸料用的刮板、容浆槽、搅拌器，以及带动筒体旋转和使搅拌器往复摆动的

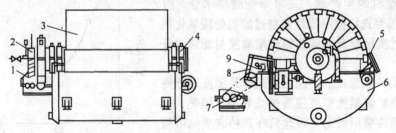

图 3-22　外滤式圆筒真空过滤机结构图
1—筒体传动装置；2—分配头；3—筒体；4—轴承座；5—刮板；
6—料浆槽；7—搅拌传动装置；8—搅拌器；9—绕线装置

传动机构等部分组成。筒体通过主轴承支承在容浆槽上，它的下部位于容浆槽内。支承在筒体两端主轴承座上的搅拌器，可以在容浆槽底部往复摆动，以防矿浆中的悬浮矿粒沉积。用生铁铸造或钢板焊制的过滤机筒体，结构如图3-23所示。筒体的外表面被隔条沿筒的圆周方向分成24个独立的轴向贯通的过滤室，每个过滤室都用滤液管与分配头相通。过滤室铺设有弧形的过滤板。覆盖在过滤板上的滤布，用胶条嵌在隔条的绳槽内，并用铁丝缠绕使之固定在筒体上。

　　分配头是过滤机的重要部件。它是由固定的分配盘和转动的分配盘（简称转动盘）组成。图3-24是圆筒式真空过滤机分配头的示意图。与筒体转轴连成一体的转动盘，有和过滤室数目相同的孔道，每个孔道通过喉管分别与对应的一个过滤室连通。固定分配盘与转动盘接触的一面，借助弹簧的压力保持密合；固定分配盘的另一面有管子与真空泵或鼓风机连通。利用分配头控制筒体的各个过滤室，使其依次地进行过滤、滤饼脱水、卸料，以及滤布清洗。为了维修的方便，转动盘一般作成两块，其中一块是可以更换的，通常用青铜合金制成。图3-25是分配头的组装图。

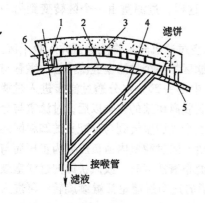

图3-23　过滤机筒体的结构示意图
1—隔条；2—筒体；3—过滤板；
4—滤液管；5—胶条；6—滤布

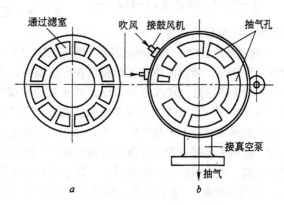

图3-24　分配头示意图
a—转动分配盘；b—固定分配盘

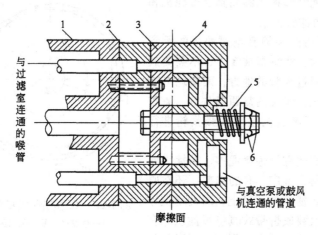

图3-25　分配头的装配简图
1—筒体转轴；2—不更换的转动盘；3—可更换的转动盘；
4—固定分配盘；5—弹簧；6—螺栓螺母

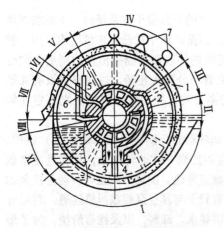

图 3-26　外滤式真空过滤机工作图

1—过滤室；2—分配阀门；3,4—接真空泵的管；
5,6—接空气压缩机的管；7—洗涤水管

外滤式圆筒真空过滤机按其滤饼形成过程，可分为以下几个工作区域，如图 3-26 所示。Ⅰ区为**过滤区**：在此区内的筒体浸入料浆中，滤布与格子板之间形成的过滤室被抽成真空，滤液透过滤布被吸入过滤室，然后经分配头排出。固体物料与残存的水分被吸附于滤布表面。Ⅱ区为**滤饼脱水区**（或吸干区）：在此区域内，将剩余滤液吸尽，并将滤饼吸干。Ⅳ区为**洗涤区**：在此区域内，由管 7 把清水喷于滤饼上，淋洗滤饼后，被吸入过滤室，经管 3 与滤液一起排出或由管 4 单独排出。Ⅵ区为**吹松区**：在此区域内，过滤室与压缩空气相通，压缩空气将滤饼吹松，便于卸料。Ⅷ为**卸料区**：在此区域内，滤饼被刮板所剥落；Ⅲ、Ⅴ、Ⅶ、Ⅸ为非工作区（称为**死区**）：位于Ⅱ、Ⅳ、Ⅵ、Ⅷ之间，这样，过滤室由一个区转变到另一个区时，不致彼此连通。

选矿产品通常是不需要洗涤的，所以在选矿厂使用真空过滤机时，将洗涤区并入吸干区。过滤机工作时，旋转筒体的下部浸没在容浆槽内。属于过滤区的各个过滤室经滤液管、喉管与分配头的Ⅰ区连通，室内成为负压，矿浆被吸向滤布，其中的一部分水分透过滤布进入过滤室，由真空泵抽至机外，滤布表面形成滤饼。当过滤室转到脱离矿浆的位置以后，过滤室与分配头的脱水区连通，滤饼中所含的水分进一步被抽去。当这个过滤室转到与分配头的卸料区连通时，鼓风机经过分配头孔道向过滤室吹风。脱水后的滤饼，因过滤室内由负压变为正压而与滤布分离，被刮板刮落并排出机外。该过滤室继续旋转到滤布清洗区时，鼓风机即向过滤室鼓风（或同时喷水），清洗滤布，恢复它的透气性。清洗完毕的这个过滤室又继续旋转，再进入过滤区，开始下一个循环的工作。

外滤式圆筒真空过滤机有多种卸料方式，除上述用刮板卸料的以外，还有用辊轴卸料、绳索卸料、转向辊轮折带卸料的。因此，按照卸料方式的不同，又可分为绳索卸料式圆筒真空过滤机和折带卸料式圆筒真空过滤机。

图 3-27 所示是折带式圆筒真空过滤机的示意图。滤布绕过卸料辊时，滤饼即被卸下，不需要鼓风。卸了料的滤布在经过水管的地方，两面均可喷水清洗，而且时间较长，滤布的复原条件好。滤布跑偏或松紧不宜，则可通过调整辊和张紧轮进行调节。

由于折带式过滤机适宜处理含泥多、黏性大的细粒浮选精矿，现已得到推广。有的选矿厂还在原有刮板卸料圆筒真空过滤机的基础上，通过增设导向辊轮、张紧轮等，改装成折带式真空过滤机。有些选矿厂，把增面轮做成中部粗、两端细的纺锤形，成功地解决了滤布打皱、跑偏问题，取得了进一步降低滤饼水分的效果。

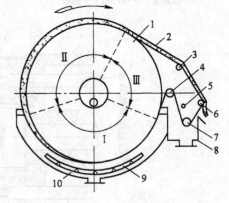

图 3-27　GD 型折带式真空过滤机示意图

Ⅰ—过滤区；Ⅱ—脱水区；Ⅲ—死区

1—筒体；2—滤布；3—分展辊；4—导向辊；5—清洗水管；6—卸料辊；7—张紧辊；8—清洗槽；9—搅拌器；10—料浆槽

绳索卸料式圆筒真空过滤机与折带式过滤机的卸料方式、乃至性能都很相似。不同的是，前者是以缠绕在滤布外表面上的一层无极绳绕过导向辊轮，滤布则固定在筒体上。由于它的滤饼是黏附在绳索层上面的（而不是形成在滤布表面），当绳索绕过卸料辊时，滤饼即被卸下。当绳索绕过增面轮以后，便又回到固定在筒体上的滤布表面。

外滤式圆筒真空过滤机具有滤饼水分较低、卸料方便、滤布便于清洗和磨损较小等优点。缺点是：机体笨重、占地面积大、更换滤布麻烦。在选矿厂，主要用来过滤不易沉淀的有色金属和非金属细粒精矿。

3.3.2.2 内滤式圆筒真空过滤机

内滤式圆筒真空过滤机的滤布是装在圆筒的内壁上，利用内表面作过滤面，而且圆筒本身可以容纳矿浆，不需要另设容浆槽。被过滤的矿浆，就直接给入圆筒内。与分配头连接的滤液管安装在滤鼓（即圆筒）的外部。在滤鼓内表面形成的滤饼由装在圆筒内的刮板刮下，经漏斗装入皮带运输机或直接由振动溜槽卸至圆筒外面。它的分配头和工作原理与外滤式圆筒真空过滤机相同。这种设备适用于沉降速度快的粗粒精矿和有磁性团聚现象的铁精矿的过滤。由于最粗的颗粒先沉淀到滤布上，其次是中等颗粒，最后才是细粒，因此能形成一种由粗到细的滤渣层，可以提高过滤效率。

内滤式圆筒真空过滤机虽然构造复杂、操作和更换滤布都不太方便，但由于上述优点，黑色金属选矿厂还在广泛应用。如图 3-28 所示，是采用皮带运输机排送滤饼的内滤式圆筒真空过滤机的外形图。如图 3-29 所示，是采用皮带运输机排送滤饼的内滤式圆筒真空过滤机的分区示意图。

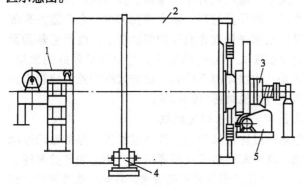

图 3-28 内滤式圆筒真空过滤机外形图
1—胶带；2—筒体；3—分配头；
4—托辊；5—传动装置

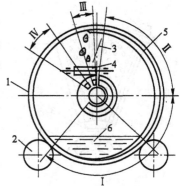

图 3-29 内滤式圆筒真空过滤
机分区示意图
Ⅰ—过滤区；Ⅱ—脱水区；Ⅲ—死区；
Ⅳ—滤布清洗区
1—筒体；2—托辊；3—漏斗；4—皮带运输机；
5—滤饼；6—矿浆

3.3.2.3 圆盘真空过滤机

圆盘真空过滤机又叫盘式或碟式真空过滤机。它主要由 2 ~ 8 个垂直于水平面的圆盘（又叫滤碟）构成，过滤表面是圆盘两边的盘面。每个圆盘一般由 12 块扇形的滤扇组成。这些圆盘固定在一根水平的空心枢轴上，空心枢轴的内部被分隔成与滤扇数目相同的若干个彼此隔离的通道，将滤扇的过滤空间与分配头连通。分配头装在空心枢轴的一端；当圆盘数目较多时，空心枢轴较长，则两端都装有分配头。其他零部件与圆筒过滤机的相同。图 3-30 示出了圆盘真空过滤机的结构。

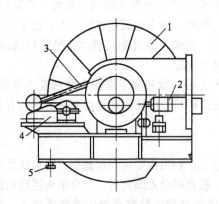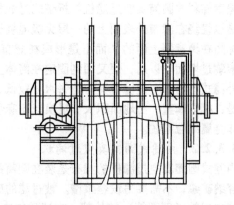

图 3-30　圆盘真空过滤机结构图

1—过滤盘；2—主传动机构；3—搅拌器传动机构；4—瞬时吹风系统；5—放料口

　　滤扇是用两块开有许多孔眼的滤板（又叫滤算）制成的扇形盒，如图 3-31 所示，它的外端封闭，内端连有空心的连管，两块滤板之间的空腔就是扇形的过滤室。每个滤扇的外面装有一个同它形状相仿的滤袋，并用套夹把袋子的收口夹紧。滤扇靠连管插装在空心枢轴上，并与枢轴的孔道连通。两边有带螺纹的辐条，通过夹板用螺母紧固。这种组合的滤扇，使修整和更换滤布十分方便。

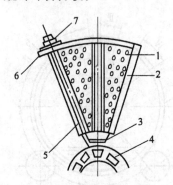

图 3-31　滤扇

1—滤板；2—扇形盒；3—连管；4—枢轴；
5—辐条；6—夹板；7—螺母

　　圆盘真空过滤机具有结构紧凑、操作维护方便、单位过滤面积的机体质量较轻、动力消耗较少、生产能力高等优点，被广泛用来处理含泥多的细粒精矿。由于它是侧面过滤，对于矿粒大小悬殊的精矿，也能取得较好的效果。它的缺点是：滤饼厚薄不均匀，滤布清洗困难，滤饼水分比圆筒真空过滤机约高 1% ~2%。

3.3.2.4　真空永磁过滤机

　　真空永磁过滤机又叫磁力真空过滤机，包括磁性过滤机和磁选过滤机两种形式（后者因兼有磁选和过滤两种作用而得名），适用于磁性精矿的脱水，具有过滤效率高、滤饼水分低的优点。

　　真空永磁过滤机的结构如图 3-32 所示。它由传动装置、筒体、磁系、给料槽、溢流槽和分配头等部件组成，构造类似于外滤式圆筒真空过滤机。不同的是，它的给料槽在筒体的上部，筒体内部装有锶铁氧体永久磁系，以助于将磁性精矿迅速地吸引到滤布表面。为了给矿稳定，在给料槽内装设了溢流堰，并在圆筒下方设置了收集溢流的溢流槽。为了避免漏磁，筒体用不锈钢板制成。由于采用了上部给矿，较之下部给矿的圆筒过滤机，由于可利用水的重力，故能获得更好的脱水效果。

　　由于上部给矿，使得滤饼中精矿按粒度分层的现象比较明显。当磁性精矿形成滤饼时，精矿颗粒同时受到重力和磁力的作用，粗粒运动得快，首先接触滤布，细粒向滤布运动得慢，覆盖在粗粒的上面，滤孔不易堵塞，过滤层的透气性好。另外，永磁真空过滤机是在磁系的磁场区开始形成滤饼的，磁性的精矿颗粒在磁力吸引下呈磁簇状贴附在圆筒表面，随着圆筒的转动，磁簇状的精矿在经过磁系极性变化的区域会发生"磁翻滚"（磁搅动），因此可以挤出磁

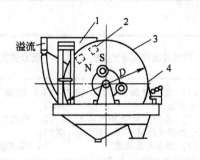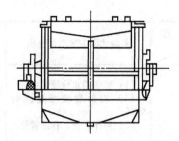

图3-32 真空永磁过滤机（外滤式）结构示意图

1—筒体；2—磁系；3—给料箱；4—刮刀

簇中的部分水分，同时又保持了一定的间隙。以上两方面的原因，创造了滤饼易于脱水的条件（滤饼厚而且透气性好），提高了生产率。

真空永磁过滤机上部给料槽与圆筒之间间隙的密封，是借助圆筒内部磁系的感应作用，使给料槽底部压着密封胶皮的铁板被磁化而产生磁力，该磁力与内部磁系形成磁力闭合回路。因此，没有随圆筒转动形成滤饼的磁性矿粒即被该磁力阻留在给料槽与圆筒之间而构成封闭。实践证明，这种封闭方法既简便又有效。

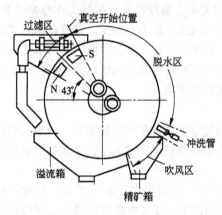

图3-33 真空永磁过滤机分区示意图

图3-33示出了真空永磁过滤机各个分区的位置：磁性精矿在永久磁系的磁场区形成滤饼以后，即随着筒体的转动而进入真空区，滤饼中的水分透过滤布经分配头和真空管路被进一步脱去。到了吹风区，滤饼被压缩空气吹落，并借助刮板刮净。卸料完毕再转入滤布清洗区。清洗过的滤布即为下一个循环的脱水准备了条件。

真空永磁过滤机的给料槽、磁系和开始抽真空的位置，以及三者配置的适当与否，直接影响过滤效果。试验证明，磁系偏角（磁系的中心线与水平面的夹角）为43°比较理想。在此位置，过滤机的处理能力较高，且滤饼水分较低。

3.3.2.5 常用真空过滤机的比较

选矿厂常用的几种真空过滤机的比较，列于表3-4中。

表3-4 三种真空过滤机的性能比较

名称 性能及优点	外滤式圆筒真空过滤机	内滤式圆筒真空过滤机	圆盘式真空过滤机
工作性能	（1）只能处理较细的物料； （2）只能处理较浓的矿浆，4min内应形成厚度超过5mm的滤饼； （3）滤布的洗涤较方便； （4）一台只能处理一种物料	（1）能处理粗细不匀或磁性团聚的物料； （2）能处理各种浓度的矿浆，3min内应形成厚度超过8mm的滤饼； （3）滤布洗涤不便； （4）一台只能处理一种物料	（1）只能处理很细的物料； （2）只能处理较浓的矿浆，4min内形成厚度超过8mm的滤饼； （3）滤布一般不能洗涤 （4）一台可同时处理几种物料

名　称 性能及优点	外滤式圆筒真空过滤机	内滤式圆筒真空过滤机	圆盘式真空过滤机
优　点	（1）滤饼的水分较低； （2）能处理较难过滤的物料； （3）操作方便，容易看管	（1）过滤层结构合理，滤饼水分低； （2）单位过滤面积的生产率比外滤式约高10%～20%； （3）滤布不易堵塞	（1）过滤面积大，生产率高； （2）机器结构紧凑，使用灵活； （3）操作维修方便
缺　点	（1）占地面积大，生产率低； （2）过滤层结构不合理，滤布容易堵塞； （3）更换滤布不方便	（1）体积庞大，占地面积大； （2）操作、观察不便； （3）检修和更换滤布都较困难	（1）滤饼水分比圆筒式高1%～2%； （2）滤饼卸落不便； （3）滤布容易堵塞

3.3.2.6　自动压滤机

传统的压滤机是手动的，人工卸料，间歇生产，过渡周期长，生产效率低，设备笨重，工人劳动强度大。随着现代工业的发展，新型全自动压滤机相继问世。压滤机的结构有了改进，并使用了新材料及程序控制系统。自动压滤机利用间歇加压使液体通过滤布，实现固液分离。其优点是可连续运行，过滤压力高，滤饼水分低，结构简单，操作稳定，机器工作寿命较长，易维护；滤饼兼有过滤层的作用，固相回收率较高，滤液较清；动力消耗少。其缺点是要求部件的强度和制造精度较高，造价高，间歇给料，单位过滤面积产量不高。目前，自动压滤机在各行业应用广泛，特别是地势很高的矿山，当采用真空过滤难以达到预期的压力差时，压滤机几乎是唯一可选择的设备。下面简单介绍两种常用的自动过滤机。

A　板框式自动压滤机

板框式自动压滤机可分为卧式和立式两大类，按照滤室的构造和滤布的安装、行走和卸料方式差异，又可细分为若干类型。我国生产的板框式自动压滤机以卧式为主，立式的仅有试制产品，未大量生产。

国产 BAJZ 型板框式自动压滤机的结构如图 3-34 所示。该设备属于水平板框式自动压滤机。每台压滤机由 6～44 副垂直的板框，构成 6～44 个压滤室。滤板内侧有孔供排出滤液和吹气，滤室衬着滤布。滤布在过滤时处于高位，卸饼时处于低位，起落由一些液压柱构成机械手操作。每个压滤周期分为五个阶段：

（1）闭锁阶段。液压柱使滤布提起，过滤板密封。

（2）给矿过滤阶段。由滤室上部的给矿总管将矿浆分送到各滤室，直到其被滤饼充满。

（3）压缩阶段。向滤室通入压缩空气，进一步排除滤饼中的残留水分。

（4）卸饼阶段。液压柱拉开所有的过滤室和底部的卸料门，同时滤布放下，排出滤饼。

（5）冲洗滤布阶段。用水冲洗滤布时，液压柱使滤布复位，滤板闭合，卸料门也关闭。

该板框式自动压滤机的给矿浓度为 25%～70%。必要时甚至可以将未经浓缩的、浓度只有 30% 左右的浮选精矿直接供给压滤机，得到含水分 8% 的精矿，但是压滤周期将延长。每次压缩可以生产 4.5～5t 滤饼。

B　厢式自动压滤机

厢式与板框式压滤机的不同之处是，前者的滤室由凹形滤板和装有挤压隔膜的压榨滤板交替排列而成，具有双面过滤、效率高、中间进料性能好、滤布更换方便、规格大、滤板防腐和适用行业广泛等优点，在国内比板框式压滤机应用更广。

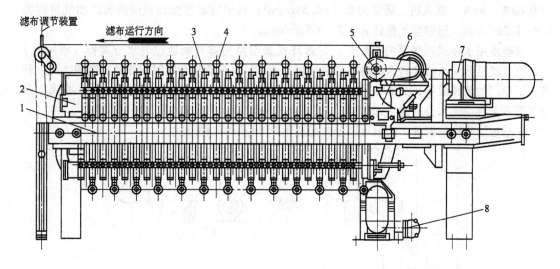

图 3-34 BAJZ 型板框式自动压滤机结构图

1—主梁；2—固定压板；3—滤板；4—滤框；5—滤布驱动机构；
6—活动压板；7—压紧机构；8—洗刷箱

我国成功研制的 YSM 型自动压滤机（卧式）的结构如图 3-35 所示。该机采用了集成液压，四油缸同步加压、自动卸饼、自动冲洗滤布的微机全控装置。目前已可定型生产规格为 $340m^2$、$500m^2$ 和 $1050m^2$ 三种自动压滤机。厢式自动压滤机单位过滤面积占地少，过滤压力高，滤饼含水较低，过滤能力大，结构简单，易操作，故障少，依靠滤饼过滤得到澄清的滤液，回水利用率高。但是，其滤板垂直放置，不利于滤饼冲洗，为此出现了立式自动压滤机。立式自动压滤机的滤板水平放置，靠自重卸饼完全，占地面积小。但立式自动压滤机较高，过滤面积较小。

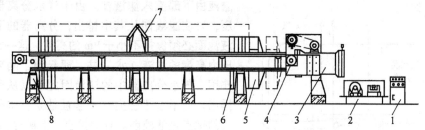

图 3-35 YSM 型自动压滤机（卧式）结构图

1—电控系统；2—液压系统；3—油缸；4—传动系统；5—头板；6—滤板；7—自动卸饼装置；8—可动板尾

3.3.3 过滤机的使用与维护

3.3.3.1 真空过滤系统

真空过滤机需要其他辅助设备的配合，并用管道联成一个适宜的系统，才能正常地工作。辅助设备一般包括真空泵、鼓风机、气水分离器、离心泵或自动排液装置等。

真空泵是以抽气的形式为真空过滤机提供过滤推动力的设备。真空过滤系统采用的真空泵，一般为水环式和活塞式两种。水环式真空泵允许滤液带入泵中短期运转，维护比较简单，但消耗功率较大。活塞式真空泵需要的功率较小，但运转中不允许滤液进入泵中，维护比较麻烦。供给卸料和清洗滤布用风，一般采用叶式或罗茨式鼓风机。真空过滤机所需要的真空度通常是60%~85%、鼓风压力通常为$0.1~0.3kg/cm^2$；每平方米过滤面积所需要的抽气量约为$0.8~1.3m^3/min$、压缩空气量约为$0.2~0.5m^3/min$。

某些使用水环式真空泵的选矿厂，把水环式真空泵的排气端通过气水分离器（或风包）与真空过滤机分配头的卸料区及滤布清洗区相连通，以一台真空泵同时用作抽真空和吹风，既省去了专门的鼓风设备，又节省了动力。但因吹风带有水分，滤饼水分会稍高一些。在真空泵排气管道上装设气水分离器（或风包），可减小这一影响，并具有稳定风压的作用。

真空过滤系统的配置，大致可以分为如图3-36所示的三种形式。

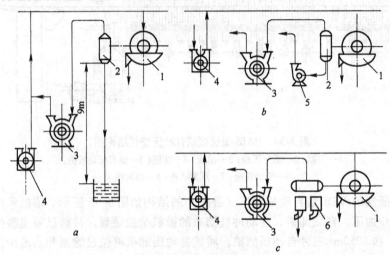

图 3-36　真空过滤系统

1—过滤机；2—气水分离器；3—真空泵；4—鼓风机；5—离心泵；6—自动排液装置

在图3-36a中，滤液和空气先一起被真空泵抽到气水分离器内，然后空气从上部被抽走，

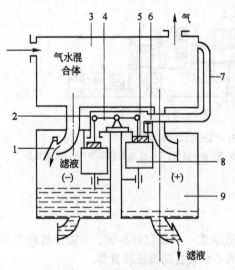

图 3-37　自动排液装置示意图

1—单向阀；2—杠杆箱；3—气水分离筒；
4—杠杆；5—橡胶阀；6—空气阀；
7—连通管；8—浮筒；9—排液箱

滤液由下部流入滤液池。由于气水分离器中是负压，要使滤液能从其中排出，分离器的下底和滤液池面必须保持不小于9m的高差。这一接近大气压力高度的滤液（水）柱，即起到了隔离负压的作用，气水分离器中的滤液因此可以从底部不断排出，而不至于随空气一起被抽走。这种配置方式的优点是滤液能够自动排出，不额外消耗动力；缺点是过滤机与滤液池的安装高差很大。在图3-36b中，进入气水分离器的滤液是用离心泵强行抽走的。采用这种配置方式，即不存在设置滤液池的问题，但需要增设离心泵，增加动力消耗。在图3-36c中，用自动排液装置取代了气水分离器和离心泵。这种过滤系统，既能自动排出滤液，又不消耗动力。

自动排液装置又叫自动气水分离器。它是利用过滤系统内部的负压和滤液产生的浮力之间的平衡及不平衡，周期性地自动排放滤液，而不需要另外的动力来源。自动排液装置的结构如图3-37所示。

图示位置是：挂在杠杆右边的浮筒因受排液箱中滤液的浮力作用而被抬高以后，排液箱与气水分离筒的连通管即被橡胶阀关闭，气门同时打开，排液箱与大气连通，顶部的单向阀在大气与气水分离筒负压空间的压力差作用下关闭，箱内积满的滤液则靠自身重力冲开底部单向阀排出；这时，左边排液箱的橡胶阀是打开的，气门关闭，箱内形成负压，底部单向阀在大气压力的作用下关闭，气水分离筒里的滤液冲开顶部单向阀流入左箱。随着箱内滤液的增加，左浮筒将开始受到浮力的作用，且逐渐增大，直到所受浮力大于右浮筒所受的向上的大气压力时，左浮筒升起，右浮筒落下，左右排液箱的工作状态相互变换。如此周期性地持续下去，过滤和排液过程便得以延续。

为了保证气水分离器的正常工作，应当选择适当的容积。表3-5列出了它的容积与过滤机过滤面积之间的关系。所列数值中，过滤面积大的取大值。

表3-5　过滤面积与气水分离器容积的关系

真空过滤机的过滤面积/m²	9	18	27	34	51	68
气水分离器的容积/m³	0.4	0.4 ~ 0.8			0.8 ~ 1.2	

3.3.3.2　真空过滤机的工作指标

A　单位过滤面积的生产率

单位过滤面积的生产率又叫过滤机利用系数，通常以每平方米过滤面积1h生产的干精矿的吨数来表示，即$t/(m^2 \cdot h)$。对于转速一定的过滤机，因为生产率的大小与滤饼的厚薄有关，所以在生产实践中，通过测量滤饼厚度，即可估计生产率的变化。

圆筒真空过滤机单位过滤面积的生产率，可按下式计算：

$$W = \frac{Q}{F} \tag{3-9}$$

或
$$W = 0.6n\delta\gamma(100 - P) \tag{3-10}$$

式中　W——单位过滤面积的生产率，$t/(m^2 \cdot h)$；

Q——以干精矿计的生产率，t/h；

F——过滤机的过滤面积，m^2；

n——筒体转速，r/min；

δ——滤饼厚度，mm；

γ——滤饼容重，t/m^3。

P——滤饼水分，%。

对于圆盘式过滤机，由于滤饼厚度不均匀，按上式计算得到的结果与实际有较大的出入。

B　滤饼水分

以滤饼为产品的过滤机，滤饼水分是衡量其性能和生产情况的又一主要指标。滤饼水分是指滤饼中含水的质量分数。例如：滤饼水分为15%，即指1t滤饼中含水0.15t。

C　筒体(或圆盘)的转速

真空过滤机的筒体或圆盘的转速对生产率和滤饼水分影响很大。因为对于一定的过滤机，转速的高低便决定了一个过滤周期的长短，而在过滤过程中，时间长短对滤饼的形成、增厚、滤饼水分的变化都有直接的影响，它们之间的关系是十分复杂的。至于合适的转速，一般需要根据被过滤的精矿性质和矿浆浓度的变化，通过实验确定。为了适应处理各种物料的不同要求，真空过滤机的转速都有一个可以调节的范围。在实际生产中，通过传动系统的变速装置，可以改变转速，从而达到改变过滤时间或过滤周期的目的。实践经验表明：过滤浮选精矿时，

可取 $n = 0.15 \sim 0.6 r/min$；过滤磁选精矿时，可取 $n = 0.5 \sim 2.0 r/min$；易过滤的精矿选用较高转速，难过滤的精矿选用较低转速。

在转速一定的情况下，改变筒体（或圆盘）浸入矿浆的深度，可以改变一个过滤周期中过滤区和脱水区的时间分配。一般情况下，浸入深度大时，生产率较大但滤饼水分较高；浸入深度小时，生产率较小但滤饼水分较低。

3.3.3.3　过滤机的操作与维护

在选矿厂，过滤一般作为第二段脱水作业衔接于浓缩之后，在三段脱水流程中，它的后面还连续着干燥作业。因此，过滤机运转的正常与否，对整个脱水过程的进行有直接影响。

过滤机运转前的检查内容一般包括：搅拌器是否脱落和有无障碍，管道是否通畅，各部件的连接螺栓有无松动；轴承、变速箱是否缺油、漏油；齿轮啮合是否正常；皮带塔轮（变速皮带轮）上的传动皮带是否在所需位置上、张紧程度是否合适等。当确认一切正常以后，再盘车 $1 \sim 2$ 转，方可启动。待正常运转 1min 左右，即可通知开动其他辅助设备和干燥机，并通知砂泵送矿。

对运转中的过滤机，应当按照规程要求经常检查的内容包括：变速箱是否有噪声；传动齿轮的啮合情况；各运动部件和轴承的润滑情况和温升；分配头、管道、阀门是否漏气漏矿；真空度和风压是否符合要求；滤布是否破漏；滤扇是否松动歪斜；滤液是否浑浊；自动排液装置动作是否灵活可靠。

过滤机停车时，应提前停止给矿，待容浆槽内的矿浆处理完毕，即可通知真空泵停车。用清水冲洗滤布后，通知鼓风机停车，同时停止过滤机。遇事故停车时间较长时，应当放出容浆槽内的矿浆。

真空过滤机依靠真空作为脱水的动力。为了保持较高的真空度，提高过滤效率，必须使过滤室和分配头的密闭良好。分配头要经常检查润滑情况，并且要定期研磨，以保证接触面密合。为了降低过滤阻力和使滤液清澈，滤布要注意清洗，发现破漏必须及时修补或更换，以避免大量矿砂进入过滤室和分配头而使磨损加剧。

真空过滤机的正常工作，有赖于整个过滤系统的协调。凡是划归过滤岗位的有关辅助设备，均应认真维护和操作。

3.3.3.4　真空过滤机的常见故障

真空过滤机在运转中常见故障发生的可能原因及排除方法列于表3-6中。

表3-6　真空过滤机常见故障的原因及排除方法

常见故障	可　能　原　因	排　除　方　法
1. 齿轮有噪声	(1) 齿面磨损过甚； (2) 齿轮啮合不好； (3) 轴承间隙过大或固定螺栓松动； (4) 轴弯曲	(1) 修复齿面或更换齿轮； (2) 调整啮合间隙； (3) 调整轴承间隙，紧固螺栓； (4) 校直或更换
2. 轴承过热	(1) 缺油或油质不良； (2) 轴承安装不正或间隙过小； (3) 轴弯曲	(1) 加油或更换新油； (2) 校正或调整间隙； (3) 校直或更换
3. 滤液浑浊	(1) 滤布孔隙过大； (2) 滤布破漏	(1) 换用规格适宜的滤布； (2) 修补或更换
4. 滤布损耗过大	(1) 刮板过于锋利； (2) 刮板与滤布（或滤板）间距过小； (3) 滤板或滤算破损	(1) 更换刮板； (2) 增大间距； (3) 修复或更换

常见故障	可 能 原 因	排 除 方 法
5. 滤饼水分过高	(1) 真空度偏低; (2) 分配头接触面不严密; (3) 管路漏气; (4) 滤孔堵塞或管路阻力增大; (5) 滤饼过厚或脱水时间不够	(1) 适当提高真空泵的真空度; (2) 改善接触面的密合情况; (3) 密封漏气处; (4) 清洗滤布或疏通管路、减小阻力; (5) 适当降低容浆槽中的矿浆面,改变筒体或圆盘转速

3.4 干燥原理与干燥机

干燥是用加热蒸发的方式除去物料中水分的过程。因为进行干燥时,除了一些必须的设备外,还要消耗燃料,所以是一种费用最高的脱水方法。同其他机械脱水方法比较,加热干燥能把物料中的水分含量减少到最低的程度。因此,当用机械脱水法不能继续除去水分,而又要求进一步降低产品含水量时,就须采用干燥。

在选矿厂过滤以后的精矿,一般还含有8%~18%的水分,除根据用户的要求决定是否需要干燥外,为便于装运或预防冻结,也常用干燥的方法继续除去过滤精矿中的水分。对于后一种情况,通常是地处北方的选矿厂在冬季才使用。一般把过滤以后的干燥作业叫做第三段脱水;把包括浓缩、过滤、干燥作业的脱水工序,叫做三段脱水流程。

3.4.1 干燥原理

3.4.1.1 干燥的基本原理

A 蒸发及其条件

蒸发是发生在液体界面上的汽化现象,是在任何温度下都可以发生的。因此,用蒸发的方法脱去水分,一般地说,就可以在常温下进行,这就是自然干燥(或自然风干)。但是,在常温下,水分的蒸发比较缓慢。为了加速蒸发,便需要从外部供给热能。因为加热干燥以后的精矿,最终还是要在常温下贮存或运输,所以对常温下蒸发情况的了解,仍然是必要的。在常温下,物料中水分蒸发的快慢取决于空气的相对湿度。相对湿度越小,蒸发越快;相对湿度越大,蒸发越慢;当相对湿度达到100%的时候,蒸发就不再进行,空气中的水汽(水蒸气)的含量也不再增加,而达到饱和状态。因此,空气的相对湿度,可用某一温度下空气中的水汽压与同一温度时的饱和汽压的百分比表示,即:

$$B_t = \frac{p_H}{p_t} \times 100\% \tag{3-11}$$

式中 B_t——某一温度下空气的相对湿度;

p_H——某一温度下空气中的水汽压,Pa;

p_t——同一温度时的饱和汽压,Pa。

从式(3-11)可以看出,在空气中的水汽压不变(即 P_H 一定)的情况下,空气的相对湿度 B_t 会随温度的升高而减小。这是因为饱和汽压是随着气温的升高而不断增大的缘故。图3-38的曲线表示了饱和汽压与温度的变化关系;表3-7则列出了某些温度下,饱和汽压的相应数值。

表 3-7　水的饱和汽压

温度/℃	0	10	20	30	40	50	60	70	80	90	100	120
水的饱和汽压/kPa	0.6	1.2	2.3	4.2	7.3	12.3	19.6	30.9	40.7	69.8	101.3	202.6

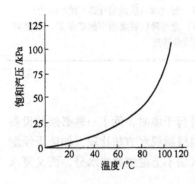

图 3-38　水的饱和汽压与
温度的关系

由此可见，要减小空气的相对湿度来加快蒸发速度，就要提高温度。其次，水分子要由液态过渡到气态，必须克服液态水分之间引力（内聚力）而做功，就需要由外部提供能量。这就是加速蒸发往往需要加热的两个原因。

当含水物料表面上的水汽压等于大气中的水汽压时，物料所含的水分叫做**平衡水分**。如果把物料中的水分干燥到平衡水分以下，那么在贮存或运输过程中，它又会从周围的空气中吸收水汽而增加水分，这时的物料叫做**吸湿物料**；如果物料中的水分还大于平衡水分，那么在贮存或运输过程中，其中的水分还能以一定的速度继续从表面向外自然蒸发，这时的物料叫做**湿物料**。由此可见，经过干燥以后的物料，它所能保持的最低水分与周围空气的湿度有关。而以脱水为目的的干燥作业，若把产品中的水分干燥到平衡水分以下，是不合理的。也就是说，经过干燥的产品应当还是"湿物料"，而不应当是"吸湿物料"。

B　干燥过程

含水物料在干燥设备中的干燥过程，一般分为以下三个阶段：

（1）加速升温阶段。干燥开始，含水物料和载热的干燥介质温度相差悬殊，物料便从载热介质大量吸收热量，温度很快升高，物料表面和周围空间的相对湿度急剧下降，物料表面的水分加速蒸发，干燥速度（通常以单位时间内蒸发掉的水分质量表示）迅速增大。这一阶段，从载热介质吸收的热量主要消耗在对物料的加热和升温方面。

（2）等速恒温阶段。当物料升温到某一温度时，表面水分的蒸发达到一最大值。这时，由载热介质供给的全部热能都消耗在水分汽化所需要的能量上，已无余热可再用于提高物料的温度。这是以最大蒸发速度进行等速干燥的恒温阶段。

（3）减速升温阶段。在干燥过程中，物料表面的水分不断蒸发汽化，处于内部的水分就不断地向表面扩散，整个物料水分含量也就不断降低。当干燥进行到由内部向表面扩散的水分不足以补充表面蒸发失去的水分时，载热介质所提供的热能即多于表面水分汽化所消耗的热能，物料又将吸收余热而提高温度。由于从物料表面蒸发掉的水分已开始减少，因而它又是减速干燥阶段。直到干燥（蒸发）速度降低到等于零时，干燥过程即告终结。这时，物料中所含有的水分就等于平衡水分。

需要指出的是，这时的平衡水分是相对于热的干燥介质来说的。物料一旦从干燥设备中排出，温度就要逐渐降低到常温，物料表面又会从周围大气中重新吸收一些水分，以使其相对湿度与大气的相对湿度趋于一致。所以，就干燥过程而言，含水物料在干燥设备中经过三个阶段的干燥，即便能够把它的含水量降低到平衡水分，也忌讳这样做，而应在减速干燥阶段结束以前，就把物料从干燥设备中排出来，借助物料本身还带有的热量，再继续把存留的水分蒸发掉一部分。由此可见，在生产实践中，我们并不希望也不要求物料在干燥设备里，要相继完成整个干燥过程的三个阶段，而是应当在保证产品水分符合要求的前提下，根据季节、气温以及湿度的变化做不同的处理。

3.4.1.2　热效率和热交换效率

理想的干燥过程，热量应完全用于蒸发物料中的水分。这种纯粹用于蒸发水分的热耗与总热耗的百分比，叫做干燥的**热效率**。这一指标反映了干燥的热利用情况。

实际的干燥过程，蒸发水分的同时物料本身也被加热。这两部分热消耗与总热耗的百分率，叫做干燥的**热交换效率**。

3.4.1.3　影响干燥的因素与提高干燥效率的途径

A　影响干燥的因素

在干燥设备中进行的干燥过程，影响因素可以概括为以下三个方面：

（1）影响蒸发的因素。干燥是利用热能凭借蒸发方式脱除水分的过程。要干燥得快，必须使蒸发得以进行的表面尽可能大些。被干燥物料表面的水分一旦蒸发出去，就转变成水汽并具有一定的汽压，周围介质的相对湿度随即增大，又会减缓或阻止物料水分的继续汽化。由此可见，物料自由表面的大小和周围空间相对湿度的高低是影响蒸发的两个主要因素。

（2）影响热交换的因素。在具体的干燥过程中，热能是由燃烧释放和提供的，而热能又往往要通过干燥介质传递。介质的载热情况和流动速度，物料的粒度组成和水分多少，以及过程始末的温度、干燥设备的热散失情况等，对热交换都有不同程度的影响。

（3）操作因素。干燥过程是在一定的干燥设备中进行的，属于操作方面的因素包括干燥温度（干燥设备内的温度或炉温）和干燥时间。控制适当的干燥时间，对干燥过程的有效进行具有重要意义。因为在干燥过程的三个阶段中，加热升温和等速恒温是两个主要的干燥阶段，具有较高的干燥速度。所以，干燥时间和物料含水量之间，一般都具有图 3-39 所示的曲线关系：在临界点以前，物料中的含水量随干燥时间的延长而较快地减少；达到临界点以后，物料中的含水量随干燥时间的延长所减少的幅度逐渐变小。

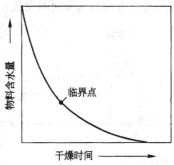

图 3-39　干燥时间与物料含水量的关系

B　提高干燥效率的途径

（1）增大蒸发面积。为了提供水分蒸发尽可能大的自由表面，物料应尽量松散并经常翻动，使其与干燥介质充分接触。

（2）降低相对湿度。降低物料周围空间的相对湿度能促进水分蒸发。对于蒸发出来的水汽应借助介质的流动及时排走。

（3）最佳条件控制。在实际操作中，干燥时间决定于物料通过干燥设备或在其中停留的时间。干燥温度除了控制温升（或炉温）的高低之外，还可以通过改变物料（滤饼）给入量加以调节。在连续作业时，这类条件的最佳控制，需要过滤工序的密切配合。

（4）采用先进设备或高效加热法。目前有色金属选矿厂普遍使用的干燥设备（圆筒干燥机）热效率比较低，要从根本上提高干燥效率，应采用先进设备（如螺旋烘干机）或高效能的加热方法。

由于红外线及远红外线渗透性强，是以辐射形式对物料加热的，不需要介质传递，因此热能易为物料吸收，热损失少。红外线及远红外线加热设备，在轻化工部门使用很普遍，有色金属企业目前已有用其干燥小批量精矿的实例。随着辐射材料和电力的发展，这种加热方法的应用将日益广泛。

3.4.2　干燥设备

含水物料的干燥通常是在干燥设备中进行的。干燥设备的类型很多，选矿厂采用以煤作燃料的圆筒干燥机。

3.4.2.1　圆筒干燥机的型式

圆筒干燥机又叫做回转式干燥机。是应用较早、使用范围较广的一种干燥设备。按照对含水物料传热方式的不同，可以分为直接传热和间接传热两种形式。直接传热式是利用加热过的气体（热空气或燃料燃烧产生的烟道气的混合气体）直接与物料接触，热气体主要通过对流作用把所载热量传给物料。在这里，热气体既是载热体，又是把从物料中蒸发出来的水汽带走的干燥介质。间接传热式是利用器壁的热传导来传热，载热的热气体不同物料接触，从物料中蒸发出来的水汽由另外的气流带走。即载热体和干燥介质，是两股不同的气流。直接传热式的热效率高，间接传热式的热效率低，但物料不会被热气体所污染。在选矿厂，除了个别处理稀贵金属的精矿用间接传热式以外，一般都采用直接传热式。

直接传热式圆筒干燥机，按照热气流（干燥介质）同被干燥物料的运动方向是否一致，又可分为并流式（又叫顺流式）和逆流式两种，如图3-40所示。

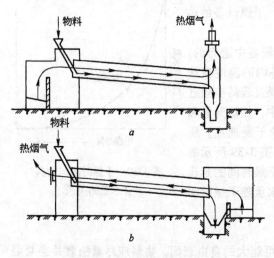

图 3-40　两种不同形式的干燥
a—并流式干燥；b—逆流式干燥

并流式干燥时，物料和热气流由同一端进入干燥机，开始的时候，二者温差悬殊，传热很快，干燥速度也很快。随着物料被加热和其中水分的蒸发，干燥介质所载的热量逐渐消耗，二者的温差减小，热交换和干燥速度变慢。并流式干燥的整个进程是很不均衡的，废气的排出又与干燥产品的排出同在一端，容易扬起粉尘，导致废气带走的精矿尘粒较多。但是，由于物料排出时，是与温度已经降低的气流相接触，干燥产品的温度较低（一般为 60～70℃），热损失小，便于操作和运输。在选矿厂的精矿干燥作业中，较多采用这种形式。

逆流式干燥时，物料进入干燥机的时候是与温度较低的废气相接触。随着物料温度的升高，它所接触到的介质温度也越来越高，干燥速度和整个热交换过程都比较均衡，而废气的排出又是在物料的进入端，水分较高的物料对穿过的废气还有滤清的作用（见图3-40b），被废气带走的尘粒很少。但是，因为干燥物料排出的温度很高，热损失大，操作和运输都不方便。这种形式除了应用于要求干燥产品水分很低的情况以外，一般很少采用。

3.4.2.2　直接传热式圆筒干燥机的构造

直接传热式圆筒干燥机的构造如图3-41所示。它的主体是一个倾斜安装的钢板焊制的圆筒1。在圆筒的外壳上装有表面光滑的轮箍2，每道轮箍支承在两个可以转动的托轮（又叫托辊）3上。托轮可以沿横向作水平移动而改变它们之间的距离，借此来调节圆筒的倾斜角度。倾斜安装的目的是为了兼有输送物料的作用，圆筒里的物料能够随着圆筒的回转，由高的一端向低的一端移动。

为了防止圆筒由于倾斜而产生轴向位移，在安装两个托轮时，有意把它们的轴线斜成一定

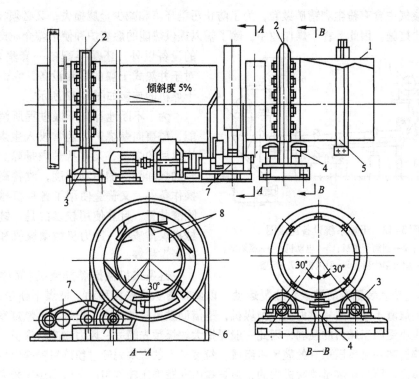

图 3-41 圆筒干燥机构造图

1—圆筒；2—轮箍；3—托轮；4—挡轮；5—密封圈；
6—大齿圈；7—传动齿轮；8—抄板

的夹角。当圆筒回转时，两个轴线不平行的托轮就如同圆锥滚柱轴承那样，产生一个向上的轴向推力，阻止圆筒向下移动。此外，还可以在轮箍较低的一侧安装挡轮4，以此保证圆筒不下滑。挡轮与托轮支承在同一个底座上。

为了避免流动的干燥介质和粉尘逸出而造成污染，干燥机通常是在负压条件下工作的。在圆筒两端，与燃烧炉和卸料罩相连接的部位，设置有防止漏风的密封圈5。圆筒外壳的中部固定有大齿圈6。电动机通过减速箱驱动齿轮7，经与其啮合的齿圈，即可带动圆筒同转。

为了使物料在干燥过程中容易分散，在圆筒内壁上焊有抄板8。物料在回转的干燥机中，被抄板携带到一定高度，然后撒落下来，因此能较均匀地分布在圆筒断面的各个部分，与干燥介质充分接触，提高干燥效率。此外，抄板还有加速物料向前移动的作用，但在距离排料端1～2m的筒壁上不能安装抄板，以避免已经干燥的物料再被抄板带起，在散落时扬起粉尘而被废气带走。当处理容易黏结的物料时，可以在给料端的1～1.5m处安装螺旋形导料板，用它把物料迅速地送入圆筒深部，防止给料口堵塞。

圆筒干燥机具有生产率大、操作方便的优点，对物料的适应性好，可以烘干各种粒度的含水物料，尤其适于处理细粒而不过分黏结的物料。物料在干燥机中所占容积与圆筒的几何容积之比，叫做充填系数或充填率，一般为0.2～0.25。圆筒干燥机的规格用圆筒的直径和长度表示，单位是m。例如，φ2m×12m，即表示圆筒的直径和长度分别为2m和12m。圆筒的转速一般为1～8m/min，安装倾角为2°～5°。

3.4.2.3 并流式圆筒干燥机的配套

选矿厂通常使用的直接传热式并流圆筒干燥机，是用煤作燃料，以提供载热的干燥介质。

由于排出的废气中含有粉尘和精矿微粒，为了防止污染环境和减少金属损失，又必须在干燥过程中采取集尘措施。因此，在干燥作业中，除了辅以提供热能的燃烧炉和使干燥介质产生流动的设备以外，还需要配备一套集尘设施。对于并热式干燥的配套设备，它们和圆筒干燥机的连接如图3-42所示。

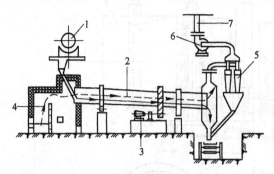

图 3-42　干燥系统设备连接图

1—过滤机；2—圆筒干燥机；3—电动机；4—燃烧室；
5—旋风集尘器；6—引风机；7—风管

为了不断地补充干燥过程所消耗的热能，需要向燃烧炉内经常投入生煤，而燃烧以后的煤渣，又要从炉内排除。为了减轻加煤和除渣的劳动强度，改善高温下的操作条件，又普遍使用了各种机械加煤和除渣装置。目前使用较多的是：链条式机械推煤排渣机、风力机械抛煤机和风力喷吹粉煤机等。

链条式机械推煤排渣机（简称推煤排渣机），是通过传动装置带动链条作往复运动，以此带着扒头来回移动，把煤不断送入炉膛，并把燃烧过的煤渣不断排出；风力机械抛煤机，是借助鼓风机的风力，把煤抛入燃烧室。由于投入煤块的大小受限于风力的强弱，因此一般要把大块煤预先筛去；风力喷吹粉煤机，是由一台多级的粉碎机和一台风压适宜的鼓风机组成。粒度较大的煤块先经过粉碎机粉碎以后，由鼓风机吹入炉膛内。因为粉煤是喷吹进去的，在炉膛内抛撒得比较均匀，所以燃烧比较完全。

3.4.3　圆筒干燥机的使用与维护

3.4.3.1　圆筒干燥机的工作指标

A　水分蒸发量

圆筒干燥机的水分蒸发量，可以通过测定被干燥物料在干燥前后的实际含水量或液固比，再根据干燥机的生产率计算得出。计算公式如下

$$W = Q(R_1 - R_2) \times 1000 \tag{3-12}$$

式中　　W——水分蒸发量，kg/h；

　　　　Q——按物料干重计的生产率，t/h；

　　R_1，R_2——物料在干燥之前和干燥以后的液固比。

B　蒸发强度

圆筒干燥机的**蒸发强度**（又叫**干燥强度**）表示了干燥机在单位时间内单位容积蒸发物料水分的能力，即

$$A = \frac{W}{V_0} \tag{3-13}$$

式中　A——蒸发强度或干燥强度，kg/($m^3 \cdot h$)；

　　　W——单位时间内的水分蒸发量。kg/h；

　　　V_0——干燥机圆筒的容积，m^3。

因为蒸发强度与物料的性质、干燥机的型式、操作条件都有关系。所以准确的 A 值，都是在特定的情况下用实验的方法测得的。实际应用中，则可根据类似的物料和类似设备通过生产实践总结出来的定额范围来加以确定。表3-8列出了我国一些主要金属选矿厂使用圆筒干燥机的实际 A 值。

表3-8 圆筒干燥机的蒸发强度（A）值

干燥的精矿种类	蒸发强度/kg·(m³·h)⁻¹	圆筒干燥机的形式
细粒氧化铜精矿	25~35	直接传热
一般铜精矿	50	
铅精矿	35~40	
锌精矿	35~40	
硫化铁精矿	40~60	
磁选铁精矿	50~55	
锡精矿	18~25	间接传热
钼精矿	25	
钨精矿	20~30	

C 干燥产品水分

干燥在精矿脱水过程中的任务，就是进一步脱去经过滤后的滤饼水分，以获得含水量更低的符合冶炼或贮存运输要求的干燥产品。干燥产品的水分一般以产品含水的质量分数表示。它可以通过对干燥精矿的取样测定得出。

除了上述工作指标以外，有的选矿厂还把干燥机的热效率和干燥机的烟尘损失也列为考核项目。干燥机的热效率是检查和评定干燥过程中热能利用情况的，要通过系统的取样、测定，列出整个过程的热平衡以后方可求出。烟尘损失则是检查在干燥过程中，精矿中的金属损失于烟尘的情况，通常是和检测粉尘浓度同时进行的。

3.4.3.2 圆筒干燥机的操作与维护

在直接处理过滤滤饼的精矿脱水流程中，圆筒干燥机的一般操作要领是：按照过滤作业来预计开车时间，提前升炉。把燃烧炉点燃以后，再开动引风机（有的选矿厂为了升炉方便，还另外设置供自然通风用的烟囱，待升炉完毕，再把烟气引入通风集尘系统），将烟道气吸入尚未运转的干燥机圆筒内，通过集尘系统排至大气中；继续加热约10~15min，待集尘器出口处的烟道气有一定温升以后，再开动干燥机。

干燥机在启动前，应当依次检查筒体上的连接件是否紧固；轮箍与托轮、挡轮的接触是否良好；传动齿轮的啮合情况；减速机和轴承的油量是否合适等。当确认一切正常以后，方可开动干燥机，并通知过滤机台。随着过滤机的运转，便有滤饼不断给入。干燥机停车时，应先停止给料，待筒体内的物料全部排出后，再熄灭燃烧炉，最后停止干燥机和通风集尘系统。

运转中要密切注意圆筒内的温度，一般控制在400~600℃，燃烧炉可高达800℃以上，用热电偶温度计测量或根据集尘系统中烟道气的温度凭经验加以判断，防止精矿过度干燥而增加粉尘损失或者引起燃烧（这种情况常发生于含硫较高的精矿）。为了避免细粒精矿的损失，热风在干燥圆筒内的流速一般不应大于2~3m/s。要根据技术规程的要求经常检查：传动部件的接触和润滑情况；轴承温度是否正常；减速箱是否有异常声响；连接和紧固螺栓是否松动；燃烧炉与筒体集尘罩的连接部位是否密封；给矿漏斗是否堵塞；集尘系统工作是否正常。

当干燥含矿泥较多、黏性较大的精矿时，往往会有精矿黏结在圆筒的内壁上。对于这种情况，除需要定期进行人工清除外，可以考虑在圆筒中悬挂一些链条，利用链条的蠕动和打击作用，予以清除。同时，又能一定程度地增大传热面积，改善干燥过程。

3.4.3.3 圆筒干燥机的常见故障

圆筒干燥机运转中的常见故障，它发生的可能原因及排除方法列表3-9中。

表3-9　圆筒干燥机的常见故障

常 见 故 障	可 能 原 因	排 除 方 法
1. 轴承过热	(1) 缺油或油质不良; (2) 轴承磨损或碎裂; (3) 轴承间隙过小或安装不正	(1) 加油或更换新油; (2) 更换轴承; (3) 增大间隙或调整校正
2. 减速箱发热或有异响	(1) 缺油或油质不良; (2) 齿轮啮合不好; (3) 齿轮磨损过甚	(1) 加油或更换新油; (2) 调整啮合间隙; (3) 修复或更换齿轮
3. 筒体摆动	(1) 筒体或轮箍变形; (2) 托轮轴承磨损过甚或轴承座活动	(1) 矫正或调整紧固连接件; (2) 更换轴承或拧紧螺栓
4. 粉尘量或粉尘损失增加	(1) 筒体温度过高; (2) 处理量过小或给料漏斗堵塞; (3) 湿式除尘器水量不够或水管堵塞	(1) 引入冷空气; (2) 增加给料量或疏通漏斗; (3) 增加给水或疏通管道
5. 产品水分过大	(1) 干燥温度过低; (2) 处理量过大; (3) 滤饼水分过大; (4) 抄板脱落	(1) 提高炉温; (2) 减少给料量; (3) 通知过滤作业降低滤饼水分; (4) 补焊抄板

思 考 题

1. 简述固体散粒物料中水分的性质及固液分离的方法。
2. 简述沉淀浓缩的过程。
3. 试述影响沉淀浓缩的因素及加速沉降的途径。
4. 简述中心传动式和周边传动式浓缩机的结构和工作原理。
5. 简述高效浓缩机的特点。
6. 浓缩机的工作指标有哪些,操作中应注意哪些问题?
7. 简述影响过滤的因素与提高过滤速度的途径。
8. 选矿厂精矿脱水常用的真空过滤机有哪些型式?
9. 简述外滤式圆筒真空过滤机的结构;按其滤饼形成过程,可分为哪几个工作区域?
10. 试比较外滤式圆筒真空过滤机、内滤式圆筒真空过滤机、圆盘式真空过滤机的性能及优缺点。
11. 简述压滤机的特点,板框式自动压滤机的每个压滤周期分为哪几个阶段?
12. 真空过滤机的工作指标有哪些,过滤机运转前应检查哪些内容?
13. 简述含水物料在干燥设备中的干燥过程。
14. 简述影响干燥的因素与提高干燥效率的途径。
15. 简述圆筒干燥机常见的故障及可能产生的原因。

4 取样与计量

【本章学习要求】

    （1）了解选矿厂常用的取样设备的种类与特点；

    （2）了解选矿厂常用的计量设备的种类与特点；

    （3）掌握选矿厂常用的取样设备的构造、工作原理、性能及应用范围；

    （4）掌握选矿厂常用的计量设备的构造、工作原理、性能及应用范围。

4.1 取样与取样设备

4.1.1 概述

4.1.1.1 取样目的

为了及时了解选矿生产情况，加强对选矿厂的技术管理，必须对选矿生产过程进行取样检查。选矿过程取样检查的目的是研究原料和选矿产品的组成，观察、分析、调整工艺过程和选矿设备的操作，以便对选矿过程进行最优化控制和科学管理。用于试验、分析的少量样品称为**试样**，试样的采取和加工过程叫做**取样**。试样是从整批物料中取出的一份物料，它具有原料的一定性质，如密度、粒度及含量等，试样必须具有代表性。

保证试样具有代表性除试样数量必须达到最小试样量外，还需采用正确的取样方法及流程。在进行矿石可选性研究时，常需进行采样设计，以保证试样的代表性。

在选矿生产过程中，根据生产要求及取样检查的内容，采取的样品可分为以下几种：

（1）矿物学试样。考察有用矿物的结构、组成，以及矿物组分的嵌布特征、共生情况及浸染粒度等，为拟定选矿处理方法、工艺流程，确定磨矿粒度、考虑综合利用等提供依据。

（2）化学分析样。分析矿物的含量，如原矿品位、精矿品位、尾矿品位、精矿杂质及含量等，以便及时发现生产中存在的问题，指导生产，改善选矿过程。

（3）水分测定样。测定原矿、精矿的水分，用于计算原矿量（干量）及生产的精矿量（干量），并控制精矿水分不超过规定范围。

（4）矿浆筛析及浓度样。测定磨矿产品粒度、浓度，并据此调节磨矿分级设备的操作，确保磨矿产品的粒度、浓度符合生产工艺要求。

4.1.1.2 取样方法

取样方法不仅与所取物料的性质有关，同时与物料存在的状态有关。在选矿厂取样根据取样对象的不同需采用不同的取样方法。选矿厂取样包括静置物料的取样和流动物料的取样。

从静置的块料堆或细磨料堆中取样，可供选择的方法有舀取法、探井法、钻孔法和方格取样法等。

选矿生产过程中的取样主要是指对运动着的干、湿或矿浆状态的流动物料的取样。流动物料是指运输过程中的物料，包括用矿车运输的原矿、胶带运输机以及其他运输机上的物料、给矿机和溜槽中的物料以及流动中的矿浆。

流动物料的取样方法有纵向（顺流）截取法和横向（断流）截取法。

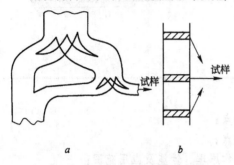

纵向（顺流）截取法是将运动着的物料顺着流向分成若干小股，然后将其中的一股或几股取为试样（见图4-1a）。这种方法只在物料相当均匀的情况下采用。**横向（断流）截取法**就是每隔相等的一段时间，垂直于物料流的运动方向截取物料作为试样（见图4-1b）。用横向截取法取样，横截整股物料流、粒度偏集和密度偏集等现象所引起的物料不均匀性对试样的代表性影响不大，所以，横向截取法是选矿厂中最常用、最精确的流动物料取样方法。

图4-1 截取法取样示意图

a—纵向截取法；b—横向截取法

4.1.1.3 取样设备

目前选矿厂采用的取样方法，主要有人工取样和自动（机械）取样两种。为了提高取样样品的代表性并节省劳动力、减轻劳动强度，一般选矿厂均安装自动取样机，代替人工取样。由于取样对象和样品用途不同，选矿厂采用的设备也各不相同。

目前生产中采用的取样机，按样品的粒度分，有细粒精矿（小于0.074mm）取样机、中等粒度矿石取样机和大块矿石取样机；以样品的物理状态分，有湿式取样机和干式取样机。下面将做进一步介绍。

4.1.2 固体散状物料取样设备

4.1.2.1 点（线）状取样装置

在大中型选矿厂生产过程中，由于生产流程中处理的物料数量巨大，常采用各种点（线）状取样装置对流程中的固体散状物料取样。无论是使用机械化取样装置还是使用手工取样装置，取样工具挖取物料的深度应不小于0.4m；对贵重物料取样，取样器要穿过料堆的整个厚度。

在火车车厢、矿车或汽车中取样时，取样点的布置可参照图4-2的形式设计。

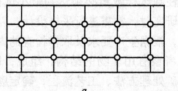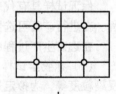

图4-2 车厢采样点布置方式

a—火车车厢；b—矿车和汽车

A 车厢取样装置

车厢取样装置如图4-3所示。此装置可供在车厢进行机械化取样，可取粒度达150mm、水分达12%的矿样，采样深度为600mm。

车厢取样装置包括滑车、高架、斗形取样器、破碎与缩分机组、皮带提升及操作室。

这种装置设在装车点后面，取样时开动小车将取样器移至取样点。首先，将闭合的勺斗插入物料中400mm深处，然后打开勺斗再插下200mm，随后将盛有试样的勺斗关闭并提出，利用横行小车移到试样仓上方，将矿样倾入仓中，缩分制备后舍弃的矿样，用带式提升斗返送回车厢中。取样和制样工作，可按给定的程序自动或半自动完成。

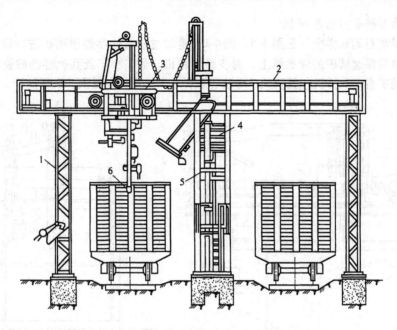

图 4-3 车厢取样装置

1—支架；2—高架；3—横行小车；4—带式提升机；5—破碎与缩分机组；6—斗形取样器

B 螺旋式取样装置

螺旋式取样装置（见图 4-4）是由龙门吊车、垂直框架、台车、横梁、锤式破碎机、锥形缩分器和螺旋钻式取样器组成。

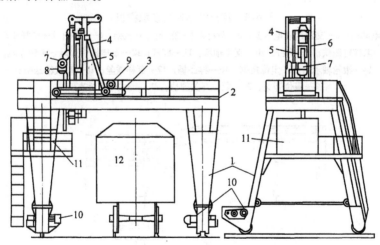

图 4-4 螺旋式取样装置

1—龙门吊车；2—横梁；3—台车；4—垂直框架；5—导轨；6—取样器；7—锤式破碎机；
8—锥形缩分器；9—台车行走电动机；10—电动机；11—操作室；12—装矿车

这套装置可沿与铁路线平行铺设的钢轨移动，可用于车厢中物料的全深取样。龙门吊车可沿车厢前后移动，台车可沿横梁移动。台车上装有锤式破碎机、锥形缩分器和螺旋钻式取样器，取样器可沿导轨升降。螺旋钻下插时，管子里的钻头抓取矿样并经螺旋向上运送，进入破碎缩分机组，制成分析试样。取样装置由设在操作室中的控制台进行操作。

C　浮选湿精矿自动取样机

浮选湿精矿自动取样机（见图4-5、图4-6）是对过滤后的浮选湿精矿进行取样。一般安装在输送过滤后浮选精矿的输送线上，对皮带输送机、运矿小车及其他容器的物料堆钻取试样。浮选湿精矿自动取样机包括机架、导轨、取样小车、取样电磁铁、取样插管、样品桶等。

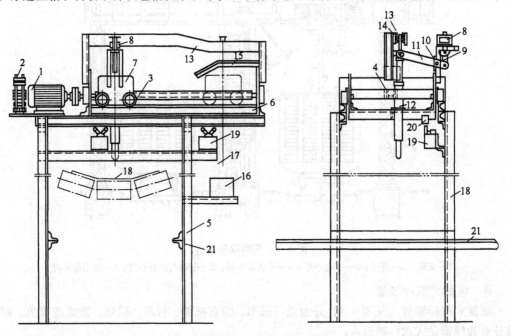

图4-5　浮选湿精矿自动取样机

1—电动机；2—交流制动电磁铁；3—丝杆；4—螺母；5—机架；6—导轨；7—取样小车；
8—取样电磁铁；9—连杆；10—支点轴承；11—杠杆；12—取样插管；13—滚轮导轨；
14—滚轮轴承；15—定位角钢；16—样品桶；17—断样铁丝；18—带式输送机；
19—限位开关；20—限位开关撞块；21—带式输送机支架

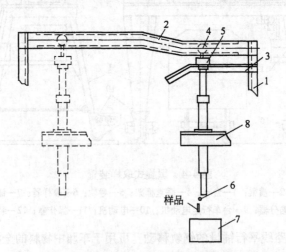

图4-6　浮选湿精矿自动取样机自动卸样示意图

1—机架；2—滚轮导轨；3—定位角钢；4—滚轮轴承；5—取样插管螺母；
6—断样铁丝；7—样品桶；8—取样小车

在输送线上某处设机架，机架装有可做横向运动的取样小车，小车可在导轨上做往复运动。取样时，小车运行至盛矿容器的中间部位，然后通过取样电磁铁将取样插管从物料堆上钻取试样。根据预先编制的程序，使小车返回卸矿位置，将矿样自动卸入样品桶中。

该取样机运行可靠，能减轻取样劳动强度；但结构复杂，取样布点只能在一条纵线上选择，即纵向（顺流）截取法，当物料组分在容器中分布不均匀时，取样结果会产生系统误差。

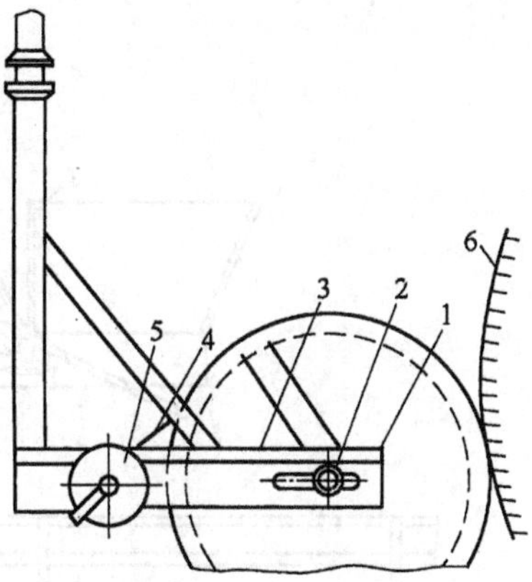

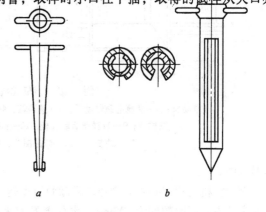

图 4-7 滤饼取样机
1—轮子；2—轴；3—支架；4—刮刀；
5—支撑圆盘；6—过滤机

D 滤饼取样机

滤饼取样机（见图 4-7）是一个曲柄，带有一个轮子，轮子边缘上有不深的轧槽。轮子在轴上旋转，轴安装在支架上。轮子边缘的轧槽紧贴向真空过滤机，在吹气时落满了滤饼，再由刮刀取下。刮刀由支撑圆盘固定。

E 手工取样工具

取样铲（见图 4-8）用于底部或表层没有形成物料组分偏析的松散矿堆或矿车上取样。矿块大小不同，采用不同型号的取样铲取样。

取样管（见图 4-9）是松散细粒物料使用得最多的取样工具。有单管取样器和双管取样器之分。单管取样器是具有小锥度的空心不锈钢管，取样时小口往下插，取得的试样从大口处排出。双管取样器由两根不锈钢空心钢管组成，取样时，首先使两管的开口处同向（见图 4-9b，右图），然后插进料堆，旋转180°，关闭开口（见图 4-9b，左图），提出并取下试料。用取样管取样，试样代表性的关键在于有足够的布点密度以及取样深度。

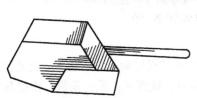

图 4-8 取样铲

a b

图 4-9 取样管
a—单管取样管；b—双管取样管

4.1.2.2 横向（断流）截取取样装置

A 小车式块矿自动取样机

当原矿石是用小矿车运来选矿厂时，采用小车式块矿自动取样机（见图 4-10）。它一般安装在带式输送机首轮前，取块矿试样。小车式块矿自动取样机包括四轮小车、轨道、取样器、取样器活动底板、取样器活动底板转轴、卸样轮、样品漏斗等。

小车通过四轮装在轨道上，轨道前后装有限位开关，以限制小车的取样行程位置。取样前由于重力作用，取样器的活动底板将底门紧闭。取样时，小车向首轮方向行驶，接取试样后往回运动，至限位点停止。同时由卸样轮作用，取样器的活动底板的底门打开，试样自动卸入样

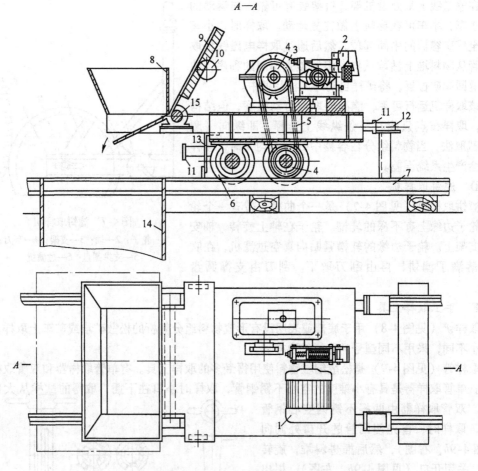

图 4-10　小车式块矿自动取样机

1—电动机；2—交流电磁制动器；3—减速箱；4—链轮；5—链条；6—四轮小车；7—轨道；
8—取样器；9—取样器活动底板；10—卸样轮；11—缓冲器；12—限位开关；
13—清扫器；14—样品漏斗；15—取样器活动底板转轴

品漏斗中。

　　该取样机的优点是：取样小车可随轨道做转向运动，行程不受限制，样品漏斗可设置在任意选定地点。可取粒度为 300mm、水分含量 15% 的块矿物料；缺点是：设备笨重，传动系统复杂。如果对着矿流方向接取试样，往往因设备障碍而使样勺不能整体越过矿流，会造成试样组成比例失调，即位于带面的物料多取，位于带底的物料少取。

　　B　斜槽式块矿自动取样机

　　斜槽式块矿自动取样机一般安装在带式输送机首轮前，接取块状矿石样（见图 4-11）。斜槽式块矿自动取样机包括取样小车 5、取样机机架 3、导轨 4、取样斜槽 6、限位开关 10 等。

　　取样小车 5 装在导轨 4 上，轨道上装有限位开关 10，以限制小车的取样行程位置。取样小车沿导轨做往复运动，去程取样，回程卸样。

　　斜槽式块矿自动取样机结构简单，运转可靠。但因受取样小车行程限制，取样漏斗必须靠近带式输送机首轮卸料处。

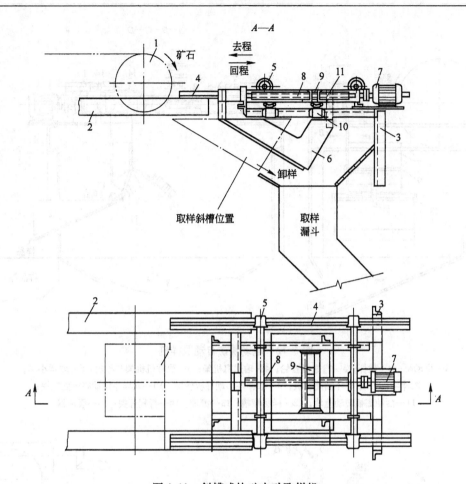

图 4-11　斜槽式块矿自动取样机

1—带式输送机首轮；2—机架；3—取样机机架；4—导轨；5—取样小车；6—取样斜槽；

7—电动机；8—丝杆；9—丝母；10—限位开关；11—限位开关撞块

C　电动块矿自动取样机

采取粒度小于 40mm 的块状矿石，结构如图 4-12 所示。电动块矿自动取样机主要包括取样机机架与导轨 5、取样小车 6、取样斗 7、样品溜槽 12、行程开关 14 等。一般安装在带式输送机首轮前，工作原理与斜槽式块矿自动取样机基本相同。

电动块矿自动取样机结构简单，运转可靠，但取样小车行程较小。

D　链斗式块矿自动取样机

链斗式块矿自动取样机的结构如图 4-13 所示。以卸矿溜槽 9 为中心设置机座 1，上装轴承 6，通过轴承 6 装链轮 4 和链条 5。两链条间安有取样斗 7，并可随链条做往复运动。在取样的空隙时间，矿石经卸矿溜槽进入矿石漏斗。取样时，取样斗横过卸矿溜槽下方截取试样，在前进（去程）中将试样卸入样品漏斗。

链斗式块矿自动取样机可采取粒度小于 40mm 的块矿，取样行程大，运转可靠，但传动系统复杂，部件笨重。

E　扇形取样机

扇形取样机是回转式取样机（见图 4-14），主要部件包括：两个空心圆锥体，截取器，支管，给料竖管等。

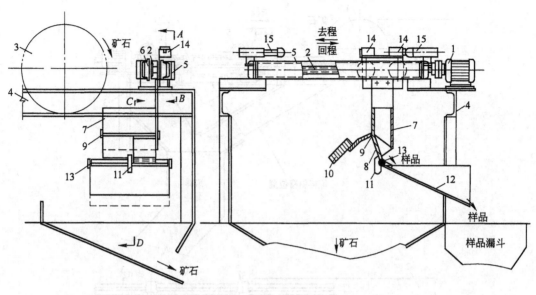

图 4-12　电动块矿自动取样机

1—电动机；2—丝杆；3—输送机首轮；4—输送机机架；5—取样机机架与导轨；6—取样小车；
7—取样斗；8—取样斗活动底板；9—取样斗活动底板转轴；10—取样斗活动底板配重块；
11—活动底板转动撞块；12—样品溜槽；13—滚桶；14—行程开关；15—缓冲器

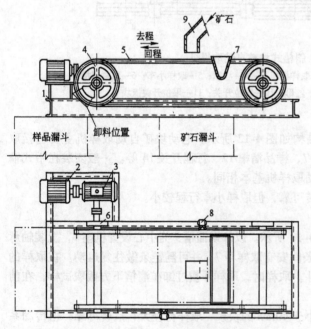

图 4-13　链斗式块矿自动取样机

1—机座；2—电动机；3—减速箱；4—链轮；5—链条；
6—轴承；7—取样斗；8—限位开关；9—卸矿溜槽

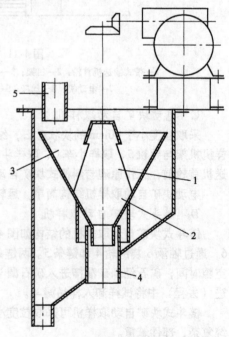

图 4-14　扇形取样机

1，2—空心圆锥体；3—截取器；
4—支管；5—给料竖管

两个空心圆锥体相对，截取器 3 为一扇形口，下部与空心锥体相通，截取器做回转运动。取样时，物料进入给料竖管 5，截取器 3 在回转时截取物料流，所得试样进入下面空心锥体 2，再经支管 4 排到专用的试样承接器中。

该取样机的优点是：构造简单，维护修理方便，取样精确。缺点是：对大块矿物料取样时需较大的安装高差，容易被杂物（如破布、木屑、草碴等）堵塞。

F 带式取样机

带式取样机一般安装在带式输送机首轮卸料处，截取大块矿石样。结构如图 4-15 所示。

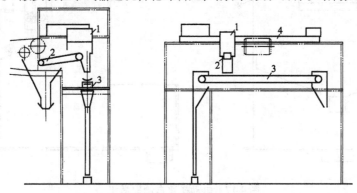

图 4-15 带式取样机

1—移动小车；2—带式输送机；3—可逆带式输送机；4—移动大车

带式取样机可截取大块物料试样，但设备构造较复杂。

G 双勺取样机

双勺取样机一般安装在带式输送机上，截取破碎产品样。结构如图 4-16 所示。双勺取样机运转可靠，安装取样机不需另占高差。该设备从日本引进。

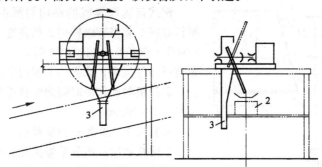

图 4-16 双勺取样机

1—双勺取样机；2—带式输送机；3—样品输送漏斗

4.1.3 湿式取样设备

4.1.3.1 电动矿浆自动取样机

电动矿浆自动取样机如图 4-17 所示。在矿浆过道桶 8 上设机座 7，取样小车和电机按同一轴线安装在基座上。取样小车外壳为一空心圆筒，两端装有轴承，中间装有传动丝杆，并用卡背轮与电机轴连接，取样小车导轨 2 通过取样槽支架 5 吊装取样勺 6。取样时，由时间继电器指挥电机带动取样勺 6 横过矿浆流而截取试样。在取样的空隙时间，取样勺停在矿浆过道桶 8

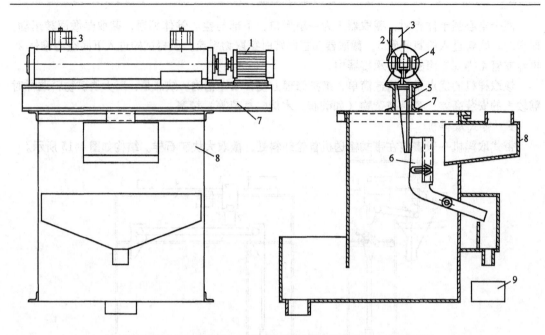

图 4-17　电动矿浆自动取样机

1—电机；2—取样小车导轨；3—限位开关；4—取样小车；5—取样槽支架；6—取样勺；
7—机座；8—矿浆过道桶；9—样品桶

旁。取样动作由时间继电器指挥电机带动取样勺 6 横过矿流而截得试样。

　　电动矿浆自动取样机结构简单、运转可靠。缺点是轴承、导轨、丝杆、取样勺等均要装在一圆筒内，造成装配、检修不便。

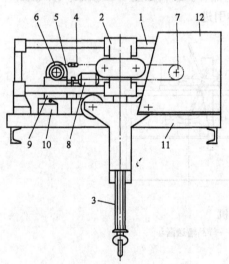

图 4-18　链式自动取样机

1—导杆；2—往复箱；3—取样勺；4—锁钉；
5—链条；6，7—链轮；8—电机；9—变速箱；
10—限位开关；11—机座；12—机盖

4.1.3.2　链式自动取样机

　　链式自动取样机的结构如图 4-18 所示，由两个平行导杆 1 和带有取样勺 3 的往复箱 2 组成。往复箱 2 借助于链条 5 上的锁钉 4 带动，在链轮 6 和 7 之间做直线往复运动，取样勺 3 横过矿浆流进行取样。

　　取样机的动作由时间继电器控制，取样时间间隔一般为 5～20min。

4.1.3.3　矿浆自转取样机

　　矿浆自转取样机分单级机和双级机，适用于具有一定高差的矿流沟槽的自动取样。

　　A　单级自转取样机

　　单级自转取样机（见图 4-19）主要由进矿管（槽）、分矿桶 2、排矿环 3 和试样截取斗 4 组成。矿浆从进矿槽 1 给入，经分矿桶 2 由排矿环 3 排出，试样截取斗 4 做圆周运动，截取的试料从试样管 6 排出。

　　B　双级自转取样机

　　双级自转取样机（见图 4-20）第一级的结构和工作原理与单级机相似，其缩分余料由余量槽 4 承

接，下设底座 9 作支承基础。矿浆从给矿管 1 给入，从排矿环 3 排出，一级试样截取斗 5 做圆

周运动,取得的试样进入动漏斗 8 后随圆周运动排出,被固定截取口 11 截得平均试样 I 和 II。

单级自转取样机试样量较大时,需要将其送入双级自转取样机,进一步缩分成平均试样。

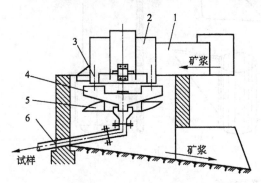

图 4-19 单级自转取样机

1—进矿管(槽);2—分矿桶;3—排矿环;
4—试样截取斗;5—反冲片;6—试样管

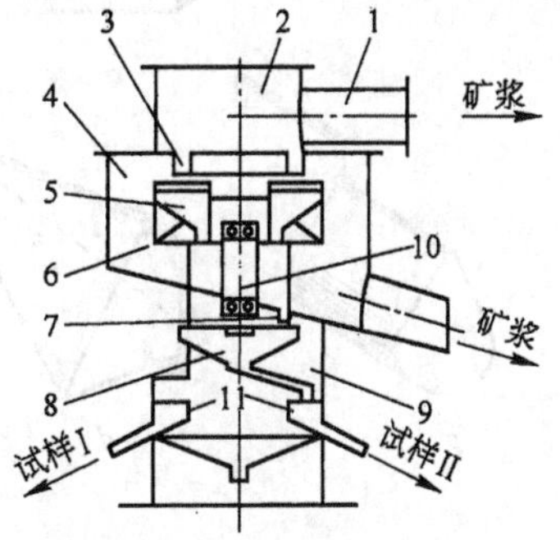

图 4-20 双级自转取样机

1—给矿管;2—分矿桶;3—排矿环;4—余量槽;
5—试样截取斗;6—反冲片;7—排矿嘴;
8—动漏斗;9—底座;10—竖轴;
11—固定截取口

C 槽式自流缩分取样装置

在矿浆流量大于 1000 m³/h,浓度低于 10% 的匀质细粒矿浆流检测点,宜采用槽式自流缩分取样装置。该装置由分流槽和自转取样机两部分组成(见图 4-21)。在自流沟落差大于 0.6m 的 AB 处,安装分流槽 1,分流槽设有若干级分流隔板 2,尖头隔板内与自流沟相通。矿浆流入分流槽后,以同一液层厚度通过分流隔板,流入尖头隔板内的矿浆依然流回自流沟,其余进入下一级分流隔板继续进行同样缩分,矿浆每经过一级分流隔板,其流出量即缩减为进入量的 1/2,该分流槽若有 n 级分流隔板,则其矿样的缩分比为 $(1/2)^n$。

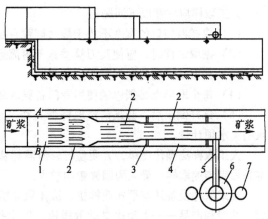

图 4-21 槽式自流缩分取样装置

1—分流槽;2—分流隔板;3—支承杆;4—矿流沟;
5—试样管;6—双级自转取样机;7—样品桶

分流槽缩分的试样进入双级自转取样机进行二次缩分,获得平均试样两份,用其中一份制作当班的成分分析样,另一份作备查样用。

该取样装置结构简单,操作方便,取样频率高,试样代表性好,但适用范围不广,仅适用于粒度细、流动性好的矿浆点取样。

D 人工取样工具

人工取样采取截流取样法,取样时,用人工取样壶,如图 4-22 所示。

为了保证能沿矿流的全宽和全厚截取试样,取样点应选在矿浆出口处,如溢流堰口、溜槽口和管道口,不要直接在流槽、管道或贮存器中取样。

取样壶 c 适用于流量较大的矿流点取样,如具有一定落差的矿流沟和磨矿排矿物料的取样。取样壶 d 适用于流量较小的垂直下流矿流点的取样,如对摇床的中、尾矿的取样。

如果对任何槽内(如浓密机)的矿浆取样,可采用人工密封取样壶 f。该取样壶可以采取

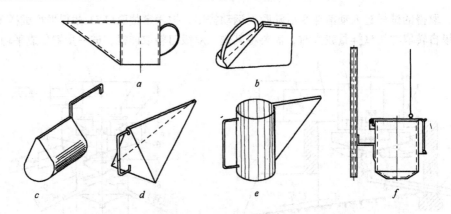

图 4-22　矿浆取样壶

槽内任何深度上的样品。取样壶固定在一根长杆上，杆上有刻度，根据刻度可以确定圆形容器在矿浆中沉下的深度。圆形容器 2 上有顶盖 4、橡皮垫圈 5，起密封作用，以免取样壶沉入矿浆时，矿浆渗入圆形容器内。在长杆 1 沉下到需要的深度时，通过丝绳 3 打开顶盖 4，此时矿浆进入圆形容器 2。在打开顶盖 4 时从矿浆中冒出气泡，根据气泡的有无可以判断矿浆是否充满圆形容器，然后把丝绳 3 放下，盖好顶盖，将取样壶提出来。

人工取样应注意以下问题：

（1）取样器勺口的宽度不小于最大矿粒直径的 3~4 倍；

（2）截取试样时，应使其刀棱垂直于料流运动方向，且匀速地经过整个矿流；

（3）截取试样的时间间隔必须相等；

（4）每个取样点必须单独使用专门备设的取样器；

（5）试样倒出后，必须清洗取样器，清洗水也应并入试样中，若该试样做水分测定，加入的清水须计量。

人工取样法操作简单，方便易行，但需耗费大量的劳动力，难以保证准确的取样间隔，不容易做到匀速取样，受人为因素影响较大。

湿式取样设备还有摆式取样机、液体取样机和水力自动取样机等。四川省有色冶金研究院研制的专利产品——水动式自动取样机，以水作为动力，根据杠杆原理来驱动取样器机构动作，从而不用电作动力，避免电动机和动力传动机构发生故障而造成取样工作中断。该机结构简单，具有很强的适应性，能在恶劣的粉尘和潮湿环境中长期稳定地工作。

4.2　计量与计量设备

4.2.1　概述

为了加强对选矿厂的计划管理，一般对每日进入的原矿量和产出的精矿量均应进行计量。选矿厂日处理量，一般以磨矿机的处理量为标志。磨矿机给矿量的计量方法主要有人工计量和采用仪表自动计量两种。一般小型选矿厂，原矿的计量采用人工在带式输送机上刮去一定长度的矿石进行称量，计算出每小时的矿石量，其计算公式为

$$Q = \frac{3.6qvf}{L} \tag{4-1}$$

式中　Q——给矿量，t/h；

q——刮去的物料质量，kg；

v——带式输送机速度，m/s；

f——原矿含水系数；

L——在带式输送机上，刮取的物料段长度，m。

小选厂也可以采用皮带秤或电子皮带秤进行计量，一般大、中型选矿厂都采用仪表自动记录重量，并存储在计算机内。

经粗碎后排至带式输送机上的矿石粒度较大且不均匀，过滤后的湿精矿物料较黏、输送带上残留量大，都会影响计量精度和准确度。

4.2.2　松散物料计量设备

选矿厂松散物料计量设备主要包括木杆秤、台秤、地秤、天平等用来衡量物料质量的计量器具。

4.2.2.1　台秤和地秤

台秤在日常生活中经常见到，是一种不等臂杆（见图 4-23），由台秤框架、台板、轮子、立柱、顶板、横梁、支点刀、力点刀、游砣、平衡砣、增砣等构成。

凡是安装在地基内的多种不同的固定式不等臂杆秤统称为地秤。地秤的最大称量有 3t、5t、10t、30t、50t 等规格，主要用于衡量汽车、轻轨斗槽车等大载荷。既省工又省时，是工矿企业中不可缺少的计量器具。

4.2.2.2　电子秤

电子秤具有结构简单、使用方便、反应速度快、称量范围广等优点，在选矿厂普遍使用。电子秤的种类很多，有电子皮带秤、电子吊车秤、电子轨道秤等。

A　电子皮带秤

电子皮带秤是一种连续称量固体散料的装置，它不但可称出物料的瞬时质量，而且可以称出某段时间内的累积质量。其反应快、信号能远传的特点，适应自动检测和控制的要求，常用于磨矿前的计量。

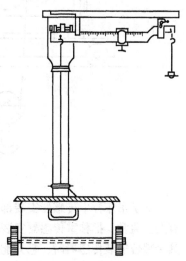

图 4-23　台秤

电子皮带秤可分为单托辊、多托辊、悬臂式及整机式四种。图 4-24 为电子皮带秤的结构原理示意图。

电子皮带秤由测速传感器、测力传感器、秤架、放大器、乘法器、积分器、积算器等组成。在传送带中间的适当部位，有一个专门用作自动称量的框架。某一瞬时的物料质量，经称量框架传给传感器，把物料的重量转换为电信号，经过电子皮带秤内部乘法器、积分器、积算器的计算、转换，输出物料的瞬时质量或累积质量，显示在仪表上。

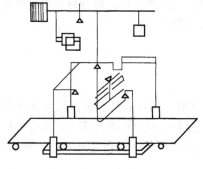

图 4-24　电子皮带秤结构原理示意图

电子皮带秤的主要缺点是精度不太高，且稳定性较差。影响电子皮带秤精度的因素很多，不仅与荷重传感器或二次仪表有关，而且与皮带机、皮带机的运动情况和秤架的安装、调整都有密切关系，例如，皮带机的皮带张力、硬度和倾斜度，以及皮带有无振动、冲击或跑偏等情况都直接影响电子皮带秤的精度。当皮带输送机较长时（大于 100m），皮带张力变化较大，最好采用多托辊秤架。我国研制的 YDC-4F 型及 YDC-6F 型多托辊电子皮带秤，功能齐全，可靠性、稳定性良好，基本上解决了物料块矿较大、不均匀及过滤后的湿精矿在胶带上残留量较大、累计误差较大等对计量精度的影响。

　　B　电子吊车秤

　　电子吊车秤是在吊运物体的过程中就可以进行称重的装置，它不仅节约了称重的时间和人力，而且也节约了单独称重作业所占据的空间且便于安装和维修。在许多连续生产的工艺流程中，必须进行称重而不能采用机械秤的场合下，电子吊车秤对提高生产率、保证产品质量、保障安全生产，发挥着重要的作用。其结构简图如图 4-25 所示。

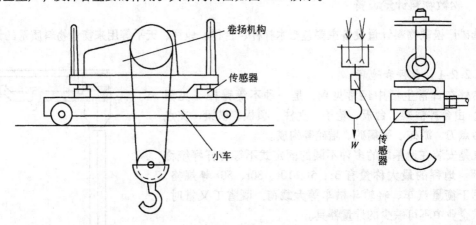

图 4-25　电子吊车秤

　　电子吊车秤中传感器安装部位的选择，与吊车结构、钢丝根数、所要求精度及使用方法等有关。通常，把称重传感器安装在动滑轮轴下部与吊钩之间，以承担被称物的全部荷载。而在其余部位安装传感器时，它只能部分承担被称物的荷载，用一部分力的计量来折算全部重量的计量。如果过多地承担附加载荷，传感器承受过多的力，会降低称量精度。此外，传感器的传力连接结构应保证传感器正确地承受重力；吊运过程中，要避免对传感器有较大的冲击力，避免过载，确保安全使用。

　　传感器的安装部位大致可分三类：安装在卷扬系统内；安装在上部，即与行走小车有关的位置上；安装在下部，即在动滑轮以下，吊钩以上，如图 4-25 所示。

4.2.3　矿浆计量设备

4.2.3.1　电磁流量计

　　电磁流量计是根据流体的导电性和电磁感应原理制成的。其特点是管道内没有活动的部件，既便于清洗，又没有机械惯性，因而压力损失小，反应快，流量测量范围大。流量计的管径可从几毫米到 2m 以上，它既适用于一般的流量测量，又适用于脉冲流量及双向流量测量。其结构如图 4-26 所示。

　　电磁流量计适用于测量导电液体的流量，如水和含有悬浮粒子的污水、矿浆及酸、碱、盐溶液等。使用时，流量计的内壁可采用不同的衬里，如天然合成橡胶、三氟氯乙烯、聚四氟乙烯等，对磨损大的矿浆则采用耐磨橡胶或聚氨酸橡胶。

　　流量计只需要装在不长的直线管道段上，使用比较方便。

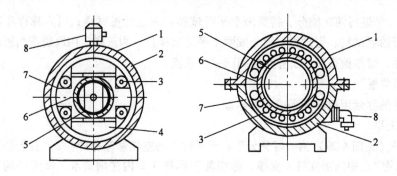

图 4-26 电磁流量计

1—外壳；2—磁轭；3—励磁绕组；4—铁芯；5—导管；6—电极；7—衬里；8—接线盒或插头

4.2.3.2 缩分称样装置

A 缩分机

缩分机分单级缩分机和多级缩分机，设备结构和工作原理与矿浆自转取样机相似。

a 单级缩分机

单级缩分机如图 4-27 所示。矿浆从分矿桶 1 给入，沿排矿环 2 垂直下落，割取斗 4 匀速旋转不断截取下落矿浆，试样从底部排出，余料从余料桶 6 的侧部排出，汇入主矿浆流。单级缩分机不能单独使用，它需要和多级缩分机组合缩分才能获得符合要求的缩分比。

割取斗可由传动装置带动旋转，也可通过反冲片，借助矿浆的反冲力驱动。

b 多级缩分机

多级缩分机的结构形式及工作原理与单级缩分机基本相同，仅在缩分次数上有差异，如图 4-28 所示。它可单独使用，也可和单级缩分机联合使用。矿浆进入分矿桶 1，沿排矿环 2 下落，

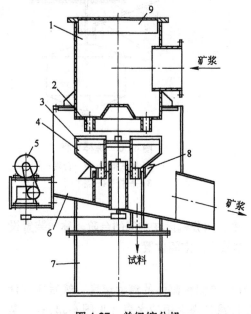

图 4-27 单级缩分机

1—分矿桶；2—排矿环；3—刀架；4—割取斗；5—传动装置；6—余料桶；7—支架；8—反冲片；9—顶盖

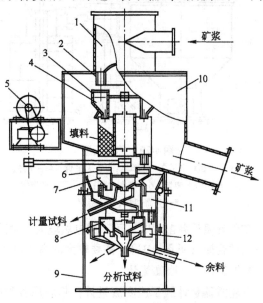

图 4-28 多级缩分机

1—分矿桶；2—排矿环；3—一级刀架；4—一级割取斗；5—传动装置；6—二级刀架；7—二级割取斗；8—三级割取斗；9—方架；10—一级余料桶；11—二、三级余料桶；12—反冲片

通过割取斗4、7进行两次缩分。得到两个平行试样：一是计量试样；引入称样斗称重；另一是作化学分析的粗试料。粗试料再缩分成两个平均试样：一为正样，用以制作当班的化学分析样；二为副样，留作检查样。所有余料回归主矿浆流。

    B　称样装置

缩分试样的称量用称样天平或台秤称重。

    a　称样天平

称样天平（见图4-29）为一等臂天平。天平臂3的左端悬挂称样斗2，右端悬挂平衡水桶6及附加平衡物7，中间由立柱4支撑。称样前于称样斗2内注满清水，将天平调节平衡，然后将缩分试样放入称样斗2内，于是矿石沉底，清水经溢流管排出斗外。此时左端增重，右端抬起，通过指针推动给水装置动作，清水自动注入平衡水桶内，直至天平平衡；试样继续增加，天平又失去平衡，上述动作又重复进行，平衡水桶6内的水量不断增加，所注入的平衡水量从标尺9测得。通过水位上升高度，可计算出试样的质量。

    b　称样台秤

称样台秤如图4-30所示。在秤面上悬挂称样斗4，斗内装满清水，计量试样经计量试样管1给入，矿石沉底，同体积的清水被溢出斗外，台秤面上所示出的重是矿石在水中的重量，矿石的实际重量通过计算得出。

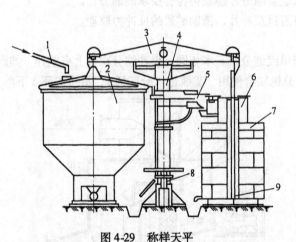

图4-29　称样天平

1—计量试样管；2—称样斗；3—天平臂；4—立柱；
5—自动给水装置；6—平衡水桶；7—附加平衡物；
8—升降机构；9—标尺

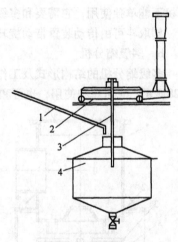

图4-30　称样台秤

1—计量试样管；2—台秤；
3—吊杆；4—称样斗

矿浆计量设备配置时，可利用自然坡度分台阶设置，缩分机设在中间的台阶，称样装置设在下面的台阶（见图4-31）。需要较大的高差以及占据较大的空间位置。

    4.2.3.3　叶轮流量计

叶轮式流量计属于速度流量计，是利用各种物理现象测量流体的流动速度，然后通过计算，得到流量值。叶轮式流量计分为两种：一是用于计量自来水用的水表（见图4-32）；二是涡轮流量计，也称涡轮变送器（见图4-33）。

叶轮流量计要求被测介质清洁，以减少磨损。被测介质的密度、黏度的变化对测定结果有影响。

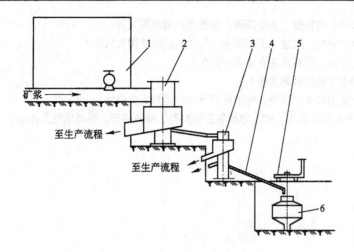

图 4-31　计量设备配置示意图

1—隔渣筛池；2—一级缩分机；3—二、三级缩分机；4—样桶；5—台秤；6—称样桶

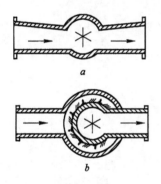

图 4-32　水表

a—单箱式叶轮水表；

b—双箱式叶轮水表

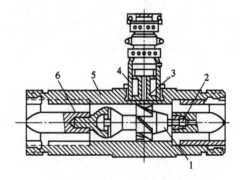

图 4-33　涡轮变送器

1—涡轮；2—支承；3—永久磁钢；4—感应线圈；

5—壳体；6—导流器

4.2.3.4　堰、槽测流量

用堰、槽测量流量，是测量明渠流量时的典型方法。在水路的中途或末端处，设置上部有缺口的板或壁，液流在这里被堰挡住，然后通过缺口向下流去。此时，这个板或壁的上游侧的水位和这个液流的流量有一定关系，所以通过测量水位就可以计算出流量。

这个板或壁叫做堰，使用这种方式的流量计称为堰式流量计。根据缺口的形状，堰分为三角堰、全宽堰和梯形堰等。

思 考 题

1. 选矿厂生产过程中取样检查的目的是什么，采取的试样有哪几种？
2. 选矿厂生产过程中取样常用的方法有哪些？
3. 浮选湿精矿自动取样机的构造、工作原理、性能及应用范围如何？
4. 斜槽式块矿自动取样机的构造、工作原理、性能及应用范围如何？

5. 电动矿浆自动取样机的构造、工作原理、性能及应用范围如何？

6. 矿浆自转取样机的种类、构造、工作原理、性能及应用范围如何？

7. 矿浆人工取样的方法、器具及注意事项有哪些？

8. 选矿厂生产过程中计量的目的是什么？

9. 松散物料计量设备的种类有哪些，电子皮带秤的性能特点如何？

10. 矿浆计量设备的种类有哪些，缩分称样装置的种类、构造如何，称样原理是什么？

5   检修用起重设备

【本章学习要求】
　　（1）理解起重机的类型和起重机的维修、保养及故障排除；
　　（2）掌握起重机的主要参数、起重机的工作级别和工作类型；
　　（3）熟悉起重机械的构造、起重机的安全装置和起重机的使用。

5.1   概述

5.1.1   起重机械的基本类型

5.1.1.1   起重机械的分类

　　起重机械（简称起重机）是一种能在一定范围内垂直起升和水平移动物品的机械，动作间歇性和作业循环性是起重机的工作特点。起重机械一般有一个起升运动和一个或几个水平运动。例如，桥式起重机有三个运动：起升运动、小车运动和大车运动。最简单的起重机械则只有一个运动，即起升运动，如千斤顶与手扳葫芦等。

　　起重机械除千斤顶、手扳葫芦外，大都需要运行，一般装设轨道与车轮的，称为有轨运行装置。另外的起重机械装设无轨运行装置，如汽车起重机、轮胎起重机配备橡胶轮胎，履带起重机配备履带，使其能在一般地面上运行。

　　起重机械多为通用式的，如桥式起重机、龙门起重机、汽车起重机等；但也有专门为某种工艺服务的，如装料起重机、脱锭起重机等冶金桥式起重机。

　　起重机有很多品种和类型，目前我国大多习惯按主要用途和构造特征进行分类。起重机械按主要用途和构造特征的分类如图5-1所示。

　　在选矿厂中常用的起重机，按主要用途和构造特征可分为轻小型起重设备和起重机两大类。其中轻小型起重设备包括千斤顶、滑车、起重葫芦、绞车和悬挂单轨电动葫芦；起重机包括电动葫芦桥式起重机、单主梁桥式起重机和双梁桥式起重机。

5.1.1.2   起重机的工作特点

　　起重机是以间歇、重复的工作方式，通过取

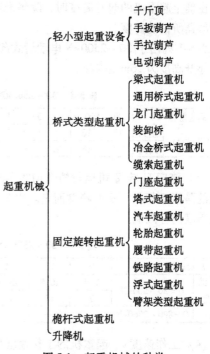

图5-1   起重机械的种类

物装置的升、降运移物体的设备。其工作经历取物、运送、卸物及返回原处等过程，工作范围大，危险因素很多。起重机的工作特点有：

（1）起重机结构复杂，作业过程常需多人配合。因此，操作复杂，技术难度大。

（2）所吊运的物体多种多样，荷载是变化的。因此，吊运过程复杂而危险。

（3）暴露的、活动的零部件较多，且常与吊运作业人员直接接触；作业环境复杂，吊运行走线路常与人员行走线路交叉重合。因此，起重作业危险性较大，易发生各类事故。

由于起重机工作特点所致，起重机属特种设备。国家颁布了一系列的法规、规范和规程，规范起重机的制造、安装和使用。起重作业人员属国家明文规定的特种作业人员，必须经过国家相关管理部门的培训和考核合格，取得国家统一格式的特种作业人员证书，方能从事起重作业。

5.1.2　起重机的主要参数

起重机的技术参数说明起重机工作性能的指标，表征起重机的作业能力，也是设计的依据。起重机的主要参数有：起重量（起重力矩）、起升高度、跨度（桥式类型起重机）、各机构的工作速度及生产率。

（1）额定起重量 Q。起重机在正常工作时允许起吊的物品重量和可以从起重机上取下的取物装置重量之总和称为**额定起重量**。或起重机正常工作时一次起升的最大质量称为**额定起重量**。

额定起重量不包括吊钩、吊环之类吊具的重量，但包括抓斗、起重电磁铁、料罐、盛钢桶、真空吸盘之类吊具的重量。

（2）起升高度 H。**起升高度**是指从地面到取物装置最高起升位置的铅垂距离（取钩口中心，当取物装置使用抓斗时，则指至抓斗最低点的距离），以 H 表示。当取物装置可以放到地面以下时，其下放距离称为下放深度。起升高度和下放深度之和称为**总起升高度**。

在确定起重机的起升高度时，除考虑起吊物品的最大高度以及需要越过障碍主高度，还应考虑吊具所占的高度。

表 5-1 列出了 30～2500kN 电动桥式起重机起升高度系列，即 GB 790—65。抓斗桥式起重机的起升高度为 16m 和 22m。

表 5-1　30～2500kN 电动桥式起重机起升高度系列

主钩起重量/kN		30～500		800		1000		1250		1600		2000		2500	
起升高度/m	主钩	12	16	20	30	20	30	20	30	24	30	19	30	16	30
	副钩	14	18	22	32	22	32	22	32	26	32	21	32	18	32

（3）跨度 L。起重机运行轨道轴线间的水平距离称为跨度，以 L 表示，单位为 m。桥式起重机的跨度 L 根据厂房的跨度而定。表 5-2 示出了 GB 790—65 规定的 30～2500kN 电动桥式起重机跨度的标准值。

表 5-2　30～2500kN 电动桥式起重机跨度的标准值

厂房跨度 L_c/m		9	12	15	18	21	24	27	30	33	36
起重机跨度 L/m	$Q=30～500$kN	7.5	10.5	13.5	16.5	19.5	22.5	25.5	28.5	31.5	—
		7	10	13	16	19	22	25	28	31	—
	$Q=800～2500$kN	—	—	—	16	19	22	25	28	31	34

（4）工作速度 v。起重机的工作速度包括起升和运行两个机构的工作速度。

1）起升速度是指取物装置的上升速度（或下降速度），单位为 m/s。

2）运行速度是指桥式类型起重机大车、小车的运行速度，单位为 m/s。

（5）生产率。起重机在一定的工作条件下，单位时间内完成的物品作业量称为生产率。

5.1.3 起重机的工作级别和工作类型

划分起重机的工作级别是为了对起重机金属结构和机构设计提供合理的基础，也是为用户和制造厂家进行协商时提供一个参考范围。在确定起重机的工作级别时，应考虑两个因素：利用等级和载荷状态。

5.1.3.1 起重机利用等级

起重机在有效寿命期间有一定的总工作循环数。起重机作业的工作循环是从准备起吊物品开始，到下一次起吊物品为止的整个作业过程。工作循环总数表征起重机的利用程度，它是起重机分级的基本参数之一。

工作循环总数与起重机的使用频率有关。为了方便起见，工作循环总数在其可能范围内，分成 10 个利用等级，见表5-3。

表 5-3　起重机的利用等级

利用等级	工作循环总数/次	备　注	利用等级	工作循环总数/次	备　注
U0	1.6×10^4		U5	5×10^5	经常断续使用
U1	3.2×10^4	不经常使用	U6	1×10^6	不经常繁忙使用
U2	6.3×10^4		U7	2×10^6	
U3	1.25×10^5		U8	4×10^6	繁忙使用
U4	2.5×10^5	经常轻负荷使用	U9	$>4 \times 10^6$	

工作循环总数除根据实际经验估算外，也可按下式计算得出，即

$$N = \frac{3600YDH}{t} \tag{5-1}$$

式中　N——工作循环总数；

Y——起重机的使用寿命，以年计算，与起重机的类型、用途、环境技术和经济因素等有关；

D——起重机一年中的工作天数；

H——起重机每天工作小时数；

t——起重机一个工作循环的时间，s。

5.1.3.2 起重机载荷状态

载荷状态是起重机分级的另一个基本参数，它表明起重机的主要机构——起升机构受载荷的轻重程度。载荷状态与两个因素有关：一个是实际起升载荷 Q_i 与额定载荷 Q_{max} 之比（Q_i/Q_{max}）；另一个是实际起升载荷 Q_i 的作用次数 N_i 与工作循环总数 N 之比（N_i/N）。表示（Q_i/Q_{max}）和（N_i/N）关系的线图称为载荷谱。表5-4 列出了四个起重机名义载荷谱系数 K_Q，每个系数值代表一个名义的载荷状态。

表 5-4　起重机名义载荷谱系数 K_Q

载荷状态	名义载荷谱系数 K_Q	说　明
Q_1—轻	0.125	很少吊额定载荷，一般起吊轻载荷
Q_2—中	0.25	有时吊额定载荷，一般起吊中等载荷
Q_3—重	0.50	经常起吊额定载荷，一般起吊较重的载荷
Q_4—特重	1.00	频繁起吊额定载荷

5.1.3.3　起重机工作级别

确定了起重机的利用等级和载荷状态后按表5-5确定起重机整机的工作级别。起重机整机的工作级别分为 A1 ~ A8 共八级。

表5-5　起重机整机工作级别

载荷状态	名义载荷谱系数 K_Q	利 用 等 级									
		U0	U1	U2	U3	U4	U5	U6	U7	U8	U9
Q_1—轻	0.125			A1	A2	A3	A4	A5	A6	A7	A8
Q_2—中	0.25		A1	A2	A3	A4	A5	A6	A7	A8	
Q_3—重	0.50	A1	A2	A3	A4	A5	A6	A7	A8		
Q_4—特重	1.00	A2	A3	A4	A5	A6	A7	A8			

5.1.3.4　起重机的工作类型

起重机的工作类型表明起重机工作繁重程度和载荷波动特性。起重机是间歇工作的机器，具有短暂而重复工作的特征。它不像一般机器，开动后在较长一段时间内连续不停地运转，而起重机工作时各机构时开时停，时而正转、时而反转。有的日夜三班工作，有的只工作一班，有的甚至一天只工作几次。这种工作状况表明起重机及其机构的工作繁忙程度是不同的。此外，作用于起重机上的载荷也是变化的，有的经常满载工作，有的经常只吊轻载。另外，由于各机构的短暂而重复的工作，启动、制动频繁，因此时时受到动力冲击载荷的作用。由于机构工作速度不同，这种动力冲击载荷作用程度也不同。因此将起重机按工作忙闲程度、载荷波动特性决定的工作类型划分为轻、中、重、特重四种类型。

（1）工作忙闲程度。对整个起重机来说，起重机实际运转时数与该机运转总时数之比称为起重机工作忙闲程度。起重机某一机构在一年内实际运转时数与该机构年运转总时数之比则是该机构的工作忙闲程度。在起重机的工作循环中某机构实际运转时间所占的百分比，称为该机构的负载率或机构运转时间率，用 J_C 表示，即

$$J_C = t/t_总 \tag{5-2}$$

式中　J_C——机构运转时间率，%；
　　　t——起重机一个工作循环中机构的实际运转时间，h；
　　　$t_总$——起重机一个工作循环的总时间，h。

（2）载荷波动特性。按额定起重量设计的起重机在实际作业中所起吊的载荷往往小于额定起重量，载荷是变化的，这种载荷的变化程度用起重机利用系数来表示，即

$$K_利 = Q_均/Q_额 \tag{5-3}$$

式中　$K_利$——起重机利用系数；
　　　$Q_均$——起重机全年实际起重量的平均值，kN；
　　　$Q_额$——起重机额定起重量，kN。

（3）工作类型划分。根据起重机工作忙闲程度和载荷变化程度（载荷波动特性），起重机工作类型划分为轻级、中级、重级和特重级四级，见表5-6。整个起重机及其金属结构的工作类型是按其主起升机构的工作类型而定的。同一台起重机各个机构的工作类型可以各不相同。

表 5-6 起重机工作类型划分

标 准 名 称	机构工作级别			
GB 3811—83 ISO 4301—1；1986	A1 ~ A3 M1 ~ M3	A4 ~ A5 M4 ~ M5	A6 ~ A7 M6 ~ M7	A8 M8
ГОСТ 25835—83	1M	2M, 3M	4M	5M	6M
前苏联《国家矿山技术安全规程》	手动	轻	中	重	特重

起重机的工作类型与起重量是两个不同的概念，起重量大，不一定是重级；起重量小，也不一定是轻级。选矿厂内使用的起重机工作类型一般为轻级或中级，工作级别为 A1 ~ A5。精矿脱水车间的抓斗起重机工作类型可为重级，工作级别为 A6 ~ A7。

5.2 起重机械的构造

5.2.1 轻小型起重设备

轻小型起重设备如千斤顶、手扳葫芦、手拉葫芦等，它们体积小、质量小，不需要电源，特别适用于维修工作。

电动葫芦是一个电动起升器，由于把电动机、减速器和卷筒三者紧密联合在一起，结构非常紧凑、价格便宜，从而得到普遍应用。电动葫芦还可以备有小车，以便在工字梁的下翼缘上运行，使吊重在一定范围内移动。

5.2.1.1 手拉葫芦

手拉葫芦构造如图 5-2 所示。

手拉葫芦广泛用于小型设备和重物的短距离吊装。

5.2.1.2 电动葫芦

电动葫芦是将电动机、减速器、卷筒等紧凑集合为一体的起重机械，可以单独使用，更方便地可以作为电动单轨起重机、电动单梁或双梁起重机，以及塔式、龙门起重机的起重小车之用。电动葫芦采用锥形转子的电动机，如图 5-3 所示。

5.2.2 桥式起重机

5.2.2.1 手动梁式起重机

手动梁式起重机的起升机构采用手拉葫芦，小车、大车运行机构用曳引链人力驱动（见图 5-4），这种起重机用于无电源或起重量不大的情况。

5.2.2.2 电动梁式起重机

当起重量不大时，一般 1 ~ 100kN 以下，起升高度为 3 ~ 30m，多采用电动单梁起重机（见图 5-5）。这种起重机通常采用地面操纵。跨度不大时（$L < 10m$），可用一段工字钢作为主梁，跨度较大时常制成桁构梁（见图 5-6a、b）或门架梁（见图 5-6c）。桁构梁是超静定结构，下弦杆就是工字梁，以便电动葫芦小车行走。

电动单梁起重机主梁的侧面常平行地布置一个轻型构架，称为副桁架，它与主梁之间以水平桁架连接，称为水平联系。副构架用来支承大车运行机构和维护人员的走台，水平联系提高了桥架的水平刚性，以承受大车启动、制动时的惯性力。

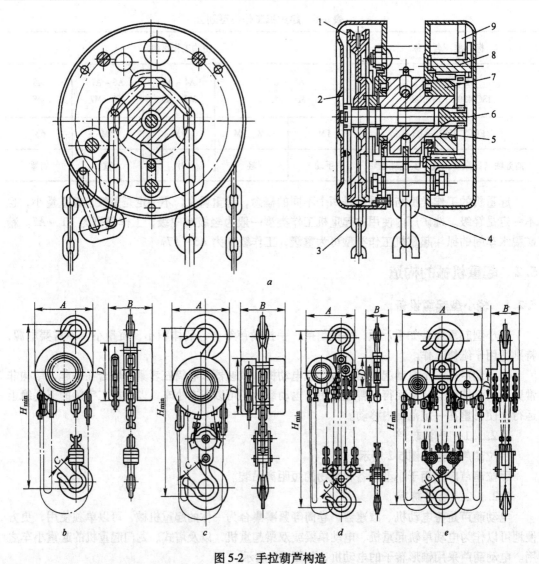

图 5-2　手拉葫芦构造

a—HS 型手拉葫芦；b—起重量 0.5~2.5t；c—起重量 2.0~5t；d—起重量 10t；e—起重量 20t

1—曳引链星轮；2—载重制动器；3—曳引链；4—载重链；5—载重链星轮；6—主动星轮；7，8，9—传动齿轮

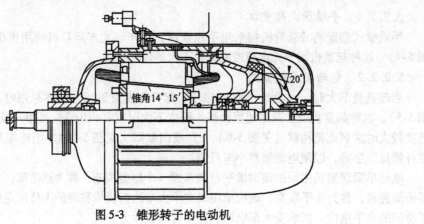

图 5-3　锥形转子的电动机

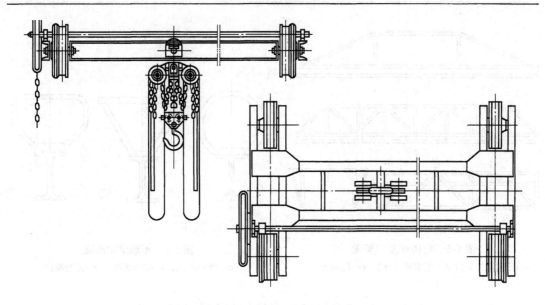

图 5-4　手动梁式起重机

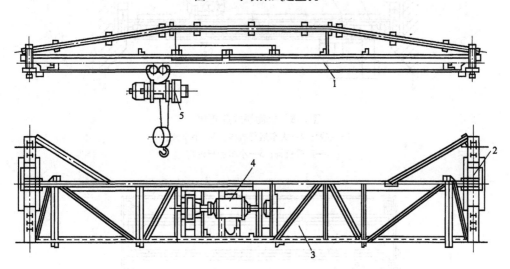

图 5-5　电动梁式起重机

1—主梁；2—端梁；3—水平桁架；4—大车运行机构；5—电葫芦

近年来金属结构的发展多采用箱形梁，出现了如图 5-7 所示的箱形单梁断面，这在制造工艺方面有很大的优越性。

5.2.2.3　电动桥式起重机

当起重量较大时，一般在 100kN 以上，起升高度为超过 30m，多采用电动桥式起重机（见图 5-8）。这种起重机通常采用机上操纵室操纵。

桥式起重机的桥架主要由主梁 1、端梁 2、栏杆 3、走台 4、轨道 5 和操纵室 6 等构成，见图 5-9。其中主梁和端梁为主要受力构件，其他为非受力构件。主梁和端梁之间采用焊接或螺栓连接。端梁多采用钢板组焊成箱形结构，主梁断面结构形式多种多样，常用的多为箱形断面梁或桁架式结构主梁。

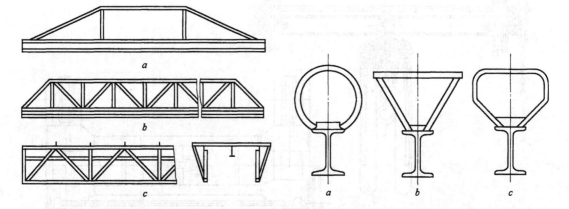

图 5-6　桁构梁及门架梁
a—桁构梁（Ⅰ）；*b*—桁构梁（Ⅱ）；*c*—门架梁

图 5-7　箱形单梁断面
a—圆形断面；*b*—梯形断面；*c*—异型断面

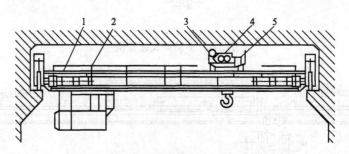

图 5-8　电动桥式起重机
1—主梁；2—大车运行机构；3—小车架；
4—起升机构；5—小车运行机构

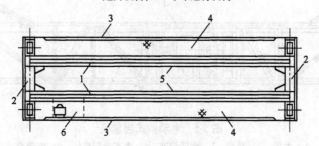

图 5-9　桥式起重机桥架

5.3　起重机的安全装置

　　要使一台起重机工作安全可靠，除了要使各个机构和金属结构满足要求外，还要装设安全装置。

　　上升极限位置限制器用于限制取物装置的起升高度。当吊具起升到上升极限位置时，限位器自动切断电源，防止吊钩等取物装置继续上升将钢丝绳拉断而发生重物失落事故。

　　下降极限位置限制器是用来限制取物装置下降到最低位置时，切断电源，使运行停止，以保证钢丝绳缠绕在卷筒上的安全余留不少于两圈。下降极限位置限制器可只设置在操作人员无法判断下降位置的起重机上和其他有特殊要求的设备上。

运行极限位置限制器由限位开关和安全尺撞块组成。当起重机运行到极限位置后，安全尺触动限位开关的传动柄，迫使限位开关内的闭合触头分开而切断电源，运行机构将停止运转，起重机将在允许的制动距离内停车，即可避免运行的起重机硬性碰撞挡体而产生过度的冲击碰撞。凡是有轨道的各类起重机，均应设置运行极限位置限制器。

当运行极限位置限制器或制动装置发生故障时，由于惯性的原因，运行到终点的起重机或小车，将在运行终点与设置在该位置的止挡体相撞。为了防止起重机行至终点或两台吊车相碰发生剧烈撞击，要装设缓冲器。

露天工作的轨行式起重机，必须装有防止滑行的防风装置，以防止起重机被大风吹走或吹倒而造成严重事故。

超载作业往往是造成起重事故的主要原因，轻者损坏起重机零部件，使电动机过载、钩变形；重者将会造成断梁、倾覆等重大事故。为了防止起重机过载破坏，起重机装有起重量限制器或载重力矩限制器。

对于大跨度的龙门起重机与装卸桥，装有偏斜指示及偏斜限制器，以防过度偏斜；在臂架式起重机上常常装有幅度指示器或臂架倾角指示器。

在不少生产车间内，同层多台吊车作业，也有上下两层甚至三层吊车作业的场所。在这种情况下，单凭安全尺行程开关或司机目测等传统方式来防止碰撞，已不能保证安全。此时，起重机有必要增设防碰装置。防碰装置目前多采用超声波、激光、红外线、微波等防碰装置。它们具有探测距离远、可同时设定多个报警距离、精度高、功能全、环境适应性好的特点。

下面着重介绍缓冲器和防风装置。

5.3.1　缓冲器

起重机一般必须装设缓冲器。缓冲器的作用是减缓起重机运行到终点挡止器时或两台起重机相互碰撞的冲击。运行速度 $v < 40\text{m/min}$ 时，如果装有终点开关，可以不设缓冲器，只装挡止器。

常用的缓冲器有木材缓冲器、橡胶缓冲器、弹簧缓冲器、液压缓冲器等。

木材缓冲器的缓冲能力很小，实际上只起挡阻作用，用于碰撞速度很小的情况。

橡胶缓冲器的构造非常简单，但缓冲能力小，吸收能量的能力仅为 $0.99\text{N} \cdot \text{m/cm}^3$。用于运行速度不大于 50m/min 的情况下。此外，橡胶缓冲器不宜用于环境温度过高或过低的场所，适用的温度范围约为 $-30 \sim +50℃$。图 5-10 给出了橡胶缓冲器的结构示意图。

弹簧缓冲器应用最广，因为它的构造与维修比较简单，对一般工作温度没有什么影响，吸收能量较大，约为 $100 \sim 250\text{N} \cdot \text{m/kg}$（弹簧）。图 5-11 与图 5-12 给出了典型的弹簧缓冲

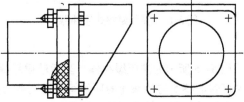

图 5-10　橡胶缓冲器的结构示意图

器的结构示意图。小车用的弹簧缓冲器是双向作用的，这里实际上是两个缓冲器共用一个弹簧。

普通弹簧缓冲器的缺点是有反弹作用。当缓冲过程完毕后，碰撞能量大部分储在弹簧内部，在反弹时将能量送回碰撞体外使其向相反方向运动。弹簧缓冲器用于运行速度 $v = 50 \sim 120\text{m/min}$ 的情况下。

图 5-13 所示为弹簧摩擦式缓冲器。由于弹簧互相接触部分的摩擦，很大部分动能转变为

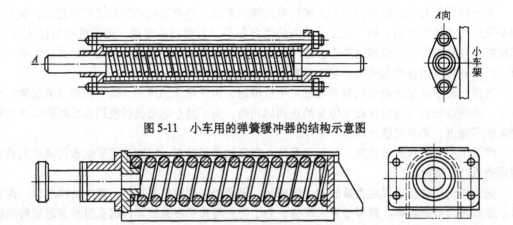

图 5-11　小车用的弹簧缓冲器的结构示意图

图 5-12　起重机用的弹簧缓冲器的结构示意图

热能，因而反弹作用大大减小。弹簧摩擦式缓冲器的缓冲能力也较普通式弹簧缓冲器大，约为 $150 \sim 400 \text{N} \cdot \text{m/kg}$（弹簧），一方面因为这里是利用拉压变形吸收能量，能够充分利用全部金属体积的变形，另一方面通过摩擦又可吸收一部分能量。它的缺点是构造复杂，需要润滑，使用性能对弹簧间的摩擦因数的变化敏感，目前尚未广泛应用。

　　上述几种缓冲器的共同缺点是缓冲力是线性变化的，在一定最大减速度的限制下，需要较长的缓冲行程 S。液压缓冲器能维持恒定的缓冲力 P，可使缓冲行程减为 1/2（见图 5-14）。

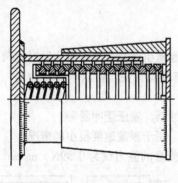

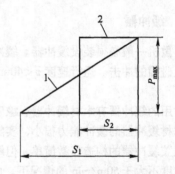

图 5-13　弹簧摩擦式缓冲器

图 5-14　缓冲行程
1—弹簧缓冲器；2—液压缓冲器

　　图 5-15 所示为液压缓冲器。当运动质量撞到缓冲器触头 1 时，活塞 6 压迫油缸 3 中的油，使它经过心棒 5 与活塞间的环形间隙流到存油空间去。适当设计心棒形状，可以保证油缸里的压力在缓冲过程中是恒定的，达到匀减速的缓冲，使运动部件柔和地在最短距离内停住。其他形式的液压缓冲器采用种种不同的节流面形状，例如在油缸壁上设置一系列的小孔，在缓冲运动过程中，运动质量的动能几乎全部通过节流变为热能，因而不再有反弹作用。这里需要装设复原弹簧 4，使活塞在完成缓冲作用后回复到原位，等待下一次的冲击，加速弹簧 2 用来使活塞以有限的加速度加速到碰撞速度，它实际上是一个小型的缓冲器，吸收活塞与运动质量间的碰撞能量。也有许多形式的液压缓冲器不装设这个加速弹簧。由于油缸的工作压力很高，可达 10MPa 以上，液压缓冲器的工作液体在常温环境下用锭子油或变压器油，在低温环境下应当采用防冻的液体，如甘油溶液等。液压缓冲器的缺点是构造复杂，维修麻烦，对于密封有较高的要求，否则有渗漏。环境温度对它的工作性能也有影响。液压缓冲器用于碰撞速度大于 2m/s

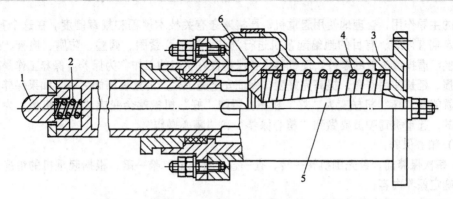

图 5-15 液压缓冲器结构图

1—触头；2—加速弹簧；3—油缸；4—复原弹簧；5—心棒；6—活塞

或碰撞动能较大的情况下。当有两个以上液压缓冲器时，应把它们的压力油腔连通起来，以使压力均衡。

5.3.2 防风装置

龙门起重机、装卸桥、门座起重机和塔式起重机等，一般都在露天环境中工作，并且迎风面积很大，为了防止被大风吹走，必须装设可靠的防风装置（也称为防滑装置）。在国内外，由于没有装设防风装置，或防风装置失灵，使起重机被大风吹走，以致在轨道尽头受阻翻倒的事故为数不少。这样的事故，不仅使起重机严重损坏，并且常常造成人身伤亡，因而，对这种安全装置应当给予足够的重视。

根据防风装置的工作方式，分为自动作用与非自动作用两大类。自动作用的防风装置在起重机停止运行或断电时自动地将起重机止动。这样的防风装置能在突然的暴风情况下起到保护作用，安全可靠，但它们一般都有构造复杂、自重大、体积大、成本高等缺点。这类防风装置通常用于大型起重机。现代起重机的自动防风装置多配有风速计。当风压达到某一规定值时发出声响警报，在达到另一规定值时，自动系统将运行机构断电，同时开动防风装置，将起重机止动。自动防风装置应有一定的延时功能，当起重机经制动停住后，防风装置才起作用，以免突然止动，引起过大的惯性力。

非自动防风装置（一般多为手动），构造简单、质量小、结构紧凑、价廉、维修容易但操作麻烦，费力费时，不能应付突然间出现的暴风，并且手动夹轨器之类的防风装置夹持力较小，只宜用于中、小型起重机。

根据工作原理不同，防风装置又可分为防风固定装置、防风压轨器和防风夹轨器三种类型。

5.4 起重机的维修、保养及故障排除

5.4.1 起重机保养的重要意义

分析起重机损坏的原因；事故发生所造成的损坏，是完全可以避免的。而自然磨损所造成的损坏，虽然不能完全避免，但只要我们掌握了机械设备的磨损规律，采取有效措施，是可以延缓磨损，延长使用寿命，从而达到充分发挥起重机使用效率的目的。

从实践经验可知，除了提高机械设备制造（修理）质量、采用新材料和新工艺、增加零件摩擦表面的涂层及改进润滑方式等来提高零件耐磨度之外，就是在使用过程中，充分发挥操

作人员的主导作用，合理地使用起重机，严格遵守有关技术规程和规章制度。在这个基础上，每日和定期有计划、有目的地给起重机进行清洁、润滑、紧固、调整、防腐、检查、排除故障，更换已磨损或失效的零件，使机器设备保持良好状态的工作称为保养。保养工作是减少起重机磨损，延长使用寿命，提高完好度，保证安全施工生产的重要措施之一。如果保养工作做得好，就能使"坏"机械变为"好"机械，否则"好"机械就会变成"坏"机械。为了达到以上目的，起重机驾驶员要做到"精心保养"和"精心操作"。

（1）精心保养：

1）每次保养前，首先围机转一转、查一查、看一看、敲一敲，根据起重机的情况，有针对性的确定保养内容；

2）在保养时要认真进行擦、检、保、调、试，一丝不苟，持之以恒。

（2）精心操作：

1）精神集中，手、脚、眼、耳、鼻都要起作用；

2）熟练掌握安全操作规程，并与实际工作结合起来，心中有数，应用自如，对每项操作要胆大、心细、沉着、灵活。

修理是使起重机延长使用寿命的另一项有效措施。

综上所述，保养是通过连续性地、贯穿始终地对起重机进行润滑和调整，以减缓零件的磨损，来达到延长塔式起重机的使用寿命，保证安全生产。修理则是通过预防性的分期分段地排除起重机的故障和更换磨损零件，来达到延长使用寿命，保证安全生产。

机械设备保养和修理的目的是一致的，只是作业方式不同，各有侧重。但是，又有着紧密的联系。在起重机械的管理工作中，既要抓好管理，也不能忽视保养，二者不能偏废。如果忽视保养或保养不当，久而久之，就会滋生各种隐患，轻则使起重机早期磨损，重则引起起重机设备事故而缩短使用寿命，危及安全生产。如果忽视修理或修理质量不好，产生隐患，也会加快起重机的损坏或引起安全事故和设备事故。使起重机未老先衰，给保养工作带来困难，给安全生产带来不利的因素。因此，保养和修理，是相辅相成、有机联系、不可分割的，为此我们必须贯彻"养修并重"的方针。

要做好起重机的保养工作必须解决好下面几个关系：

（1）必须处理好保养与生产之间的关系。在安排生产任务时要考虑起重机的保养作业时间，给保养作业创造条件，在进行保养时要为生产考虑，缩短保养时间，减少影响生产的时间。

（2）必须制定起重机保养规程和制度，并严格贯彻执行。操作人员进行保养作业时，应有要求，有内容，分工明确，各负其责。

（3）必须对操作人员进行保养重要性的思想教育和技术训练，培养他们自觉地爱护机械设备的习惯和风气，掌握保养的技术知识。

（4）必须具备一定的物质技术条件。根据起重机保养作业的需要，配齐油枪、油杯、油壶和专用工具设备，按期按量供应棉纱头、润滑油，按时供应备品和配件等。

5.4.2　起重机保养的基本内容

起重机的保养包括例行保养（即日常保养）和定期保养两项。

5.4.2.1　起重机的例行保养

起重机的例行保养内容包括：

（1）清洁。清除起重机上的污泥、灰尘，保持起重机的整洁。

（2）检查。

1）检查动力部分的运转情况是否有异常现象；

2）检查各传动部分包括齿轮、链条、皮带、油压表、钢丝绳等的运转情况，是否有故障、异响和发热；

3）检查工作装置和行走部分，是否有变形、脱焊、裂纹和松动；

4）检查操作系统、安全装置和仪表，是否有失灵现象；

5）检查油、电容量情况，是否有不足和泄漏；

6）检查各处配合行程和间隙，是否有异变和松动。

（3）紧固。紧固各处松动的螺栓。

（4）调整。调整各处不正常的行程和间隙。

（5）润滑。按规定做好润滑注油工作。

（6）防腐。采取措施做好机身的防腐蚀工作。

5.4.2.2　机械设备的定期保养

起重机的定期保养是根据出厂说明书的规定和实际工作情况，制定保养周期。当起重机运转到保养周期定额工时时，就要停机进行保养，这种保养称为定期保养。定期保养是根据各种不同的起重机构造复杂程度和特性，来划分保养等级和确定保养内容。

各级保养应根据各种不同的起重机的特性和使用地区等不同条件来制定具体内容，其基本范围如下所述：

（1）一级保养。除进行例行保养项目外，还要按各种不同的起重机分别进行下列保养作业：

1）查看各处的油面积、注油点，若有不足应及时添加；

2）清除行走系统、回转系统、开式齿轮等处的污垢；

3）排除漏油、漏水、漏电现象；

4）调整三角皮带、链条等的松紧度；

5）检查和调整各种离合器、制动器、安全保护装置和操纵机构等，保证灵敏有效；

6）检查钢丝绳有无断丝及其连接是否安全可靠；

7）检查各系统的传动装置是否出现松动、变形、裂纹、发热、异响和运转异常等现象，发现上述异常情况应及时排除；

8）其他应该保养的项目。

（2）二级保养。除进行一级保养项目外，还要按各种不同的起重机分别进行下列作业：

1）检查、调整各部间隙；

2）按规定对各润滑部位，加注或更换润滑油；

3）检查调整各系统工作情况，及时排除故障；

4）其他应该保养的项目。

（3）三级保养。除进行二级保养项目外，还要按各种不同的起重机分别进行下列保养作业：

1）检查各系统磨损情况，进行修复和补焊，必要时更换磨损的零件；

2）重点检查紧固受力大的部位的固定螺栓；

3）检查全机的钢结构部分，有无裂缝、锈蚀、脱焊及其他损坏，并进行修复；

4）按规定对各润滑部位，加注或更换润滑油；

5）其他应该保养项目。

（4）四级保养。除进行三级保养项目外，还要按各种不同的起重机分别进行下列的保养作业：

1）检查调整传动系统，更换齿轮；

2）检查调整液压系统，更换液压油；

3）检查、调整或更换、修复各系统的齿轮、传动链条、摩擦片、制动带、皮碗垫衬、密封团、轴承、钢丝绳和其他磨损的零件；

4）对整机进行比较全面的清洗、检查、整修，排除异常现象，保持机况完好、机容整洁；

5）其他应该保养的项目。

5.4.2.3　起重机保养的有关制度

为了搞好起重机的保养工作，每个操作人员要有高度的责任心，要爱护自己的机械设备。保养工作要落实到每个操作人员、每个机组和每个小组上，使保养工作事事有人做、处处有人管。

根据起重机保养规程的要求，把制度具体化，是搞好保养工作的重要措施，这是经过多年来实践证明的行之有效的好办法。一般常见的起重机设备保养制度有"一日三检制"、"上班前三提前、工作中三保持、下班后三不走"制度。

A　"一日三检制"

（1）工作前检查。启动前：检查故障是否排除，检查规定的注油点和润滑点是否全部加上适当的润滑剂，检查起升、行走、制动是否灵敏可靠。检查全部安全装置是否安全可靠，检查各传动系统是否正常。检查吊钩等工作装置是否完好，检查路轨路基及行走装置是否符合要求。

启动后：听电动机和各传动系统变速箱的运转声音是否正常，看各种仪表和各部分密封情况是否正常良好。

（2）工作中观察。注意观察机械工作装置的传动系统的运行、工作情况，观察各种制动及安全保护装置和各种仪表的指示情况。

（3）工作后总检查。每班作业后应认真仔细地对设备进行清洁、紧固、调整、润滑和防腐作业。

B　"上班前三提前，工作中三保持，下班后三不走"制度

上班前三提前：提前检查工作电压、润滑油、液压油等，提前做好每班的例行保养工作，提前做好启动的准备工作。

工作中三保持：保持正常液压油压力，保持电动机的正常工作，保持各种制动器性能良好。

下班后三不走：保养注油没做完不走，清洁工作不做好不走，工具附件不清理整齐不走。

5.4.2.4　起重机的修理

以桥式起重机为例，起重机的修理工作包括小修、中修、大修，分述如下：

（1）小修（起重机工作1000h后进行）：

1）进行一般保养；

2）清洗减速器并调整轴承间隙；

3）清洗开式齿轮传动、调整后涂抹润滑脂；

4）检查、调整制动器，更换弹性联轴器栓销和橡皮圈；

5）检查、调整各安全防护装置；

6）检查吊钩、滑轮和钢丝绳的磨损程度，必要时修换；

7）检查金属结构各节点焊缝，如有变形、开焊、裂纹应及时更换；

8）检查液压系统，如有漏油应及时更换密封件。

（2）中修（起重机工作4000h后进行）：

1）进行小修的全部作业；

2）修复或更换制动摩擦片；

3）修、换弹性联轴器；

4）修、换钢丝绳；

5）修、换滑轮；

6）金属结构件的调直和补强；

7）油漆。

（3）大修（起重机每工作8000h后进行）：

1）进行小修及中修的全部作业；

2）修、换制动器总成；

3）修、换减速器总成；

4）修、换卷筒总成；

5）修、换开式齿轮传动；

6）修复或更换液压轴管和接头；

7）除锈油漆。

5.4.2.5 常见故障及排除方法

各类起重机常见故障、故障原因及其排除方法请参考河南科学技术出版社出版的《起重机械维修保养与故障排除》一书。

思 考 题

1. 起重机按主要用途和构造特征可以分为几类？

2. 起重机的工作特点如何？

3. 起重机的主要参数有哪些？

4. 轻小型起重设备的结构如何？

5. 起重机的安全装置包括哪些，其作用是什么？

6. 起重机常用的缓冲器的种类及特点如何？

7. 起重机维护保养的意义如何？

8. 起重机的例行保养的内容有哪些？

9. 起重机设备保养制度包括哪些内容？

6 尾矿设施

【本章学习要求】
(1) 了解选矿厂尾矿设施的组成及其功能；
(2) 了解尾矿库防洪排水设施的组成及其功能；
(3) 掌握尾矿堆筑工艺特点及要求；
(4) 掌握尾矿库防洪排水设施的安全使用要求；
(5) 掌握尾矿设施的安全管理及维护要求。

金属和非金属矿山开采出的矿石，经选矿厂分选得到一定数量的精矿，同时还产生大量的尾矿。这些尾矿不仅数量大（每年以亿吨计），有些尾矿中还含有暂时未能回收的有用成分。尾矿若随意排放，不仅会造成资源流失，更重要的是会淤塞河道，大面积覆没破坏农田，造成严重的环境污染。因此，必须将尾矿加以妥善处理。尾矿除一部分可作为建筑材料、充填矿山采空区以及用于海岸造地等外，绝大部分都需要妥善储存在尾矿库内。一般情况下，在山谷口部或洼地的周围筑成堤坝形成尾矿储存库，将尾矿排入库内沉淀堆存，这种专用储存库我们简称之为尾矿库或尾矿场、尾矿池。将选厂排出的尾矿送往指定地点如何堆存或如何使用的过程和方法，称之为**尾矿处理**。为尾矿处理所建造的全部设施系统，称为**尾矿设施**。

尾矿设施一般是由尾矿输送系统、尾矿堆存系统、尾矿库排洪系统、尾矿库回水系统和尾矿水净化系统等几部分组成。

尾矿输送系统一般包括尾矿浓缩池、砂泵站、尾矿输送管道、尾矿输送明渠、事故泵站及相应辅助设施等。尾矿堆存系统一般包括坝上放矿管道、尾矿初期坝、尾矿后期坝、浸润线观测、位移观测以及排渗设施等。尾矿库排洪系统一般包括拦水坝、截洪沟、溢洪道、排水井、排水管、排水隧洞等构筑物。尾矿回水系统大多利用库内排洪井、管将澄清水引入下游回水泵站，再扬至高位水池。也有在库内水面边缘设置活动泵站直接抽取澄清水，扬至高位水池。尾矿水净化系统主要指当需要外排的尾矿库澄清水水质未能满足排放标准，含有有害或污染物质而必须进行专门净化处理的设施。

尾矿设施的功能包括：

(1) 保护环境。选矿厂产生的尾矿不仅数量大，颗粒细，且尾矿水中往往含有多种药剂，如不加处理，则必将成为矿山严重的污染源。将尾矿妥善贮存在尾矿库内，可防止尾矿及尚未澄清的尾矿水外溢污染环境。

(2) 充分利用水资源。选矿厂生产是用水大户，通常每处理 1t 原矿需用水 4~6t；有些重力选矿甚至高达 10~20t。这些水随尾矿排入尾矿库内，经过澄清和自然净化后，大部分的水可供选矿生产重复利用，起到平衡枯水季节水源不足的供水补给作用。一般回水利用率达 70%~90%。

(3) 保护矿产资源。有些尾矿还含有大量有用矿物成分，甚至是稀有和贵重金属成分，由于种种原因，或在目前选矿技术尚未达到的情况下，一时没有全部选净，将其暂贮存于尾矿库中，可待将来再进行回收利用。

尾矿设施的重要性体现在如下几个方面：

（1）尾矿设施是矿山生产不可缺少的设施。如前所述，尾矿是矿山严重污染源。环境保护是我国一项基本国策。尾矿库又属安全设施，根据我国有关规定：环保和安全设施必须与主体工程同时设计、同时施工和同时生产。某选矿厂就因尾矿设施不正常，在 5 年的时间里，竟停产 404 天；某选矿厂因尾矿坝的安全存在问题，被迫停产 469 天。所以说尾矿设施是矿山生产不可缺少的设施。

（2）尾矿设施投资巨大。尾矿设施的基建投资一般约占矿山建设总投资的 10% 以上，占选矿厂投资的 20% 左右，有的几乎与选矿厂投资一样多，甚至超过选矿厂。尾矿设施的运行成本也较高，有些矿山尾矿设施运行成本占选矿厂生产成本的 30% 以上。为了减少运行费，有些矿山的选矿厂厂址取决于尾矿库的位置。近年来，由于征购土地和搬迁居民更加困难，建设尾矿设施的费用也会更高。可见尾矿设施在矿山建设中的地位是非同一般的。

（3）尾矿库是矿山生产最大的危险源。尾矿库是一个具有高势能的人造泥石流的危险源。在长达十多年甚至数十年的时间里，各种天然的和人为的不利因素威胁着它的安全。事实一再表明，尾矿库一旦失事，将给工农业生产及下游人民生命财产造成巨大的灾害和损失。

以上几方面足以说明尾矿设施在矿山生产中的重要性，特别是尾矿库的安全问题已引起政府的高度重视。

6.1　尾矿库与尾矿坝

6.1.1　尾矿库

6.1.1.1　尾矿库的类型

根据尾矿堆积场地的地形条件不同，一般将尾矿库分为山谷型尾矿库、傍山型尾矿库、平地型尾矿库和截河型尾矿库。

A　山谷型尾矿库

山谷型尾矿库是在山谷谷口处筑坝形成的尾矿库，如图 6-1 所示。它的特点是初期坝相对较短，坝体工程量较小；后期尾矿堆坝相对较易管理和维护，当堆坝较高时，可获得较大的库容；库区纵深较长，澄清距离及干滩长度易于满足设计要求；但汇水面积较大，排水设施工程量大。我国大中型尾矿库大多属于这种类型。

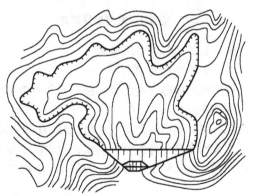

图 6-1　山谷型尾矿库

B　傍山型尾矿库

傍山型尾矿库是在山坡脚下依山筑坝所围成的尾矿库，如图 6-2 所示。它的特点是初期坝相对较长，初期坝和后期尾矿堆坝工程量较大；由于库区纵深较短，澄清距离及干滩长度受到限制，后期堆坝高度一般不太高，故库容较小；汇水面积虽小，但调洪能力较小，排洪设施的进水构筑物较大；由于尾矿水的澄清条件和防洪控制条件较差，管理、维护相对比较复杂。国内低山丘陵地区的尾矿库大多属于这种类型。

C　平地型尾矿库

平地型尾矿库是在平地四面筑坝围成的尾矿库，如图 6-3 所示。其特点是初期坝和后期尾

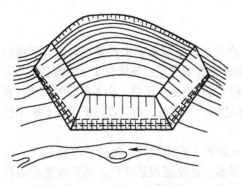

图6-2　傍山型尾矿库

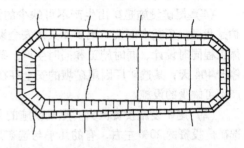

图6-3　平地型尾矿库

矿堆坝工程量大，维护管理比较麻烦；由于周边堆坝，库区面积越来越小，尾矿沉积滩坡度越来越缓，因而澄清距离、干滩长度以及调洪能力都随之减少，堆坝高度受到限制，一般不高；但汇水面积小，排水构筑物相对较小；国内平原或沙漠地区多采用这类尾矿库。例如金川、包钢和山东省一些金矿的尾矿库。

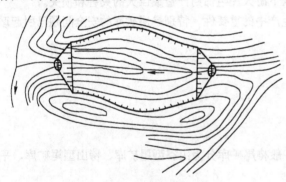

图6-4　截河型尾矿库

D　截河型尾矿库

截河型尾矿库是截取一段河床，在其上、下游两端分别筑坝形成的尾矿库，如图6-4所示。有的在宽浅式河床上留出一定的流水宽度，三面筑坝围成尾矿库，也属此类。它的特点是：不占农田；库区汇水面积不太大，但尾矿库上游的汇水面积通常很大，库内和库上游都要设置排水系统，配置较复杂，规模庞大。这种类型的尾矿库维护管理比较复杂，国内采用的不多。

6.1.1.2　尾矿库的容积

A　尾矿库的库容组成

尾矿库的库容有全库容、总库容和有效库容之分，如图6-5所示。

在图6-5中，H_1、H_2、H_3、H_4分别表示一个实际运行尾矿库的坝顶高程、洪水水位、蓄水水位、正常生产时的最低水位；$ABCD$称为沉积滩；DE为水面以下固水界面。

空余库容是为确保设计洪水位时坝体安全超高和沉积滩长所需的空间容积，此库容是不允许占用的，故又称安全库容，即图6-5中的V_1。

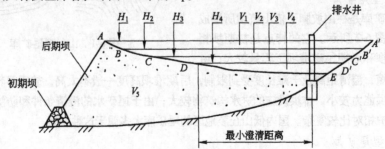

图6-5　尾矿库库容组成示意图

调洪库容是在暴雨期间用以调洪的库容，是确保实际最高洪水位不致超过设计最高洪水位 BB' 水平面所需的库容，即图 6-5 中的 V_2。这部分库容在非雨季一般不许占用，雨季绝对不许占用。

蓄水库容是供矿山生产水源紧张时使用的蓄水库容，即图 6-5 中的 V_3。一般的尾矿库不具备蓄水条件时，此值为零，图 6-5 中的 CC' 和 DD' 重合。

澄清库容是保证正常生产时水量平衡和溢流水水质得以澄清的最低水位所占用的库容，俗称死库容，即图 6-5 中的 V_4。

有效库容是尾矿库实际可容纳尾矿的库容，是指滩面 $ABCDE$ 以下沉积尾矿以及悬浮状矿泥所占用的容积，即图 6-5 中的 V_5。设计时 V_5 可根据选矿厂在全部生产期限内产出的尾矿总量 w（t）和尾矿平均堆积干密度 δ（t/m^3）算得。

尾矿库的全库容 V 是指某坝顶标高时的各种库容之和，即

$$V = V_1 + V_2 + V_3 + V_4 + V_5 \tag{6-1}$$

尾矿库的总库容是指尾矿堆至最终设计坝顶标高时的全库容。设计时可根据测量地形图在尾矿坝拦截范围内，用下列公式计算

$$V_{总} = H\left\{\frac{1}{2}(F_0 + F_1) + \frac{1}{2}(F_1 + F_2) + \frac{1}{2}(F_2 + F_3) + \cdots + \frac{1}{2}(F_{n-1} + F_n)\right\}$$

$$V_{总} = H\left\{\frac{1}{2}(F_0 + F_n) + F_1 + F_2 + F_3 + \cdots + F_{n-1}\right\} \tag{6-2}$$

式中　　　　　　$V_{总}$——尾矿库的总库容，m^3；

　　　　　　　　H——相邻等高线之间的垂直距离，m；

$F_0,\ F_1,\ F_2,\ \cdots,\ F_n$——库区内各等高线和尾矿沉积坡面线所围成的面积，$m^2$。

B　尾矿库的性能曲线

尾矿库的库面面积、全库容、有效库容和汇水面积都将随坝体堆积高度的变化而变化。为了清楚地表示出不同堆坝高度时的具体数值，可绘制出尾矿库性能曲线，如图 6-6 所示。

设计时，可根据全库容曲线确定各使用期的尾矿库等别和根据汇水面积曲线进行各使用期尾矿库排洪验算。选矿厂则可根据有效库容曲线推算各年坝顶所达标高，以便制定各年尾矿坝筑坝生产计划。

C　尾矿库等别

尾矿库各生产期的设计等别应根据该期的全库容和坝高分别按表 6-1 进行确定。当用尾矿坝高和库容分别确定的等别相差一等时，以高者为准；当等差大于一等时，按高者降低一等。如果尾矿库失事后会使下游重

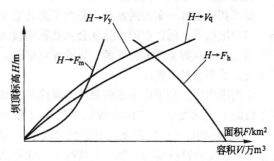

图 6-6　尾矿库性能曲线

V_q—全库容；V_y—有效库容；

F_m—库区面积；F_h—汇水面积

要城镇、工矿企业或重要铁路干线、高速公路遭受严重灾害者，其设计等别可提高一等。

表 6-1　尾矿库的等别划分

尾矿库等别	全库容 V/万 m^3	坝高 H/m
一	二等库具备提高等别条件者	
二	$V \geqslant 10000$	$H \geqslant 100$
三	$1000 \leqslant V < 10000$	$60 \leqslant H < 100$
四	$100 \leqslant V < 1000$	$30 \leqslant H < 60$
五	$V < 100$	$H < 30$

尾矿库失事造成灾害的大小与库内尾矿量的多少以及尾矿坝的高矮成正比。尾矿库使用的特点是尾矿量由少到多，尾矿坝由矮到高，在不同使用期失事，造成危害的严重程度是不同的。因此，同一个尾矿库在整个生产期间根据库容和坝高划分为不同的等别是合理的。另一方面，在尾矿库使用过程中，初期调洪能力较小，后期调洪能力较大。同一个尾矿库初期按低等别设计，中期及后期逐渐将等别提高，这样一次建成的排洪构筑物就能兼顾使用期的防洪要求，设计更加经济合理。因此，我国制定的设计规范允许按上述原则划分尾矿库等别。

6.1.2 尾矿坝

为了在尾矿堆积场地形成可以容纳尾矿的一定容积，如同修建水库要有水坝一样，尾矿库也必须构筑能拦蓄尾矿的坝埂，即尾矿坝。

尾矿的积存是随选矿厂生产的进行逐年增加的，因此尾矿坝在堆筑了一定高度的基础坝以后即可投入使用。在随后的使用中，随着尾矿堆积面的升高，再逐步加高坝埂，而不必像建设水库那样，必须将堤坝一次构筑到要求的高度。只有当尾矿颗粒极细微，无法用尾矿加高坝埂时，才采用一次将堤埂构筑到要求的最终高度贮存全部尾矿。

6.1.2.1 初期坝

在矿山主体工程基建期间，同时在尾矿坝址用土、石等材料修筑成的坝体称为尾矿库的初期坝。用以容纳选矿厂生产初期 0.5 ~ 1 年排出的尾矿量并作为后期坝的支撑及排渗棱体。

A 初期坝构筑要求

初期坝的建筑，首先，要有足够的强度，应尽量避开溶洞、泉眼、滑坡、活断层等不良地质构造，以防塌陷、滑动而导致坝体破坏。其次，作为整个尾矿坝的支撑棱体的初期坝，除了本身要有足够的稳定性，要能承受它上面的子坝和库内尾矿的压力之外，还应具有较好的透水性。最后，初期坝的高度除满足初期堆存尾矿、澄清尾矿水、尾矿库回水和冬季放矿要求外，还应满足初期调蓄洪水要求。

要求初期坝有一定的透水性，是为了防止它上面的尾矿堆积坝达到某一高度后，浸润线即高于初期坝坝顶，尾矿中的水分就会从堆积坝坡大量逸出，导致坝面沼泽化，饱含水的堆积坝可能因为失去抗剪强度造成管涌，导致垮坝事故。尤其是在受到地震影响时，这种被"液化"了的尾矿甚至会发生流动。

所谓浸润线，是坝体中水的最高渗流路径，是渗流区域与非渗流区域之间的界线。它随库内水位的变化而变化。在浸润线以下的土（砂）层均属饱和状态。由于毛细管现象，使土（砂）在浸润线以上一定高度内也呈饱和状态。毛细管水上升的高度受土（砂）质影响，黏土含量越大，上升高度越高。在一般情况下，亚黏土约为1m，尾矿要低一些。

B 初期坝的坝型

按初期坝的透水性不同，坝型可分为不透水坝和透水坝。

不透水初期坝是用透水性较小的材料筑成的初期坝。因其透水性远小于库内尾矿的透水性，不利于库内沉积尾矿的排水固结。当尾矿堆高后，浸润线往往从初期坝坝顶以上的后期坝坝脚或坝坡逸出，造成坝面沼泽化，不利于坝体的稳定性。这种坝型适用于不用尾矿筑坝或因环保要求不允许向库下游排放尾矿水的尾矿库。

透水初期坝是用透水性较好的材料筑成的初期坝。因其透水性大于库内尾矿的透水性，可加快库内沉积尾矿的排水固结，并可降低坝体浸润线，因而有利于提高坝体的稳定性。这种坝型是初期坝比较理想的坝型。透水初期坝的主要坝型有堆石坝或在各种不透水坝体上游坡面设置排渗通道的坝型。

按使用的筑坝材料不同，初期坝有以下几种坝型：

（1）均质土坝。均质土坝是用黏土、粉质黏土或风化土料筑成的坝，如图6-7所示。它像水坝一样，属典型的不透水坝型。在坝的外坡脚设有毛石堆成的排水棱体，以加强排渗，降低坝体浸润线。该坝型对坝基工程地质条件要求不高，施工简单，造价较低。在早期或缺少石材地区应用较多。

若在均质土坝内坡面和坝底面铺筑可靠的排渗层，使尾矿堆积坝内的渗水通过此排渗层排到坝外。这样，便成了适用于尾矿堆坝要求的透水土坝，如图6-8所示。

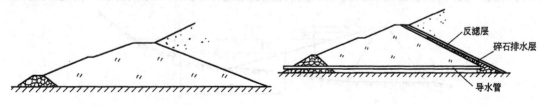

图6-7　不透水均质土坝　　　　　图6-8　透水均质土坝

（2）透水堆石坝。透水堆石坝是用毛石堆筑成的坝，如图6-9所示。在坝的上游坡面用砂砾料或土工布铺设反滤层，其作用是有效地降低后期坝的浸润线。由于透水堆石坝对后期坝的稳定有利，且施工简便，成为目前广泛采用的初期坝型。

该坝型对坝基工程地质条件要求也不高。当质量较好的石料数量不足时，也可采用一部分较差的砂石料来筑坝。即将质量较好的石料铺筑在坝体底部及上游坡一侧（浸水饱和部位），而将质量较差的砂石料铺筑在坝体的次要部位，如图6-10所示。

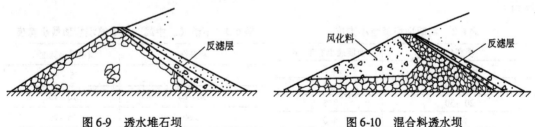

图6-9　透水堆石坝　　　　　图6-10　混合料透水坝

（3）废石坝。用采矿场剥离的废石筑坝，可采用两种方式筑坝。一种是当废石质量符合强度和块度要求时，可按正常堆石坝要求筑坝。另一种是结合采场废石排放筑坝，废石不经挑选，用汽车或轻便轨道直接上坝卸料，下游坝坡为废石的自然安息角，为了安全起见，坝顶宽度较大，如图6-11所示。废石坝的上游坡面应设置砂砾料或土工布做成的反滤层，以防止坝体土颗粒透过堆石而流失。

（4）砌石坝。用块石或条石砌成的坝。这种坝型的坝体强度较高，坝坡可做得比较陡，能节省筑坝材料，但造价较高。可用于高度不大的尾矿坝，但对坝基的工程地质条件要求较高，坝基最好是基岩，以免坝体产生不均匀沉降，导致坝体产生裂缝。

（5）混凝土坝。用混凝土浇筑成的坝。这种坝型的坝体整体性好，强度高，因而坝坡可做得很陡，筑坝工程量比其他坝型都小，但工程造价高，对坝基条件要求高，采用者比较少。

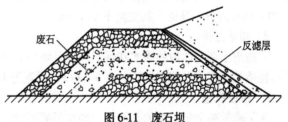

图6-11　废石坝

C　初期坝的构造

a　坝高和坝顶宽度

初期坝的高度，一般是以其形成的库容能够贮存选矿厂生产初期 0.5 ~ 1 年的尾矿量来考虑。图 6-12 示出了确定初期坝高度的有关因素。其中，确定控制水位 H_K（即正常生产时的最低水位），是为了保证水面长度 L_S 大于排水系统要求的澄清距离 L_C；为了获得稳定的回水量，增加了尾矿回水调节高度 h_j，考虑雨季蓄积洪水的需要，又增加了调洪高度 h_t，为了保证尾矿库的安全，增加安全超高 a。控制水位 H_K 加上这些增高部分，即可确定初期坝的坝顶高程 H。

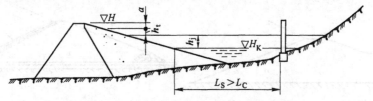

图 6-12　初期坝坝高确定示意图

H_K—控制水位标高；h_j—尾矿回水调节高度；h_t—调洪高度；

a—安全超高；H—初期坝坝顶标高

为了满足敷设尾矿输送主管、放矿支管和向尾矿库内排放尾矿操作的要求，初期坝坝顶应具有一定的宽度。采用上游式尾矿筑坝工艺时，当无行车要求时，坝顶宽度不宜小于表 6-2 规定的数值；当有行车要求时，坝顶宽度及路面构造应符合厂矿道路设计规范要求。采用下游式或中线式尾矿筑坝工艺时，坝顶宽度不得小于表 6-3 的规定。生产中应确保坝顶宽度不被侵占。

表 6-2　初期坝坝顶最小宽度

坝高/m	坝顶最小宽度/m
< 10	2.5
10 ~ 20	3.0
20 ~ 30	3.5
> 30	4.0

表 6-3　下游式、中线式尾矿筑坝坝顶最小宽度

坝高/m	坝顶最小宽度/m
< 30	5 ~ 10
30 ~ 60	10 ~ 15
> 60	15 ~ 20

b　坝坡

坝的内、外坡坡比的确定，应通过坝坡稳定性计算来确定，并满足《选矿厂尾矿设施设计规范》（ZBJ 1—90）第 3.5.3 条的要求。尾矿坝设计应有防止初期放矿直接冲刷初期坝上游坡面的措施，土坝的下游坡面上应种植草皮护坡，堆石坝的下游坡面应干砌大块石护面。

c　马道

当坝的高度较高时，应设置马道，以利坝体的稳定，方便操作管理。按《选矿厂尾矿设施设计规范》（ZBJ 1—90）第 3.5.5 条的规定，上游式尾矿坝的初期坝下游坡面，应沿高程每隔 10 ~ 15m 设一马道，其宽度不宜小于 1.2m。尾矿堆积坝有行车要求时，也应沿下游坝坡每隔 10 ~ 15m 高设一马道，其宽度不小于 5m。

d　排水棱体

为排出土坝坝体内的渗水和保护坝体外坡脚，在土坝外坡脚处设置毛石堆成的排水棱体。排水棱体的高度为初期坝坝高的 1/5 ~ 1/3，顶宽为 1.5 ~ 2.0m，边坡坡比为 1:1 ~ 1:1.5。

e　排渗设施

为了降低整个尾矿坝的浸润线，加快尾矿固结，初期坝应具有一定的透水性或设置必要的

排渗设施。

为防止渗透水将尾矿或土等细颗粒物料通过堆石体带出坝外，堆石坝的上游坡面处或与非基岩的接触面处都需设置反滤层。早期的反滤层采用砂、砾料或卵石等组成，由细到粗顺水流方向敷设。反滤层上再用毛石护面。因对各层物料的级配、层厚和施工要求很严格，反滤层的施工质量要求较高。现在普遍采用土工布（又称无纺土工织物）作反滤层。在土工布的上下用粒径符合要求的碎石作过滤层，并用毛石护面。土工布作反滤层施工简单，质量易保证，使用效果好，造价也不高。

对于土坝，由于土的透水性较尾矿差，为了降低浸润线和加快尾矿固结，保证尾矿坝安全，必须设置可靠的排渗设施。在土坝坝体与排水棱体接触面处需设置反滤层。均质土坝排渗设施有三种形式，如图6-13所示。为防止尾矿被渗流带出，排渗设施应符合反滤层要求。在渗流与土坝接触的一面，为了保护土不被冲刷仍需设置反滤层，以保证土坝的稳定性不受影响。

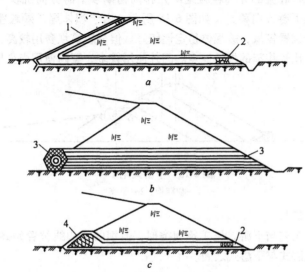

图 6-13 排渗设施主要形式

a—排渗斜卧层与褥垫层组合型；b—排渗管型；c—排渗棱体与褥垫层组合型
1—斜卧层；2—褥垫层（或网形排水带）；3—排渗管；4—棱体

6.1.2.2 后期坝

选矿厂投产后，在生产过程中随着尾矿的不断排入尾矿库，在初期坝坝顶以上用尾砂逐层加高筑成的小坝体，称之为子坝。子坝用以形成新的库容，并在其上敷设放矿主管和放矿支管，以便继续向库内排放尾矿。子坝连同子坝坝前的尾矿沉积体统称为后期坝（也称尾矿堆积坝）。可见后期坝除下游坡面有明确的边界外，没有明确的内坡面分界线。也可认为沉积滩面即为其上游坡面。

随着选矿生产的持续进行，尾矿堆积越来越多，子坝的构筑也就需要不断进行。堆好、管好后期子坝是选矿厂尾矿处理的主要任务。

6.1.3 尾矿堆坝与坝体排渗

6.1.3.1 尾矿堆筑方法

尾矿堆筑方法按筑坝特点分为：上游式尾矿筑坝、下游式尾矿筑坝和中线式尾矿筑坝。

A　上游式尾矿筑坝

上游式尾矿筑坝的特点是子坝中心线位置不断向初期坝上游方向移升，坝体由流动的矿浆自然沉积而成，如图 6-14 所示。受排矿方式的影响，往往含细粒夹层较多，渗透性能较差，浸润线位置较高，故坝体稳定性较差。但它具有筑坝工艺简单，管理相对简单，运营费用较低等优点，且对库址地形没有太特别的要求，所以国内外均普遍采用。

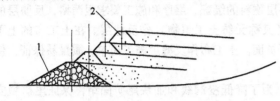

图 6-14　上游式尾矿坝
1—初期坝；2—子坝

B　下游式尾矿筑坝

下游式尾矿筑坝是用水力旋流器将尾矿分级，溢流部分（细粒尾矿）排向初期坝上游方向沉积；底流部分（粗粒尾矿）排向初期坝下游方向沉积。其特点是子坝中心线位置不断向初期坝下游方向移升，如图 6-15 所示。由于坝体尾矿颗粒粗，抗剪强度高，渗透性能较好，浸润线位置较低，故坝体稳定性较好。但分级筑坝费用较高，且只适用于颗粒较粗的原尾矿，又要有比较狭窄的坝址地点。国外使用较多，国内使用尚少见。

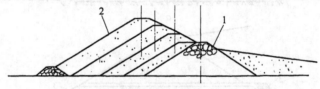

图 6-15　下游式尾矿坝
1—初期坝；2—子坝

C　中线式尾矿筑坝

中线式尾矿筑坝工艺与下游式尾矿筑坝类似，但坝的中心线位置始终不变，如图 6-16 所示。其优缺点介于上游式与下游式之间。

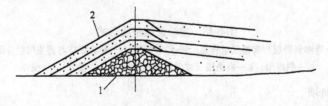

图 6-16　中线式尾矿坝
1—初期坝；2—子坝

所有形式的后期坝下游坡的坡度均需通过稳定性分析确定。

6.1.3.2　后期堆筑坝的排渗

为了坝体的安全稳定，必须设置排渗设施。后期堆筑坝可采用的排渗设施包括：

（1）底部排渗设施。当尾矿坝位于不透水地基上时，常采用底部排渗设施，以降低浸润线。图 6-17 所示的立式排渗是国外采用较多的一种，包括水平和竖向两部分，其夹角可呈锐角、直角或钝角。这种位于初期坝内的排渗设施在尾矿库投入使用前完成。

（2）贴坡滤层。在初期坝和地基都不透水，又未设底部排渗体的情况下，浸润线将由后期堆积坝的坝坡逸出。为防止尾矿流失，可设贴坡滤层，如图 6-18 所示。为了保证渗透稳定性，在排渗设施与尾矿砂之间需设反滤层。

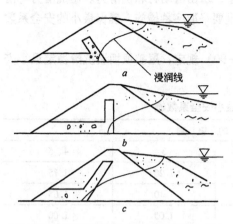

图 6-17 底部立式排渗示意图

a—夹角为锐角；*b*—夹角为直角；

c—夹角为钝角

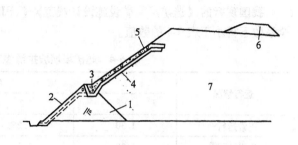

图 6-18 贴坡滤层排渗

1—土坝；2—横向盲沟；3—纵向盲沟；4—反滤层；

5—贴坡滤层；6—子坝；7—尾矿

（3）渗管或渗井。在尾矿堆积坝体上设置渗管或渗井，可防止浸润线由坝坡逸出，特别是渗井可大幅度降低坝坡浸润线位置，对坝体稳定和防止坝坡地震液化更为有利。

渗管或渗井一般都与坝轴线呈平行布置。渗管坡向两侧或中间的集水管（见图 6-19*a*），坡度由不淤流速确定，一般为 1% 左右。渗井是在底部衔接集水管（见图 6-19*b*），也可与底部排渗连接。不能自流的渗井，则应在井口设泵抽水。

渗管和井管可用带孔的钢管、铸铁管、钢筋混凝土管，外包缠丝层或橡皮层，也可采用自身有许多孔隙的无砂混凝土管。四周填以碎石、粗砂砾作反滤层。

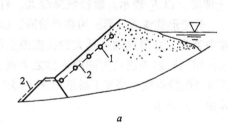

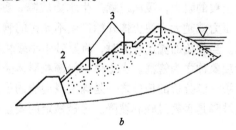

图 6-19 用排渗管或排渗井排渗示意图

a—渗管排渗；*b*—渗井排渗

1—排渗管；2—集水管；3—排渗井

6.1.4 尾矿坝稳定性分析简介

尾矿坝稳定分析主要指抗滑稳定、渗透稳定和液化稳定的分析。

6.1.4.1 抗滑稳定分析

抗滑稳定分析是研究尾矿坝（包括初期坝和后期坝）的下游坝坡抵抗滑动破坏能力的问题。设计时一般要通过计算给出定量的评价。

计算之前，先要拟定计算剖面。后期坝坝坡凭经验假定，浸润线位置由渗流分析确定，坝基土层的物理力学指标通过工程地质勘察确定，后期坝的物理力学指标可参照类似尾矿的指标确定，有条件者应在老尾矿坝上勘察确定。

计算时，假定多个滑动面，根据滑动体的受力状态，求出滑动力和抗滑力。用抗滑力与滑动力之比值作为抗滑稳定的安全系数。设计的作用就是要采取多种措施，确保最小的安全系数不小于设计规范的规定。

我国现行的《选矿厂尾矿设施设计规范》（ZBJ1—90）规定：尾矿坝坝坡抗滑稳定最小安全系数不得小于表 6-4 的数值。

表 6-4　尾矿坝坝坡抗滑稳定最小安全系数值

运行情况	坝 的 级 别			
	1	2	3	4、5
正常运行①	1.30	1.25	1.20	1.15
洪水运行②	1.20	1.15	1.10	1.05
特殊运行③	1.10	1.05	1.05	1.00

①是指尾矿库水位处于正常生产水位时的运行情况；
②是指尾矿库水位处于最高洪水位时的运行情况；
③是指尾矿库水位处于最高洪水位，又遇到设计烈度的地震时的运行情况。

影响尾矿坝稳定性的因素很多。一般情况下，尾矿堆积的高度越高、下游坡坡度越陡、坝体内浸润线的位置越浅、库内的水位越高、坝基和坝体土料的抗剪强度越低，抗滑稳定的安全系数就越小；反之，安全系数就越大。

6.1.4.2　渗透稳定分析

尾矿水在坝体、坝肩和坝基土中受重力作用总是由高处向低处渗透流动，简称渗流。在库水位一定时，坝体横剖面上稳定渗流的自由水面线（或渗流顶面线）即是浸润线。由于渗流受到土粒的阻力，浸润线就产生水力坡降，称为渗透坡降，以 I_S 表示。渗透坡降越大，对土粒的压力就越大。使土体开始产生不允许的管涌、流土等变形的渗透坡降称为临界坡降，以 I_L 表示。当渗流的流速较大时，将尾砂中小颗粒从孔隙中带走，并形成越来越大的孔隙或空洞，这种现象称之为管涌。当土体中的颗粒群体受渗透水作用同时启动而流失的现象称之为流土。尾矿坝渗流分析的任务之一是确定浸润线的位置，从而判断浸润线在坝体下游坡面逸出部位的渗透坡降是否超过临界坡降。渗透稳定的安全系数 K 由下式表示

$$K = \frac{I_L}{I_S} \tag{6-3}$$

现行尾矿设计规范中对 K 值尚无具体规定，一般可根据坝的级别将 K 值限制在 2 ~ 2.5 之间为宜。

由于尾矿坝是一个特别复杂的非均质体，目前尾矿坝渗流研究成果还难以准确确定浸润线的位置。因此，设计从安全角度考虑，对级别较高的尾矿坝结合抗滑稳定的需要，大多采取措施使浸润线不致在坡面逸出；对级别较低的尾矿坝可在逸出部位采取贴坡反滤加以保护。

6.1.4.3　液化稳定分析

所谓液化就是饱和砂土在振动作用下抗剪强度骤然下降为零而成为黏滞液体的现象。尾矿坝在大地震时极易发生液化，如果这种液化发生在坝体下游坡部位，则会引起边坡坍塌，危害甚大。即使不坍塌，其抗滑稳定安全系数也大大降低。

尾矿坝的抗震计算（即液化稳定分析）包括地震液化分析和稳定分析。我国现行《构筑物抗震设计规范》规定：地震设防烈度为 6 度地区的尾矿坝可不进行抗震计算，但应满足抗震

构造和工程措施要求，具体构造和要求见规范；6度和7度时，可采用上游式筑坝，经论证可行时，也可采用下游式筑坝工艺；8度和9度时，宜采用中游式或下游式筑坝工艺。

三级及以下尾矿坝的液化分析可采用一维简化动力法计算；一级和二级尾矿坝，应采用二维时程法进行计算分析。

6.2 尾矿库防洪排水设施

6.2.1 防洪排水设施布置的原则

尾矿库设置排洪系统的作用有两个方面：一是为了及时排除库内暴雨；二是兼作回收库内尾矿澄清水用。

对于一次建坝的尾矿库，可在坝顶一端的山坡上开挖溢洪道排洪。其形式与水库的溢洪道相类似。对于非一次建坝的尾矿库，排洪系统应靠尾矿库一侧山坡进行布置，选线应力求短直；地基的工程地质条件应尽量好，最好无断层、破碎带、滑坡带及软弱岩层或结构面。

尾矿库排洪系统布置的关键是进水构筑物的位置。由于坝上排矿口的位置在使用过程中是不断改变的，进水构筑物与排矿口之间的距离应始终能满足安全排洪和尾矿水得以澄清的要求。也就是说，这个距离一般应不小于尾矿水最小澄清距离、调洪所需滩长和设计最小安全滩长（或最小安全超高所对应的滩长）三者之和。

当采用排水井作为进水构筑物时，为了适应排矿口位置的不断改变，往往需建多个井接替使用，相邻两井井筒有一定高度的重叠（一般为 0.5 ~ 1.0m）。进水构筑物以下可采用排水涵管或排水隧洞的结构形式进行排水。

当采用排水斜槽方案排洪时，为了适应排矿口位置的不断改变，需根据地形条件和排洪量大小确定斜槽的断面和敷设坡度。

有时为了避免全部洪水流经尾矿库增大排水系统的规模，当尾矿库淹没范围以上具备较缓山坡地形时，可沿库周边开挖截洪沟或在库后部的山谷狭窄处设拦洪坝和溢洪道分流，以减小库区淹没范围内的排洪系统的规模。

排洪系统出水口以下用明渠与下游水系连通。

6.2.2 排洪计算步骤简介

洪水计算的目的在于根据选定的排洪系统和布置，计算出不同库水位时的泄洪流量，以确定排洪构筑物的结构尺寸。

当尾矿库的调洪库容足够大，可以容纳得下一场暴雨的洪水总量时，问题就比较简单，先将洪水汇积后再慢慢排出，排水构筑物可做得较小，工程投资费用最低；当尾矿库没有足够的调洪库容时，问题就比较复杂。排水构筑物要做得较大，工程投资费用较高。一般情况下尾矿库都有一定的调洪库容，但不足以容纳全部洪水，在设计排水构筑物时要充分考虑利用这部分调洪库容来进行排洪计算，以便减小排水构筑物的尺寸，节省工程投资费用。

排洪计算的步骤一般如下：

（1）确定防洪标准。我国现行设计规范规定尾矿库的防洪标准按表6-5确定。当确定尾矿库等别的库容或坝高偏于下限，或尾矿库使用年限较短，或失事后危害较轻者，宜取重现期的下限；反之，宜取上限。

表 6-5　尾矿库防洪标准

尾矿库等别		一	二	三	四	五
洪水重现期/a	初　期		100~200	50~100	30~50	20~30
	中、后期	1000~2000	500~1000	200~500	100~200	50~100

注：初期指尾矿库启用后的头 3~5 年。

（2）洪水计算及调洪演算。确定防洪标准后，可从当地水文手册查得有关降雨量等水文参数，先求出尾矿库不同高程汇水面积的洪峰流量和洪水总量，这叫洪水计算。再根据尾矿沉积滩的坡度求出不同高程的调洪库容，这叫调洪演算。

（3）排洪计算。根据洪水计算及调洪演算的结果，再进行库内水量平衡计算，就可求出经过调洪以后的洪峰流量。该流量即为尾矿库所需排洪流量。最后，以尾矿库所需排洪流量作为依据，进行排洪构筑物的水力计算，以确定构筑物的净断面尺寸。

6.2.3　排洪构筑物的类型

尾矿库库内排洪构筑物通常由进水构筑物和输水构筑物两部分组成。尾矿坝下游坡面的洪水用排水沟排除。排洪构筑物形式的选择，应根据尾矿库排水量的大小、尾矿库地形、地质条件、使用要求以及施工条件等因素，经技术经济比较来确定。

6.2.3.1　进水构筑物

进水构筑物的基本形式有排水井、排水斜槽、溢洪道以及山坡截洪沟等。

排水井是最常用的进水构筑物。有窗口式、框架式、井圈叠装式和砌块式等形式，如图 6-20 所示。窗口式排水井整体性好，堵孔简单。但进水量小，未能充分发挥井筒的作用，早期应用较多。框架式排水井由现浇梁柱构成框架，用预制薄拱板逐层加高。结构合理，进水量大，操作也比较简便。从 20 世纪 60 年代后期起，广泛采用。井圈叠装式和砌块式等形式排水井分别用预制拱板和预制砌块逐层加高。虽能充分发挥井筒的进水作用，但加高操作要求位置准确性较高，整体性差些，应用不多。

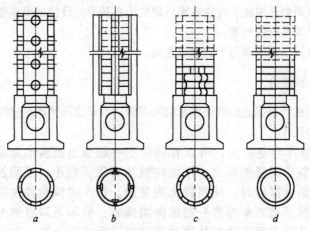

图 6-20　排水井类型图
a—窗口式；b—框架式；c—砌块式；d—井圈叠装式

排水斜槽既是进水构筑物，又是输水构筑物。随着库水位的升高，进水口的位置不断向上移动。它没有复杂的排水井，但毕竟进水量小，一般在排洪量较小时经常采用。

溢洪道常用于一次性建库的排洪进水构筑物。为了尽量减小进水深度，往往作成宽浅式结构。

　　山坡截洪沟也是进水构筑物兼作输水构筑物。沿全部沟长均可进水。在较陡山坡处的截洪沟易遭暴雨冲毁，管理维护工作量大。

6.2.3.2 输水构筑物

　　尾矿库输水构筑物的基本形式有排水管、隧洞、斜槽、山坡截洪沟等。

　　排水管是最常用的输水构筑物。一般埋设在库内最底部，荷载较大，通常采用钢筋混凝土管，如图 6-21 所示。钢筋混凝土管整体性好，承压能力高，适用于堆坝较高的尾矿库。但当净空尺寸较大时，造价偏高。

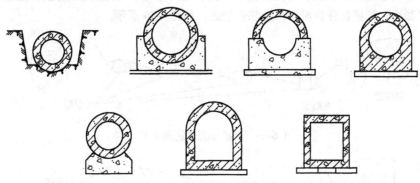

图 6-21　排水管类型图

　　斜槽的盖板采用钢筋混凝土板，槽身有钢筋混凝土和浆砌块石两种，如图 6-22 所示。斜槽整体性差，承压能力较低，适用于堆坝不高、排洪量不大的尾矿库。

图 6-22　斜槽类型图

　　隧洞需由专门凿岩机械施工，故净空尺寸较大。它的结构稳定性好，是大、中型尾矿库常用的输水构筑物。因为当排洪量较大，且地质条件较好时，隧洞方案往往比较经济。

6.2.3.3 坝坡排水沟

　　坝坡排水沟有两类：一类是沿山坡与坝坡结合部设置浆砌块石截水沟，以防止山坡暴雨汇流冲刷坝肩。另一类是在坝体下游坡面设置纵横排水沟，将坝面的雨水导流排出坝外，以免雨水滞留在坝面造成坝面拉沟，影响坝体的安全，如图 6-23 所示。

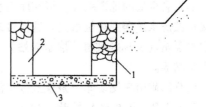

图 6-23　坝坡排水沟图
1—干砌石块；2—浆砌石块；3—砼底

6.3　尾矿输送系统及尾矿水回用、净化

6.3.1　尾矿输送系统

　　尾矿输送系统通常由尾矿浓缩设施和尾矿输送设施组成。

6.3.1.1　尾矿浓缩

黑色金属选矿和有色金属重力选矿排出的尾矿浆，浓度一般较低，为了节省新水消耗，降低选厂供水和尾矿输送设施的投资及经营费用，常在厂前修建浓缩池，回收尾矿水供选矿生产循环使用。尾矿浓缩通常使用机械浓密机、倾斜板浓缩箱、水力旋流器、高效浓缩机等。

6.3.1.2　尾矿输送

选矿厂尾矿水力输送应结合具体情况因地制宜。如果有足够的自然高差能满足矿浆自流坡度，应选择自流输送；如果没有自然高差，可选择压力输送，如图 6-24 所示；如部分地段有自然高差可利用，则可选择自流和压力联合输送，如图 6-25 所示。

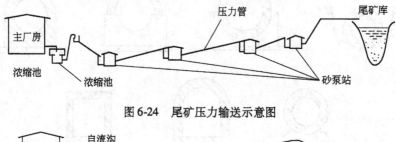

图 6-24　尾矿压力输送示意图

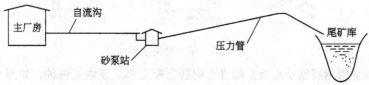

图 6-25　尾矿联合输送示意图

6.3.2　尾矿水回用、净化

6.3.2.1　尾矿库澄清水的回收方式

尾矿浆排入库内以后，边流动，边沉淀，经过一定时间的曝气和澄清后，自净效果是显著的。实践表明，只要澄清距离足够长，在库内经过曝气自净后的澄清水一般均可直接回收，供选矿厂生产重复使用。

库内尾矿澄清水的回水方式大多通过溢流井或斜槽进入排水管，流至下游回水泵站，再扬送到选矿厂高位水池，供选矿厂生产使用。

如果有合适的地形条件，可在库内水区旁边建立活动回水泵站，不需经排水井和排水管，直接将澄清水扬送到高位水池。这样可减少回水的扬程，以节省电力。这样的泵站形式有缆车式取水泵站（又称斜坡道式取水泵站），囷船式取水泵站（又称浮船式取水泵站），地面简易取水泵站等。

还有的矿山在尾矿库下游设置截水池拦截坝体渗水，扬回库内或选矿厂高位水池。

6.3.2.2　尾矿水的排放及净化

A　尾矿水的排放

尾矿库澄清水虽然在库内经过自净，但有极少量的有害物质尚不能完全去除。尾矿水与其他工业废水相比有以下特点：

（1）数量大；

（2）有害物质含量通常不高；

（3）经过尾矿库长时间澄清并与地表迳流水混合后排出。

因此，从尾矿库排出的尾矿澄清水一般对下游危害较轻或无害。为了充分地利用尾矿水，减少选厂的生产供水成本，应尽可能的回用尾矿水。

如果有害物的含量超过有关标准又需大量外排时，须进行净化处理，使其水质达到国家和地方制定的污水排放标准。我国现行的排放标准是国家技术监督局发布，1998年1月1日实施的《污水综合排放标准》（GB 8978—1996）。此外，各省、直辖市、自治区根据当地的具体情况，制定有地区性的污水排放标准，其中有些项目的标准高于国家标准。

B　尾矿水的净化处理

尾矿水的净化处理包括自然净化和人工净化两类。

a　自然净化

自然净化就是尾矿浆排入尾矿库后，先在水面以上的沉积滩上流动，这个阶段曝气较充分，残存药剂气味大量挥发。接着进入库内水域，细粒尾矿大量沉淀水质逐渐变清。最后澄清水由排水井溢出。

据统计，铅锌矿选矿厂的尾矿水在尾矿库内澄清后，有害成分的含量可大大降低。如铜和铅可降低30%，氰化物降低15%~20%，黄药、黑药降低50%~60%，酚类降低60%~80%。

自然净化的效果同环境、温度、历时长短以及与空气接触条件有关。我国的尾矿库大多数使用这种自净方法，将澄清水回收循环使用，取得满意的效果。

b　人工净化

当大量排放的尾矿水中有害物质的含量超过污水排放标准规定时，一般应进行人工净化处理。净化方法与有害成分有关。

尾矿水中的有害成分来源于矿石中的元素和选矿过程加入的药剂。常见的有铜、铅、锌、硫、黄药、黑药、松油等，极少数选厂的尾矿水中还含有氰化物、砷、酚、汞等。

尾矿水中往往含有不止一种有害物质，对这些有害物质应尽可能选用单一的净化剂，在一级净化流程内完成综合净化。当不可能应用单一的净化剂完成综合净化时，则需采用几种净化剂分级进行净化。

净化剂应尽量选用当地可能供应的廉价材料。如对铅锌矿的尾矿水，可采用本矿的铅锌矿石作为净化剂，以提取有机药剂和氰化物。选矿厂离铝土矿较近时，则可采用铝土矿的矿石废料来提取氰化物。石灰是普遍的廉价净化剂，可广泛应用于净化铜离子和有机药剂。漂白粉对多种有害物质的净化均有效果。

（1）悬浮物的净化。个别尾矿水中因含有某些选矿药剂，致使极细粒尾矿呈胶体悬浮状态难以澄清。对此，可适当地添加凝聚剂聚沉。例如国外某锡选厂的极细颗粒尾矿，经20天沉淀后仍不澄清。但在每立方米尾矿浆中加入75g浓度为40%的石灰溶液后，悬浮尾矿颗粒即很快得以澄清（2h后透明度大于30cm）。又如桃林选厂的尾矿水含有水玻璃和油酸，使尾矿不能澄清，呈乳白色。添加石灰量为0.3%~0.5%时，悬浮颗粒很快沉淀，澄清效果很好。

（2）金属离子的净化。铜、铅、镍等金属离子的净化可用吸附等办法进行。例如在含铜为20mg/L的溶液中，加入氧化钙0.5g/L时，即可使铜的剩余浓度低于0.05mg/L。

（3）选矿药剂的净化。对浮选常用的黄药、松油、2号浮选油、各号黑药和油酸等有机药剂，可使用活性炭、铅锌矿粉吸附或石灰乳、漂白粉等进行净化。

采用铅锌净化有机药剂的技术条件如下：

1）每清除1mg有机药剂需用铅锌矿粉200mg；

2）铅锌矿粉的粒度不大于0.1mm；

3）铅锌矿粉与水混合时，需充分搅拌，混合反应时间约为60~90min；

4）沉淀时间不少于30min。

（4）氰化物的回收和净化。

1）氰化物的回收。高浓度的含氰废水（如金矿的选矿废水）应尽量回收氰以重复利用；

2）氰化物的净化。氰化物的净化一般可用碱性氯化法、硫酸亚铁-石灰法、空气吹脱法（酸化曝气法）和吸附等法进行。

6.4　尾矿设施的操作、维护与管理

尾矿库是矿山企业的重要设施，同时它又是较大的危险源和污染源。尾矿库能否安全稳定运行，除设计因素外，很大程度取决于尾矿库的日常操作与管理，所谓"三分设计，七分管理"。因此，科学的操作管理对尾矿库的安全、生态环境的保护、社会效益和经济效益均具有重要的意义。

6.4.1　尾矿设施的观测

6.4.1.1　观测的意义

对尾矿坝和泄水排洪等设施进行经常地、系统地观测，掌握其工作状况，对于确保这些构筑物的安全是十分必要的。因此，在管理工作中，应当严格按照设计要求及时埋设观测设备。对于已经埋设好的观测设备要加强监护、保养，定期进行各项观测，保证观测数据的真实可靠，认真做好资料的记录和整理工作。

6.4.1.2　观测的内容

A　坝体变形观测

观测坝体变形的目的，是为了及时掌握尾矿坝的变形情况及其规律，研究有无滑坡、滑动和倾覆等趋势，以确保坝体在使用中的安全。

坝体的变形可以通过观测坝体上"标点"的位移情况反映出来，而"标点"的位移又是通过对固定在两岸的基准点的位置变化来确定的。坝体变形有垂直和水平两个方向的，因此把实施垂直变形测量的基准点叫做"起测基点"，把实施水平变形测量的基准点叫做"工作基点"。为了引测和校测起测基点的高程，尾矿库区内还应设有三个以上的水准基点（也叫校核基点），并连接成观测网。在方便的情况下，校核基点也可兼作基准点。

标点的布置应当根据坝的重要性、结构尺寸和地质情况等加以确定，并以能全面掌握构筑物的变形状态为原则。设计上一般选择有代表性且能控制主要变形情况的断面，如最大坝高段、合拢段，有排水管通过的地段，以及地基地形变化较大的区段，作为布置标点的观测横断面。断面间距50～100m，断面数量不少于3个。

起测基点和工作基点一般都布置在每一排纵标点的延长线上，安设在不受放矿和筑坝影响，不致被外来机械破坏，便于进行观测的地方。高程应与同排标点的高程相近。为了消除它们自身的高程或位置变化而导致的测量误差，需用基准点（或永久测点）校核。基准点应当设置在远离坝体的岩石或坚实的原土层上，以免受坝体变形或基础沉降的影响。

垂直变形观测使用水准仪。根据各排起测基点的高程观测各个标点的高程变化，即可确定坝体的垂直变形。

水平变形观测使用经纬仪。分别以各纵排两端的工作基点的连线（视准线）为基准，测量该纵排各观测标点的水平位移量，即可确定坝体的水平变形。

初期坝使用初期，应当每月观测一次。当坝体垂直和水平变形已基本稳定，并掌握了它的

变化规律以后，可逐渐减为每季或半年一次。但是遇到下列情况，则必须增加测次：（1）地震以后；（2）变形量显著增大时；（3）库内水位超过最高水位时；（4）久雨或暴雨后；（5）渗透情况显著变坏时。

　　B　浸润线观测

　　浸润线观测的目的在于了解坝体内浸润线的位置和变化情况，以判定坝体是否稳定、安全，并验证设计。

　　浸润线的观测点一般都布置在具有代表性的同一横断面上，如最大坝高断面、合拢段、坝内排水管所在的面等处。断面间距一般为100～200m。

　　每个观测横断面上，测点数量和埋设位置是根据断面大小、结构、坝基地质情况以及设计采用的渗透计算方法等因素确定，并以能掌握浸润线的形状及变化为原则。一般最少也应布置三个测点：在坝顶上游边缘和排水棱体上游边坡与坝基的交点处各布置一点，再在其间埋设一点至几点，如图6-26所示。

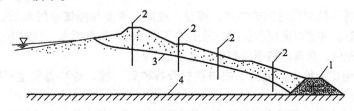

图6-26　测压管布置示意图
1—坝；2—测压管；3—浸润线；4—不透水层

　　浸润线一般采用测压管观测。测压管是下端封闭并在封闭端的管壁上钻孔的铁管或塑料管，管径50mm。钻孔孔径5mm，孔间纵距50～100mm，每周钻4个孔，钻孔段长400mm。在钻孔段外逐次包扎两层150号铜丝布，一层100号铜丝布，两层麻袋布。在管的上端装一通气的管盖。

　　一般平均每月观测一次，如遇上游水位超过正常水位或经常保持高水位，以及坝体异常时应增加测次。必要时每天观测一次。用电测水位器或测深钟测量测压管内的水位，每次观测应施测两回，其误差不应大于2cm。根据管内水位，即可描出浸润线。

　　C　渗流量观测

　　观测渗流量是为了了解坝体渗透水流量的变化规律，及时掌握排水设施的工作情况，判定坝体是否稳定和安全，并验证设计。

　　渗透流量的观测可根据渗水情况和具体条件选用容积法、流速法或量水堰法。

　　容积法是直接用容器量测一段时间的渗流量，适用于5L/s以下小渗透量的观测。施测时应连续测量两次，取平均值；两次测值误差不应超过渗流量的5%。

　　采用量水堰法时，堰的设置以能测出坝体总渗透量为原则。如渗透水由几条沟排出时，应在各支沟上分设几个堰，并在各支沟的汇合处下游再设一个总量水堰。量水堰应尽量靠近坝趾设置。

　　上述三项观测，是一般尾矿库管理工作中所必需的。除此之外，还有其他一些观测项目。例如，为了掌握筑坝尾矿固结情况的固结观测；为了了解堆坝过程中排水管、隧洞及地基受压情况的土压力观测等。这些项目的设置，是根据尾矿库的不同等级和不同的目的要求，由设计部门具体提出。

6.4.2　尾矿浓缩与分级

尾矿浓缩与分级系统是尾矿设施中的重要环节，必须按设计与设备的要求，制定明确的安全管理规章制度，做好日常管理与定期维修工作，使设备保持良好状态，防止发生事故。

6.4.2.1　尾矿浓缩设施的操作管理

凡需应浓缩而未浓缩的尾矿浆，非事故处理情况，不得送往泵站和尾矿库。浓缩机是尾矿浓缩系统的核心部分，必须严格按设计要求和设备有关规定操作运行，做好日常维修和定期检修。尾矿浓缩设施的操作管理要求包括：

(1) 浓缩机不宜时开时停，以免发生堵塞或卡机事故。凡需开机或停机，应预先通知主厂房和泵站，采取相应的安全措施。停机前，应先停止给矿，并继续运转一定时间；恢复正常运行之前，应注意防止浓缩机超负荷运行。运行中应注意观察驱动电机的电流变化，防止压耙等事故发生。

(2) 给入和排出浓缩机的尾矿浓度、流量、粒度、密度和溢流水的水质、流量等，应按设计要求进行控制，并定时测定和记录。若上述某项指标不符合要求，且对下一道作业有影响时，应及时查明原因，采取措施予以调整，直至正常。

(3) 浓缩池给矿流槽出口处的格栅与挡板及排矿管（槽、沟）易发生尾矿沉积的部位，应定期冲洗清理。

(4) 浓缩池围边溢水挡板应保持平齐，以便均匀溢流，排水沟应经常清理。

(5) 浓缩池底部排矿阀门应定期检修，维持均匀排矿。发生堵塞时，可用高压水疏通。浓缩池底廊应保持通畅，不得放置备件等障碍物。必须经常检查廊道内电缆，防止发生事故。

(6) 寒冷地区必须做好防寒工作。冬季停止运行时，应采取保温措施或放空尾矿，以免冻裂浓缩池。

浓缩机常见的故障及排除方法可参看本书 3.2.3.3 节中的表 3-3。

6.4.2.2　尾矿分级设备的操作管理

尾矿分级设备的种类较多，在尾矿坝上应用较多的是水力旋流器，它是尾矿分级系统的关键设备，必须严格按设计要求和设备有关规定操作运行，做好日常维护和定期检修。尾矿分级设备的操作管理要求包括：

(1) 给入和排出水力旋流器的尾矿浆压力、浓度、流量和粒度等，应按设计要求进行控制，并定时测定和记录。若上述某项指标不符合要求，且对下一道作业有影响时，应及时查明原因，采取措施予以调整，直至正常。

(2) 应及时更换水力旋流器的易损件，以保证正常工作。

6.4.3　尾矿泵站及输送线路

6.4.3.1　尾矿泵站的操作管理

尾矿泵站（简称砂泵站）是输送尾矿的关键设施。应经常或定期检查维修，使泵站保持良好的运行状态，将矿浆稳定无漏损地送至尾矿库。泵站能否正常运行，与泵站人员的实际操作技能有关，不同的操作者操作设备运行的效果及使用寿命是不同的。

操作人员必须熟练地掌握本岗位设备的基本性能及正常运行状态的技术参数，如工作压力、工作电流、流量等。

尾矿泵站的操作管理要求包括：

(1) 操作人员必须按安全生产制度和设备仪表的技术操作规程进行操作，严禁发生人身或设备事故。

(2) 注意观察设备和仪表的运转与变化情况，并做好记录。若发现异常，应查明原因，及时排除。

(3) 应加强配电室的安全管理，非值班人员不得进入配电室。对车间内配电设施，应有专门保护措施，以免因矿浆喷溅发生事故。

(4) 矿浆池来矿口处的格栅，应经常冲洗，池内液位指示器应定期维护。注意观察池内液位，当液位过低时，必须及时调整，保证液位高于排矿口足够高度，防止空气进入泵内。

(5) 地下或半地下式泵站内的排污泵必须保持良好状态，严防淹没泵站。

(6) 应适当储备必要的备品和备用的设备仪表，以满足检修需要。

(7) 当泵站发生事故停车后，操作人员应及时开启事故阀门实施事故放矿。待恢复生产时，事故池必须及时清理，使池内保持足够的储存容积。池内矿浆不得任意外排。

(8) 备用泵站应及时检修，使其尽快处于完好的状态。

(9) 在操作中要做到"五勤"，即勤检查、勤联系、勤分析、勤调整、勤维护。

(10) 在检查中要勤"看"，即看设备工作仪表的指示是否在正常的范围内；勤"摸"，即摸电机的温度是否太高，轴承的温度是否在允许的范围内等，泵体是否振动，如有振动现象分析其原因是什么；勤"嗅"，即设备在运行过程中是否有焦味，在什么部位发出焦味；勤"听"，即听设备在运行过程中声音是否正常。并在设备运行记录中认真填写设备的运行状况。

砂泵常见故障及处理方法：

(1) 矿浆浓度过高、粒度过粗，可能引起电机过载，且长时间运转易造成烧毁电机。一般采用补加清水稀释的方法解决。

(2) 给矿不足。泵池打空泵体进气发生气蚀现象引起泵体强烈振动，严重损坏泵体及过流件。一般处理方法是调整给矿量，或补加清水。

(3) 轴承件运转不正常，引起轴承体发热。一般检查润滑的油质和油量。如油质太差，应予以更换，补加油量适当。如电机轴与泵轴不同心应予以校正。轴承损坏应及时更换。

6.4.3.2 尾矿输送线路的维护管理

尾矿输送线路包括管、槽、沟、渠和洞，是输送矿浆的重要通道，必须加强管理和维护，保证畅通无阻。具体要求包括：

(1) 应经常巡视检查输送线路，防止堵、捕、跑、冒。对易造成磨损和破坏的部位，应特别注意观察，若发现异常现象，要认真分析原因，及时排除。

(2) 对无浓缩设施的尾矿系统，应定期测定输送矿浆的流量、流速、浓度和密度，使其各项指标符合设计的要求。如有不符，需通知主厂房、浓缩池及上下泵站，查明原因，采取措施以保证正常输送。

(3) 输送线路应保持矿浆的设计流量，维持水力输送的正常流速，以保证输送管道不堵塞。当流速低于正常流速时，应及时加水调节。

(4) 寒冷地区应加强管、阀的维护管理和防冻措施，尽量避免停产。如停产必须及时放空，严防发生冻裂事故。

(5) 当停产时，必须及时开启输送管路的放空阀门，排放矿浆，以免堵塞。

(6) 通过居民区、农田、交通线的管、槽、沟、渠及构筑物应加强检查和维修管理，防止发生破管、喷浆和漏矿等事故。

(7) 输送渠槽磨损严重部位，在停产时应及时检修。衬铸石沟槽，如铸石板脱落，必须及时修补。管道焊接时尽可能的减少错口。

(8) 自流输送渠槽上设置的拦污栅，应定期维护和修缮，及时清除树枝、石块等杂物，防止发生堵塞漫溢矿浆的现象。设有盖板的沟槽，必须及时处理掉入沟槽的盖板。发现正在使用的沟槽中有液面壅高时，应立即查明原因。如有沉积杂物，应及时清除。

(9) 输送线路通过填土堤处，应保持排水沟畅通，防止雨水冲刷路堤。发现塌落，应及时修补。

(10) 山区管路应加强巡视，保持沿线边坡稳定。发现塌方，应及时处理。

(11) 金属管道应定期翻转，延长使用年限，防止漏矿事故。备用管道应保持良好状态，能随时转换使用。

(12) 严禁在输送线路附近（包括线路上）采石、放炮、建房或堆料等危及线路安全的活动。

(13) 输送管路通过的隧洞，应加强巡视。发现衬砌破坏、围岩松动、冒顶或大量喷水漏砂及其他险情，必须及时采取措施，保持隧道内排水畅通。

(14) 输送管路通过的栈桥应加强巡视，防止洪水冲毁桥墩和破坏桥面。

(15) 管道敷设应避免凹形管段，如避免不了，应在凹形管段的最低点设置可迅速开启的放矿阀。

(16) 尾矿管槽一般情况下多数是明设于地表，在北方寒冷地区明设长距离的矿浆管道容易产生冻裂或冻结，而造成严重事故。

尾矿管槽的保温可加保温层或将改明设为埋设（全埋或半埋）。由于尾矿管道磨损严重，每隔一段时间应将管道翻身。采取保温措施会给管道检修带来很大麻烦，故在实践中可考虑采用增大矿浆流速、及时放空管槽内的矿浆和积水并保证放空矿浆时有一定的流速等措施。

(17) 引起输送尾矿管道堵塞的原因很多，但归结到底就是管道中矿浆的实际流速低于当时输送矿浆的临界流速而造成的。究其原因有矿浆的浓度突然增大、粒度变粗和矿浆中尾砂的级配不合理；另外泵本身的原因，如叶轮及过流件严重磨损而引起的输送能力下降；还有操作上的原因，如给矿不平衡等。

输送尾矿管道堵塞事故的处理是比较困难的，其处理的方法是根据堵塞的程度不同而采取相应的处理措施。如管道堵塞不是太严重，一般采用清水清洗即可；而管道堵塞比较严重时，则一般采用先用高压水小流量向管道内注水，使管道内沉积的尾砂慢慢稀释，待管道的末端有少量高浓度的矿浆外溢时，再加大洗管的清水量，直至疏通为止；如管道堵塞很严重时，在管道堵塞段每间隔一段距离开外溢口逐段疏通，直至堵塞段全部疏通为止。

(18) 爆管是尾矿输送过程中最常见的事故，引起爆管事故的原因主要是管道局部堵塞后引起管道内压力增高，当其压力超过管道所能承受压力的范围时，即发生管道爆裂。长时间管道不检修磨损严重，当超过承受压力时，管道也会产生爆裂。管道爆裂后应及时将爆管处修复。此外，采用耐磨耐压的高分子复合管、根据管道的使用寿命及运行时间有计划地进行检修、将管道翻身或更换管道等均可有效预防管道爆裂。

6.4.4　尾矿筑坝与排放

6.4.4.1　尾矿筑坝的基本要求

尾矿筑坝的基本要求包括：

(1) 尾矿筑坝一般先堆筑子坝，再通过排放尾矿，靠尾矿自然沉积形成尾矿坝的主体，子坝最后成为尾矿坝的下游坡面的一层坝壳。所以说尾矿筑坝应包含堆筑子坝和尾矿排放两部分，而且后者更为重要。

（2）每期堆坝作业之前必须严格按照设计的坝面坡度，结合本期子坝高度放出子坝坝基的轮廓线。筑成的子坝轮廓清楚，坡面平整，坝顶标高要一致。

（3）对岸坡进行清基处理。将草皮、树根、废石、废管件、管墩、坟墓及所有危及坝体安全的杂物等应全部清除。若遇有泉眼、水井、洞穴等，应进行妥善处理，做好隐蔽工程记录，经主管技术人员检验合格后，方可冲填筑坝。

（4）尾矿堆坝的稳定性取决于沉积尾砂的粒径粗细和密实程度。因此，必须从坝前排放尾矿，以使粗粒尾矿沉积于坝前。子坝力求夯实或碾压。

（5）浸润线的高低也是影响尾矿堆坝稳定性的重要因素。坝前沉积大片矿泥会抬高坝体内的浸润线。因此，在放矿过程中，应尽量避免大量矿泥分布于坝前。

6.4.4.2 排矿管件

尾矿排放的管件主要指放矿主管、放矿支管、调节阀门、三通连接管、铠装胶管和水力旋流器等。

A 放矿主管

沿坝顶敷设的尾矿输送管称为放矿主管。冬季昼夜温差较大时，因管道伸缩不均匀，其薄弱处极易开焊或被拉断，此时矿浆易冲毁子坝，造成事故。

B 放矿支管（又称分散放矿管）

将放矿主管内矿浆引流排入尾矿库的管道，称为放矿支管。主管与支管用特制的三通（俗称贴底叉）连接。放矿支管由矿浆调节阀门和支管两部分组成。支管一般采用焊接钢管，放矿支管的分布间距、长度、管径的大小可根据各矿山尾矿性质、排尾量等情况确定。在尾矿排放时，尾矿的沉积都是以支管口的抛落点为圆心，由高到低，由近到远呈扇形体彼此叠加。一般支管的间距以交线与抛落点高差不大于200mm为宜。支管的长度太短，矿浆会直接冲刷子坝坝趾。支管太长，则放矿后矿浆回流冲刷子坝内坡坡面，且细粒尾矿沉积于坝前，影响坝体稳定。放矿支管管径一般为主管的1/5~1/3。

C 矿浆调节阀门

连接贴底叉与放矿支管并控制排矿量的阀门，称为放矿调节阀门。在尾矿排放作业中消耗量较大。尾矿排放如采用普通闸阀控制，其密封圈极易磨损失去控制能力而报废。现在可用高耐磨硬质合金密封圈替代铜质密封圈，高耐磨胶管阀替代普通闸阀，使用寿命大大地提高。

D 支管连接三通

放矿主管与调节阀门连接的偏心三通管，称为支管连接三通，俗称"贴底叉"，如图6-27所示。在尾矿排放过程中，该三通极易磨损，而且磨损的部位主要是迎矿侧，维修困难。一般采用管壁较厚的无缝钢管制作或采用迎矿侧水泥砂浆外包，以延长其使用寿命。

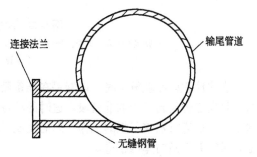

图6-27 支管连接三通

E 铠装胶管

铠装胶管是夹有钢丝弹簧的橡胶管。一般在初期坝顶放矿时使用。将其接在放矿支管的前端，胶管头部伸到初期坝内坡坡面以外，以免矿浆直接冲毁坝坡。后期也可用它调剂放矿点。

F　水力旋流器

水力旋流器是一种分级设备，其种类较多，以锥形旋流器应用较广。在下游式和中线式尾矿坝中，都普遍采用水力旋流器堆坝。对于细粒级尾矿堆坝时，也有采用水力旋流器进行分级筑坝的。

6.4.4.3　尾矿子坝的堆筑与维护

A　尾矿子坝的堆筑方法

子坝的堆筑方法主要有冲积法、池填法、渠槽法和旋流器法等，下面简要介绍冲积法和旋流器法。

a　冲积法

尾矿冲积筑坝是借助尾矿在动水中（即矿浆在库内的流道上）按粗细颗粒顺序沉淀的规律，采用机械或人工从库内沉积滩上取砂，分层压实，堆筑子坝，然后将入库的尾矿浆通过沿子坝顶部铺设的管道由外向里排放，其中的尾矿即按前述的分布规律沉积充填。此法筑坝时子坝不宜太高，一般以 1 ~ 3m 为宜。尾矿坝上升速度较快者可高些；尾矿坝上升速度较慢者可矮些。子坝顶宽一般为 1.5 ~ 3m，视放矿主管大小及行车需要而定。外坡坡比可用 1:2，内坡坡比可用 1:1.5。

某些金属矿山的实践表明，矿浆浓度为 30% 左右，粒度小于 0.074mm（ - 200 目）占 35% ~ 40% 的尾矿所形成的冲积滩含有粒度小于 0.074mm（ - 200 目）占 10% ~ 15% 的相当均匀的粗砂。这种尾砂透水性好，是筑坝的好材料，只要经过短时期的自然固结便相当密实，即能用装载机或推土机从冲积滩中取出筑坝。为了子坝堆筑的方便，一般沿坝的轴线方向将库区渐次分为冲积段、准备段、干燥段，实行交替放矿，如图 6-28 所示。

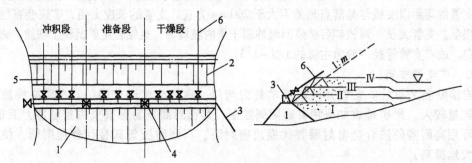

图 6-28　冲积法筑坝示意图
1—初期坝；2—子坝；3—放矿主管；4—闸阀；5—放矿支管；6—集中放矿管
Ⅰ ~ Ⅳ—冲积顺序

在往冲积段冲填放矿时，即着手在准备段堆筑子坝。当冲积段被尾矿填满以后，尾矿的排放就移向已经筑起子坝的准备段。这时的准备段即转换成冲积段，而在已经排水固结了的干燥段上又可以进行堆筑子坝的工作，因而变成了准备段。依此循序转换，尾矿的冲填堆积便可不断地进行并不断向库内推进。

该法筑坝速度快、密实度高，成本较低，操作较简单。国内采用此法筑坝比较普遍。

当尾矿的粒度较细，即其中的粗颗粒矿粒在动水中也不容易沉积，难以形成冲积滩时，则可采用利用围埂（作用相当于沉淀池，用粗尾矿或挡板围成）的池填法或利用轴线方向的小堤来延长矿浆流道、降低流速以利于矿粒沉积的渠槽法进行子坝堆筑。

b　旋流器法（图 6-29）

此法是利用水力旋流器将矿浆进行分级，由沉砂嘴排出的高浓度粗粒尾矿用于筑坝；由溢流口排出的低浓度细粒尾矿浆用橡胶软管引入库内。排矿流量较小者，可沿坝顶每隔一定间距设置支架，在架顶安设旋流器；排矿流量较大者，需在坝顶铺设轨道，由安装有旋流器组的移动车排矿筑坝。由于堆积的尾矿不成坝形，需用人工或机械修整。生产管理的任务就是要调整给矿压力和排矿口的大小，使沉砂流量、排矿浓度和分级粒度符合设计要求。

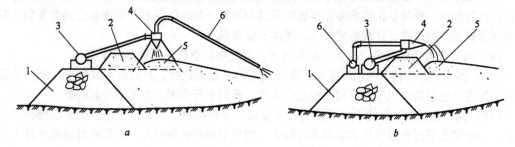

图 6-29 水力旋流器筑坝法
a—立式放矿；*b*—卧式放矿
1—初期坝；2—子坝；3—放矿主管；4—水力旋流器；5—沉砂；6—溢流总管

中线式和下游式尾矿坝普遍采用此法。上游式尾矿坝只有原尾矿颗粒较细者才采用水力旋流器进行分级筑坝。该法堆筑的子坝质量好，物理力学强度高。但筑坝工艺较复杂，成本较高，管理比较复杂。

B 尾矿子坝的维护

尾矿子坝的维护要求包括：

（1）子坝若是分层筑成的，外坡的台阶应修整拍平。

（2）在坝顶和坝坡应覆盖护坡土（厚度为坝顶 500mm，坝坡 300mm），种植草皮，防止坝面尾砂被大风吹走、扬尘而造成环境污染。

（3）坝肩和坝坡面需建纵、横排水沟，并应经常疏浚，保证水流畅通，以防止雨水冲刷坝坡。对降雨或漏矿造成的坝坡面冲沟，应及时回填并夯实。

（4）子坝筑好后，应及时移动安装尾矿输送管，架设照明线路，尽早放矿，保护坝趾。

（5）新筑的子坝坝体的密实度较差，且放矿支管的支架不牢固，因此，需勤调放矿地点，杜绝回流掏刷坝趾，造成拉坝或支架悬空。

（6）由于放矿管、三通、阀门均属易磨损件，一旦漏矿，应及时处理。否则，会冲坏子坝。

6.4.4.4 尾矿排放的操作管理

尾矿排放的操作管理要求包括：

（1）放矿时应有专人管理，做到勤巡视、勤检查、勤记录和勤汇报，不得离岗。

（2）在排放尾矿作业时，应根据排放的尾矿量，开启足够的放矿支管根数，使尾矿均匀沉积。

（3）经常调整放矿地点，使滩面沿着平行坝轴线方向均匀整齐，应避免出现侧坡、扇形坡等起伏不平现象，以确保库区所有堆坝区的滩面均匀上升。

（4）严禁独头放矿。因独头放矿会造成坝前尾矿沉积粗细不均，细粒尾矿在坝前大量集中，对坝体稳定不利。

（5）严禁出现矿浆冲刷子坝内坡的现象。

（6）除一次建坝的尾矿库外，严禁在非堆坝区放矿。因为它既对坝体稳定不利，又减少了必要的调洪库容。

（7）对于有副坝且需在副坝上进行尾矿堆坝的尾矿库，应于适当时机提前在副坝上放矿，为后期堆坝创造有利的坝基条件。

（8）放矿主管一旦出现漏矿，极易冲毁坝体。发现此情况，应立即汇报车间调度，停止运行，及时处理。特别是在沉积滩顶接近坝顶又未堆筑子坝时，是矿浆漫顶事故的多发期。在此期间放矿尤需勤巡查、勤调换放矿点，谨防矿浆漫顶。

（9）对处于备用的管道，应将其矿浆放尽，以免在冬季剩余矿浆冻裂管道。

（10）多开启几个调节阀门可减小矿浆在支管内的过流速度，从而减小其磨损；阀门的开启和关闭应快速制动，且应开启到位或完全关闭，严禁半开半闭，也可减少其磨损。

（11）阀门在严寒的环境下（我国的北方地区）极易冻裂。因此，在冬季应采取措施予以保护。一般情况下可采用草绳或麻绳多层缠绕，或用电热带缠绕保温，也可根据当地的最大冻层厚度，用尾砂覆盖阀门体等措施加以保护。

（12）尾矿排放是露天作业，受自然因素影响很大。在强风天气放矿时，应尽量使矿浆至溢水塔的流径最长且在顺风的排放点排放。若流径短，矿浆在沉淀区域的澄清时间缩短，回水水质降低。如果逆风放矿，矿浆被强风卷起冲刷子坝内坡，同时使输送尾矿管道悬空，可能产生意外事故。

（13）放矿支管的支架变形或折断，会造成放矿支管、调节阀门、三通和放矿主管之间漏矿，从而冲刷坝体。因此，如支架松动、悬空或折断，应及时处理修复。

（14）在冰冻期一般采用库内冰下集中放矿，以免在尾矿沉积滩内（特别是边棱体）有冰夹层或尾矿冰冻层存在而影响坝体强度。

6.4.5 尾矿库防洪与排洪

6.4.5.1 尾矿库防洪的基本要求

尾矿库防洪的含义绝不应简单地理解为仅仅防止洪水漫顶垮坝。通过确定尾矿库防洪标准、洪水计算、调洪演算和水力计算等步骤设计的排洪构筑物（见6.2.2节），应能确保设计频率的最高洪水位时的干滩长不得小于设计规定的长度。为此，生产管理必须按下列要求严格控制和执行：

（1）库内应在适当地点设置可靠、醒目的水位观测标尺，并妥善保护。

（2）水边线应与坝顶轴线基本平行。

（3）平时库水位应按图6-30所示的要求进行控制。图中设计规定的最小安全滩长 L_a，最小安全超高 h_a，所需调洪水深 h_t 对应的调洪滩长 L_t 是确保坝体安全的要求；最小澄清距离 L_c 是确保回水水质能满足正常生产的要求。

（4）在全面满足设计规定的最小安全滩长、最小安全超高、所需调洪水深对应的调洪滩长和最小澄清距离要求的情况下，有条件的尾矿库，干滩长度越长越好。

（5）对于某些不能全面满足上述要求的尾矿库，在非雨季经安全论证允许，可适当抬高水位以满足澄清距离的要求。但在防汛期间必须降低水位以确保坝体安全。紧急情况下，即使排泥，也得保坝。

（6）严禁在非尾矿坝区排放尾矿，以防占用了必要的调洪库容。

（7）未经技术论证和上级主管技术部门的批准，严禁用子坝抗洪挡水。更不得在尾矿堆坝上设置溢洪口。

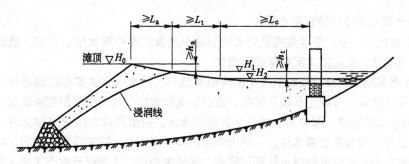

图 6-30 尾矿库水位控制图

∇H_1—设计洪水位；∇H_2—正常生产库水位；h_a—设计规定的最小安全超高；
h_t—调洪水深；L_a—设计规定的最小安全滩长；L_t—调洪水深 h_a 对应的
调洪滩长；L_c—最小澄清距离

6.4.5.2 尾矿库排洪设施的操作管理

尾矿库排洪设施的操作管理要求包括：

（1）定期检查排洪构筑物，确保畅通无阻。特别是有截洪沟的尾矿库，汛期之前，必须将沟内杂物清除干净。并将薄弱沟段进行加固处理。

（2）尾矿坝下游坡面上的排水沟除了要经常疏通外，还要将坝面积水坑填平，让雨水顺利流入排水沟。

（3）应随时收集气象预报，了解汛期水情。

（4）应准备好必要的抢险、交通、通讯供电和照明器材和设备，及时维修上坝公路，以便防洪抢险。

（5）汛前应加强值班和巡逻，设警报信号，并组织好抢险队伍，与地方政府有关部门一起制订下游居民撤离险区方案及实施办法。

（6）洪水过后，应对坝体和排洪构筑物进行全面认真的检查和清理。若发现有隐患应及时修复，以防暴雨接踵而至。

6.4.6 尾矿库回水

6.4.6.1 尾矿库回水设施的操作维护

尾矿库回水设施是补充选矿厂正常生产用水的重要设施，同时也是防止尾矿水污染环境的有效措施。因此，必须做好下列经常性的维修工作，以保证其正常运行：

（1）严冬季节应对回水管采取防冻保护措施。

（2）对于库内取水囤船的系缆及固定件、取水缆车的提升固定装置，尤需经常检修。

（3）冬季运行时，须采取措施防止取水设施周围结冰，影响正常取水。

（4）不论坝下的回水泵站，还是库内的取水囤船和缆车内的机电设备，都需由专人值班管理，确保正常运行。

6.4.6.2 回水水质的控制

回水水质的控制要求包括：

（1）回水水质应能满足选矿厂循环使用的最低要求。

（2）改善回水水质的最简单办法是抬高库水位，延长澄清距离。但往往又与需确保安全干滩长发生矛盾。遇到这种情况，生产管理应依据"生产必须服从安全"的原则，慎重对待处理。

（3）关于回水水质的控制要点是：

1）正常情况下，生产管理应按设计规定的最小澄清距离控制水位。这样，既能确保干滩长度满足防安全要求，又能加速沉积尾矿的固结。

2）当生产实践表明设计规定的最小澄清距离偏小，回水水质确实难以满足使用要求，而干滩长度又有余地时，可经主管领导批准，通过抬高库水位以延长澄清距离来改善水质。

3）当回水水质稍差，库内的干滩长度又没有余地，采用其他方法费用较高时，可在非雨季节适当延长澄清距离来改善水质。一到雨季提前降低库水位，恢复防洪所需的干滩长度。但这也必须经过安全技术论证取得设计部门同意，并经生产部门主管领导批准才能实施。

4）当回水水质很差，干滩长度又十分紧张时，万万不可单纯为了改善水质，擅自抬高库水位。在这种情况下，势必要求寻求其他净化方案，如另建沉淀池，或施加药剂等措施来解决。

思 考 题

1. 选矿厂生产过程进行尾矿处理的目的及意义如何？
2. 选矿厂尾矿设施的组成及其功能如何，尾矿设施的重要性体现在哪些方面？
3. 尾矿库的类型分为哪几种，各种类型尾矿库的特点如何？
4. 尾矿库的库容组成包括哪些部分，尾矿库等别如何划分？
5. 尾矿库的初期坝的坝型分为哪几种，各种坝型的特点如何？
6. 尾矿堆筑方法有几种，其特点如何？
7. 尾矿后期堆筑坝的排渗设施有几种？
8. 为什么要设置尾矿库排洪系统，防洪排水设施布置的原则有哪些？
9. 排洪构筑物的组成及类型如何？
10. 尾矿设施观测的意义及内容有哪些，什么叫浸润线？
11. 尾矿浓缩设施的操作管理要求有哪些？
12. 尾矿泵站的操作管理要求有哪些？
13. 尾矿输送线路的维护管理要求有哪些？
14. 尾矿筑坝的基本要求有哪些？
15. 尾矿子坝的堆筑方法有几种？简述冲积法筑坝工艺。
16. 尾矿子坝的维护要求有哪些？
17. 尾矿排放的操作管理要求有哪些？
18. 尾矿库防洪的基本要求有哪些？
19. 尾矿库排洪设施的操作管理要求有哪些？
20. 尾矿回水水质的控制要求有哪些？

术 语 索 引

参 考 文 献

1 陈次昌主编. 流体机械基础. 北京：机械工业出版社，2002

2 沙毅，闻建龙编著. 泵与风机. 合肥：中国科学技术大学出版社，2005

3 安连锁主编. 泵与风机. 北京：中国电力出版社，2001

4 王荣祥，郭亚兵，张永鹏等编著. 流体输送设备. 北京：冶金工业出版社，2002

5 王荣祥，李捷，任效乾主编. 矿山工程设备技术. 北京：冶金工业出版社，2005

6 苏福临，邓沪秋编. 流体力学泵与风机. 北京：中国建筑工业出版社，1999

7 《选矿技术手册》编委会. 选矿技术手册. 北京：冶金工业出版社，2005

8 张强. 选矿概论. 北京：冶金工业出版社，1990

9 邱允武，代志鹏. 水动式自动取样机的研制及在选矿厂中的应用. 有色金属（选矿部分），2005，(1)

10 宋振木，陈剑锋，朱红民主编. 起重机械维修保养与故障排除. 郑州：河南科学技术出版社，2005

11 国家经贸委安全生产局组织编写. 尾矿工. 北京：气象出版社，2006

12 《选矿厂设计手册》编委会. 选矿厂设计手册. 北京：冶金工业出版社，1988

13 杨顺梁，林任英编. 选矿知识问答. 第2版. 北京：冶金工业出版社，1993

14 田文旗，薛剑光主编. 尾矿库安全技术与管理. 北京：煤炭工业出版社，2006

冶金工业出版社部分图书推荐

书　名	作　者	定价(元)
重力选矿技术	周晓四	40.00
泡沫浮选	龚明光	30.00
浮游选矿技术	王资	36.00
磁电选矿技术	陈斌	29.00
磁电选矿	王常任	35.00
碎矿与磨矿技术	杨家文	35.00
振动粉碎理论及设备	张世礼	25.00
选矿知识问答	杨顺梁　等	22.00
选矿厂设计	冯守本	36.00
选矿设计手册		199.00
选矿试验研究与产业化	朱俊士	138.00
矿山工程设备技术	王荣祥	79.00
矿山事故分析及系统安全管理	山东招金集团有限公司	28.00
中国冶金百科全书·选矿		140.00
金属矿山尾矿综合利用与资源化	张锦瑞　等	16.00
矿石及有色金属分析手册	北京矿冶研究总院	47.80
硫化铜矿的生物冶金	李宏煦	56.00
含砷难处理金矿石的生物氧化工艺及应用	杨松荣	20.00
现代金银分析	成都印钞	118.00
硫化锌精矿加压酸浸技术及产业化	王吉坤	25.00
铁矿石取制样及物理检验	应海松　李斐真	59.00
原地浸出采铀井场工艺	王海峰　等	25.80
金属及矿产品深加工	戴永年	68.00
有色金属矿石及其选冶产品分析	林大泽　张永德　吴敏	22.00
中国非金属矿开发与应用	刘伯元	49.00
非金属矿深加工	孙宝岐　等	38.00
非金属矿加工技术与应用手册	郑水林	119.00
矿物资源与西部大开发	朱旺喜	38.00
矿业经济学	李祥仪	15.00
工艺矿物学	周乐光	39.00
中国矿产资源主要矿种开发利用水平与政策建议	国土资源部矿产开发管理司　编	90.00